Leimböck/Schönnenbeck · KLR Bau und Baubilanz

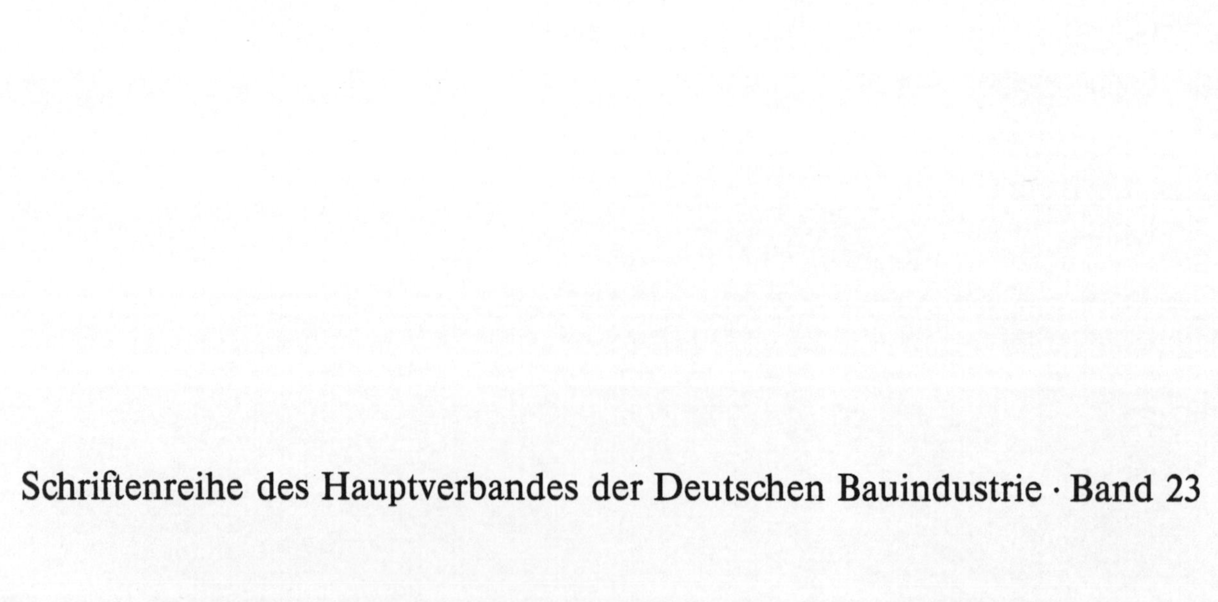

Egon Leimböck · Hermann Schönnenbeck

KLR Bau und Baubilanz

Grundlagen – Zusammenhänge – Auswertungen
Mit einem durchgängigen Beispiel

BAUVERLAG GMBH · WIESBADEN UND BERLIN

Die Deutsche Bibliothek — CIP-Einheitsaufnahme

Leimböck, Egon:
KLR Bau und Baubilanz: Grundlagen — Zusammenhänge —
Auswertungen; mit einem durchgängigen Beispiel / Egon
Leimböck; Hermann Schönnenbeck. — Wiesbaden; Berlin:
Bauverl., 1992

NE: Schönnenbeck, Hermann:

© 1992 · Bauverlag GmbH · Wiesbaden und Berlin
Softcover reprint of the hardcover 1st edition 1992
Satz: Fotosatz Rosengarten GmbH, Kassel
Herstellung: Johannes Weisbecker, Frankfurt am Main
ISBN-13: 978-3-322-89547-9   e-ISBN-13: 978-3-322-89546-2
DOI: 10.1007/978-3-322-89546-2

Vorwort

In der Fachliteratur sind die KLR Bau und die Baubilanz, nicht zuletzt von den beiden Autoren, mehrfach dargestellt worden. Es handelt sich dabei um Beiträge, die gezielt nur die KLR oder nur den Jahresabschluß zum Inhalt haben. Was bisher fehlte, war eine Ausarbeitung, die beide Rechenwerke umfaßt und die vor allem die Zusammenhänge und die Gemeinsamkeiten, aber auch die Unterschiede herausarbeitet.

Der gemeinsame Ausgangspunkt von KLR und Jahresabschluß ist das Rechnungswesen, das bis zu Beginn des Jahrhunderts nur den Jahresabschluß erstellte. Es erwies sich dann, daß die durch das Gesetz vorgeschriebene jährliche Rechnungslegung nicht mehr ausreichte, um ein Unternehmen wirtschaftlich kontrollieren und steuern zu können. Daher entwickelten die Unternehmen neben dem Jahresabschluß die KLR. Beide Rechenwerke stehen in enger Verbindung zueinander. Sie ergänzen sich und verarbeiten weitgehend das gleiche Zahlenmaterial.

In den Bauunternehmen sind Ingenieure und Kaufleute für die Kosten- und Leistungsrechnung (KLR) und den Jahresabschluß (Baubilanz) verantwortlich. Daher ist es notwendig, daß sowohl den Ingenieuren als auch den Kaufleuten die Zusammenhänge der genannten Sachgebiete erläutert werden.

Eine erfolgreiche Unternehmensführung verlangt die von Sachkenntnis getragene Anwendung beider Instrumente. Das gilt um so mehr, als beide Sachgebiete auch füreinander unentbehrlich sind; eine alle Möglichkeiten nutzende Bilanzbewertung setzt eine funktionierende Kosten- und Leistungsrechnung voraus. Die Kosten- und Leistungsrechnung ist die Basis des innerbetrieblichen Soll-Ist-Vergleichs; die Bilanz ist Grundlage der vergleichenden Bilanzanalyse, der Messung des eigenen Unternehmens an den Zahlen der Wettbewerber.

Das heutige Bauunternehmen orientiert seine Bilanzpolitik vor allem an der Innenfinanzierung, also an dem möglichen Beitrag der Bilanz zur günstigen Finanzierung. Die Zahlen der Kosten- und Leistungsrechnung sind dabei unabdingbare Entscheidungshilfen.

Zunächst sollen mit diesem Buch die in den Bauunternehmen mit Führungsaufgaben betrauten Personen angesprochen werden. Ziel soll es außerdem sein, dem kaufmännischen und technischen Nachwuchs und Studenten, die sich mit Baukalkulation und KLR, Rechnungs- und Finanzwesen beschäftigen, eine Hilfe zu geben. Auch Fachleute anderer Wirtschaftszweige können durch das vorgelegte Buch die Besonderheiten der baubetrieblichen Rechenwerke kennenlernen.

Um die genannten Ziele zu erreichen, haben die Autoren dem vorgelegten Buch ein durchgängiges praktisches Beispiel zugrunde gelegt und dabei folgende Inhalte bearbeitet:
— Besonderheiten der Bauindustrie für die KLR und den Jahresabschluß,
— Aufbau und Inhalte der KLR und des Jahresabschlusses,
— Zusammenhang zwischen KLR und Jahresabschluß einschließlich Abgrenzungsrechnung,
— Auswertung der KLR und des Jahresabschlusses,
— Unternehmensfinanzierung und Jahresabschluß.

Besonderen Dank möchten die Verfasser an dieser Stelle an die wissenschaftlichen Assistenten Herrn Dipl.-Ing. Matthias Jacob und Herrn Dipl.-Ing. Klaus Piepmeier richten, die durch wiederholtes kritisches Lesen uns immer wieder zwangen, Begriffe, Gedanken und Zusammenhänge klarer und verständlicher zu formulieren. Unser Dank gilt auch Frau Helga Kikillus, der Sekretärin des Lehrstuhles Bauwirtschaft der Universität Dortmund, da sie in lobenswerter Weise das immer wieder geänderte Manuskript geschrieben hat.

Inhaltsverzeichnis

Inhaltsverzeichnis

Teil A: Die Prägung der KLR Bau und der Baubilanz durch Besonderheiten der Bauindustrie

I. Eigenarten der Bauproduktion

1. Absatzbedingte Eigenarten

Ein zentrales Problem für den Bauunternehmer besteht darin, daß die Bauinitiativen in aller Regel vom Auftraggeber ausgehen. Die traditionell bedingte Trennung von Planung und Ausführung im Bauwesen zwingt dabei die Bauunternehmen, für verschiedene Arten von Bauaufträgen gerüstet zu sein, die sich hinsichtlich der Ausführungsdauer, der anzuwendenden Bauverfahren und des technischen und organisatorischen Schwierigkeitsgrades unterscheiden.

Der Unternehmer, der eine Bauunternehmung gründen will, muß sich als erstes darüber im klaren sein, welcher regionale Teilmarkt für ihn in Frage kommt. Dabei sollte für kleine und mittelgroße Baubetriebe der Ort der Bauausführungen in der Nähe des Firmensitzes sein. Ein zu großer Aktionsradius bedingt in der Regel höhere Kosten und Ausfallzeiten, die durch die größeren Transportentfernungen für Geräte und Personal entstehen.

Zum zweiten muß man sich vor Gründung einer Bauunternehmung über das sogenannte Auftragsrisiko klare Vorstellungen machen. Dieses Auftragsrisiko liegt darin, daß fehlende Anschlußaufträge, die nicht zum richtigen Zeitpunkt und am richtigen Ort erfolgen und nicht in den Rahmen des Leistungsprogrammes passen, die Existenzgrundlagen der Bauunternehmung gefährden. Selbst bei nur kurzfristig unausgelasteten Kapazitäten können die Fixkostenbelastungen, die durch das Vorhalten von nicht genutzten Geräten und nicht beschäftigtes Stammpersonal bedingt sind, bei wenig Eigenmitteln oder Kreditmöglichkeiten zu Problemen bei der Zahlungsfähigkeit führen, deren letzte Konsequenz die Insolvenz wäre.

Als drittes muß sorgfältig bedacht werden, daß es in der Bauwirtschaft für das Produkt „Bauwerk" in aller Regel keinen Marktpreis im Sinne anderer, stationärer Industrien gibt, da der Bauherr sich den geeigneten Ausführungspartner für ein Bauwerk oder für Teilleistungen im Rahmen eines Ausschreibungsverfahrens sucht.

Dabei versteht man unter Ausschreibung die Aufforderung an einen oder mehrere Bieter, bis zu einem bestimmten Zeitpunkt ein verbindliches Preisangebot abzugeben. Die VOB/A regelt das Ausschreibungsverfahren, das als öffentliche, beschränkte oder als freihändige Vergabe erfolgen kann. Die öffentliche Ausschreibung, die als Normalfall gelten kann, wendet sich an eine unbeschränkte Bieterzahl und wird in amtlichen Veröffentlichungsblättern, in Tageszeitungen oder Fachzeitschriften bekanntgegeben. Sind besondere Anforderungen an die Bauleistungen gestellt (z. B. schwierige Konstruktionen), so ist eine beschränkte Ausschreibung vertretbar, die sich an eine bestimmte Anzahl von Bietern richtet. Die freihändige Vergabe soll die Ausnahme sein, denn bei dieser Vergabeart wird nur ein einziger Bieter unter Ausschaltung des Wettbwerbes zum Preisangebot aufgefordert. Denkbar wäre diese Ausnahme bei der Notwendigkeit von besonderen Erfahrungen oder bei Anwendung von Patenten von seiten des Bieters.

Zum vierten müssen sowohl die kaufmännischen als vor allem auch die technischen Kenntnisse vorhanden sein, um einen marktorientierten Angebotspreis errechnen zu können. Die Grundlage dieser Preisermittlung stellt die Kalkulation der Selbstkosten dar, die vor Erstellung des Bauwerkes zu erfolgen hat und dabei ganz wesentlich von Schätzungen hinsichtlich der Leistungsabgabe von Mensch und Maschine und hinsichtlich der Preise am Beschaffungsmarkt von Baustoffen und den anderen Produktionsfaktoren ausgehen muß. Hinzu kommen noch die Kalkulationsrisiken, die bedingt sind durch die Wahl des Kalkulationsverfahrens, durch die unterschiedlichen örtlichen Verhältnisse auf der Baustelle, durch zu kurze Fertigungsfristen und durch die Auswirkungen von Vertragsbedingungen, die unter Umständen einseitig belastend formuliert sind. Da zudem der Bieter mit dem niedrigsten Angebotspreis in der Regel den Zuschlag bekommen wird, erhält — zumindest tendenziell gesehen — derjenige den Auftrag, der die Schwierigkeiten der Bauausführung und die Kalkulationsrisiken möglicherweise nicht vollständig berücksichtigt oder unterschätzt hat. Dies ist auch der entscheidende Grund dafür, daß die Preisgestaltung in der Bauwirtschaft in vielen Fällen auf die Erstattung der Selbstkosten tendiert und besonders in Zeiten schlecht ausgelasteter Kapazitäten — zumindest auf Teilmärkten — zu ruinösem Wettbewerb führen kann.

2. Produktionsbedingte Eigenarten

2.1. Die Baustelle als Produktionsort

Die Bauunternehmung errichtet zur Durchführung der Bauproduktion in aller Regel auf dem Grundstück des Auftraggebers die Baustelleneinrichtung und muß dann die weiteren zur Produktion notwendigen Produktionsfaktoren (Arbeitskraft, Baustoffe, Schal- und Rüstmaterial, Geräte) zur Baustelle transportieren. Man spricht deshalb bei der Baustellenfertigung auch häufig von „wandernden" Fabriken, um so den Gegensatz zur stationären Industrie hervorzuheben.

Die damit zusammenhängende Eigenart der Produktion besteht darin, daß die bauausführenden Unternehmungen grundsätzlich kein eigenes Produktionsprogramm haben. Die Produktion erfolgt nach den schriftlichen und zeichnerischen Vorgaben des Auftraggebers bzw. seines Architekten. Dies gilt nicht nur hinsichtlich des Entwurfes und der Konstruktion, sondern auch hinsichtlich der Form und Qualität der Bauteile, der Art und Güte des Materials sowie des Produktionsbeginns und des Fertigstellungstermins.

Die Risiken, die in dieser speziellen Art der Bauproduktion als Auftragsfertigung liegen, sind vielfältiger Natur und können hier nur kurz erwähnt werden.

Die Erstellung eines Bauwerkes ist eine Einzelfertigung, die einer Reihe von Einflüssen unterliegt, die häufig nicht vorhersehbar sind. Solche Einflüsse sind z. B. die Witterungsbedingungen, fehlende bzw. geänderte Planungen durch den Auftraggeber während der Bauzeit oder schwer koordinierbares Zusammenwirken zwischen den am Bau Beteiligten (Auftraggeber, Architekt, Statiker, Sonderfachleute, Baubehörden, ausführende Firmen). Hinzu kommen unvorhersehbare Kostensteigerungen, die z. B. durch Preiserhöhungen bei Baustoffen bzw. durch tarifbedingte Lohnkostensteigerungen bedingt sind, oder Behinderungen oder Unterbrechungen der Baudurchführung, die nicht vom Bauunternehmer zu vertreten sind.

Für den Bauunternehmer ist es daher unabdingbar, daß er diese Faktoren genauestens kennt, so daß er in der Phase der Angebotsbearbeitung (Kalkulation) in der Lage ist, nicht nur den Bauproduktionsablauf vorab technisch und wirtschaftlich zu analysieren, sondern auch die produktionsbedingten Risiken angemessen zu berücksichtigen. Nur dadurch wird es möglich sein, die durch die Herstellung des Bauobjektes voraussichtlich entstehenden Kosten und Risiken so sicher wie möglich zu erfassen und einen sinnvollen Angebotspreis zu errechnen.

2.2 Die Hilfsbetriebe und die Verwaltungsstellen als Produktionsorte für innerbetriebliche Leistungen

Neben der Baustelle als der eigentlichen Produktionsstätte haben die meisten Bauunternehmungen noch Hilfsbetriebe, die als eigenständige Betriebsteile sowohl für die Baustellen als auch für andere Hilfsbetriebe und eventuell auch für Dritte tätig werden können. Oftmals sind diese Hilfsbetriebe im sogenannten „Bauhof" zusammengefaßt. Beispiele für diese Hilfsbetriebe sind das Magazin, das der Lagerung und Verwaltung von Stoffen, Kleingeräten, Werkzeugen usw. dient, ein Biegebetrieb, durch den der Betonstahl für die Baustellen gebogen wird, oder auch der Fuhrpark, der nach Fahrzeuggruppen oder nach einzelnen Fahrzeugen organisiert sein kann.

Die Leistungen, die von den Hilfsbetrieben erstellt werden, werden innerbetrieblich, z. B. auf die Baustellen, verrechnet. Das wesentliche Merkmal dieser Verrechnung ist, daß der Vorgang
– für die Baustelle eine Kostenbelastung ist und
– für den Hilfsbetrieb eine Leistung darstellt.
Darüber hinaus muß mit Hilfe der Betriebsabrechnung geklärt werden, wie hoch diese innerbetrieblichen Verrechnungssätze sind und ob vergleichbare Leistungen etwa billiger vom Markt zu beschaffen sind. Dabei muß allerdings bedacht werden, daß die eigenen Hilfsbetriebe in aller Regel eine größere Flexibilität bei zeitlichen und unter Umständen auch technischen Schwierigkeiten haben, die z. B. durch Störungen im Bauablauf bedingt sind.

Neben den Baustellen und den Hilfsbetrieben kann die Verwaltung einer Bauunternehmung je nach Größe auch kostenmäßig sehr stark ins Gewicht fallen. In aller Regel wird es ausreichen, eine Kostenstelle einzurichten; und nur bei größeren Verwaltungen empfiehlt sich eine weitere Unterteilung nach Verantwortungsbereichen, z. B. in eine technische und kaufmännische Verwaltung.

2.3 Kooperationen durch Bieter- und Arbeitsgemeinschaften (ARGEN)

Um eine Verbesserung der Auftragslage und eine kontinuierliche Personal- und Geräteauslastung der Unternehmung zu haben, wählen viele Bauunternehmen — unabhängig von der Unternehmensgröße — den Zusammenschluß mit einer oder mehreren anderen Unternehmungen zu einer ARGE. Auch von Auftraggeberseite kann der Wunsch oder gar die Auflage bestehen, einen z. B. ortsansässigen Bauunternehmer in eine ARGE aufzunehmen, wenn die entsprechenden Voraussetzungen erfüllt sind. Die Unternehmen verpflichten sich im Rahmen eines ARGE-Vertrages, ein Bauvorhaben, das man vorher unter Umständen schon als Bietergemeinschaft angeboten hat, gemeinsam auszuführen. Zur Erreichung dieses Zweckes wird im Vertrag vereinbart, welche Leistungen (Personal- und Gerätebeistellung, Geldmittel, technische und kaufmännische Sonderleistungen) jeder einzelne ARGE-Partner zu erbringen hat. Wesentlich ist, daß jeder einzelne Partner als Gesellschafter ohne Rücksicht auf sein vertraglich festgelegtes Beteiligungsverhältnis nach außen in vollem Umfange gesamtschuldnerisch haftet.

Neben einer besseren Kapazitätsauslastung kann eine ARGE sinnvoll sein, wenn eine Bauunternehmung nicht über die notwendigen Spezialkenntnisse oder Spezialgeräte verfügt, um einen Bauauftrag übernehmen zu können. Die ARGE kann also auch die Chance bieten, bei Aufträgen mitzuwirken, für die man selbst nicht die geeigneten Voraussetzungen hat. Darüber hinaus kann man durch eine Mitarbeit unter Umständen sein kaufmännisches und technisches Know-how verbessern, so daß man langfristig seine Konkurrenzfähigkeit steigert. Wenn ein finanzstarker Partner beteiligt ist, können zudem für kleine und mittelgroße Bauunternehmungen Vorteile im Finanzierungsbereich entstehen.

II. Finanzierungsbedingte Besonderheiten

1. Die Industrialisierung der Baufertigung und das Zahlungssystem der VOB

1.1 Folgen der Industrialisierung für die Finanzierung

In den vergangenen 50 Jahren hat die Baufertigung den Weg von der vorwiegend handwerklichen Auftragsbearbeitung zum industriellen Prozeß vollzogen. Sie ist aber – und bleibt – vorwiegend Baustellenfertigung. Damit unterliegt die Baufertigung vor allem im Inland saisonalen und witterungsbedingten Beschäftigungsschwankungen. Das gilt selbst für fabrikatorische Fertigungen, da die Endphase der Fertigung in aller Regel auch Baustellenfertigung ist. Lagerfertigung ist nur im begrenzten Umfang möglich. Die starke Industrialisierung hat es also nicht vermocht, die naturbedingten Beschäftigungsschwankungen merklich zu mildern, sie hat dagegen das wirtschaftliche Gewicht dieser Schwankungen erheblich vergrößert.

Das gleiche gilt für konjunkturell bedingte Nachfrageänderungen. Da die Bauwirtschaft für die Konjunktur und die staatliche Konjunkturpolitik Schlüsselindustrie ist, wird sie bereits seit Jahrzehnten nicht mehr sich selbst, nicht mehr den „Selbstheilungskräften" der Wirtschaft überlassen. Die staatliche Konjunkturpolitik versucht vielmehr, durch Maßnahmen des „stop and go" die Beschäftigung der Bauwirtschaft mit dem Ziel des Multiplikatoreffekts für die gesamte Wirtschaft zu steuern. Dies geschieht häufig durch beschäftigungswirksame Maßnahmen im Rahmen der Strukturpolitik, z. B. verstärkter Straßenbau in den neuen Bundesländern. Diese Politik schafft häufig für die Bauwirtschaft eine unausgeglichene Beschäftigung und verlangt dadurch von den Bauunternehmen vermehrte Flexibilität.

Die Industrialisierung der Baufertigung, mit der sich die Bauwirtschaft rationelle und maschinelle Produktionsabläufe und damit Auftragsausführungen auf der Grundlage exakter Planungen schuf, brachte den Bauunternehmen nicht nur technische, sondern auch neue wirtschaftliche Probleme schwerpunktmäßig im Bereich der Finanzierung. Dabei spielt eine Hauptrolle, daß der starke technische Fortschritt die unternehmerische Flexibilität beträchtlich einschränkt.

Die Industrialisierung der Baufertigung hat das Bauen vermögens- und damit kapitalintensiver gemacht. Ein industrielles Bauunternehmen braucht heute – mit einer weiten, durch Unterschiede der Bausparten bedingten Spanne – ein Unternehmensvermögen und damit ein Gesamtkapital, das etwa einer halben Jahresbauleistung entspricht. Die vorherrschende Baustellenfertigung bestimmt wesentlich das Anlagevermögen der Bauunternehmen, das vorwiegend mobiles Baustellengerät ist. Die Industrialisierung zeigt sich daher besonders deutlich an der qualitativen und quantitativen Zunahme der Baugeräte. Seit 1950 ist die Beschäftigten-

zahl im Bauhauptgewerbe nur um knapp 30 % gestiegen; die Zahl der Betonmischer hat sich mehr als verdreifacht, die der Universalbagger verachtzehnfacht, die Zahl großer Turmdrehkräne verdreiundzwanzigfacht, Stahlrohrgerüste haben (in t) um das 160fache zugenommen.

Die Industrialisierung bedingte auch eine Erweiterung und zahlenmäßige Zunahme der den eigentlichen Baustellen vorgelagerten Neben- und Hilfsbetriebe der technischen und betriebswirtschaftlichen Arbeitsgruppen. Sie dienen der fabrikatorischen Herstellung von Fertigteilen oder der Herstellung von Schalungen, der Disposition und Wartung von Baugeräten und im übrigen der Vorbereitung und Abwicklung der Aufträge.

Vorwiegend als Folge der starken wirtschaftlichen Entwicklung Deuschlands ist in den vergangenen Jahrzehnten der durchschnittliche Projektumfang der auszuführenden Bauaufträge deutlich angewachsen. Obwohl die Industrialisierung die Baufertigung stark beschleunigte, wurde dieser zeitliche Effekt durch das Anwachsen der Auftragsgrößen ausgeglichen. Dieses Anwachsen hat zum Teil sogar zu längeren durchschnittlichen Bauzeiten geführt. Das bedeutet für den Auftragnehmer eine längere Vorhaltung der Auftragskosten und ein größeres Finanzierungsrisiko.

Mit der Industrialisierung änderte sich auch die Personalstruktur. Der Anteil der angelernten Arbeitskräfte an der Zahl der gewerblichen Beschäftigten ging stark zurück, der Anteil der Angestellten an den Belegschaften ist jedoch um ein Mehrfaches gestiegen. Die Personalkostenintensität der Bauunternehmen wurde deshalb selbst durch die Industrialisierung nur wenig vermindert. Verstärkt wurde die betriebswirtschaftliche Problematik insofern, als diese Personalaufwendungen in zunehmenden Maße kurz- und mittelfristig nicht mehr reduziert werden können, also weitgehend unabhängig von der Auftragslage des Unternehmens anfallen.

Die gestiegene Kapitalintensität und die erhöhten Personalaufwendungen mit fixem Charakter belasten die Finanzierung und sind von den Unternehmen nur zu bewältigen, wenn sie gut und relativ ausgeglichen beschäftigt sind. Dadurch gewinnt die Auftragslage eine den meisten anderen Wirtschaftszweigen nicht bekannte Bedeutung für die finanzielle und damit wirtschaftliche Lage einer Bauunternehmung. Die oftmals – besonders in Rezessionsphasen – wilden Kämpfe um Anschlußaufträge finden hier eine Erklärung.

1.2 Das Zahlungssystem der VOB als Finanzierungsproblem

Bereits vor mehr als 60 Jahren wurde von den beiden Parteien des Baumarktes die Verdingungsordnung für Bauleistungen (VOB) als einheitliches Muster für die Vergabe und die Vertragsgestaltung geschaffen. Die Tatsache, daß die VOB wiederholt veränderten Verhältnissen am Baumarkt angepaßt wurde, unterstreicht ihre Bedetung. Die derzeit gültige Fassung wurde im Jahr 1988 verabschiedet. Heute werden ca. 90 % der großen Bauaufträge im Inland nach der VOB vergeben. Obwohl die VOB den neuen Verhältnissen laufend angepaßt wird, blieb ihre grundsätzliche Konzipierung für eine vorwiegend handwerkliche Baufertigung bestehen.

Dies hat vor allem bei den Zahlungsmodalitäten seine Problematik. Die VOB kennt im Teil B, der die für die Finanzierung der Bauaufträge wichtigen Vertragsregelungen enthält, keine Anzahlungen als Systembestandteil, wie sie in anderen Wirtschaftszweigen mit langfristiger Auftragsfertigung üblich sind. Ihr Prinzip ist die kurzfristige Erstattung der Baukosten, die im handwerklichen Betrieb zu einem hohen Anteil auftragsbezogen anfielen und nur eine kurze finanzielle Vorhaltung erforderten.

Da die VOB betont marktwirtschaftlich orientiert ist, hat sie auch die verschiedenen Vertragsformen in eine Rangfolge gebracht. Der frei aushandelbare Werkvertrag, der den Auftragnehmer leistungsverpflichtend und leistungsnachweisend bindet, hat Vorrang vor dem Dienstvertrag in Form des Stundenlohnvertrages und vor allem vor dem Selbstkostenerstattungsvertrag.

Es gelten folgende Vergütungsformen und in dieser Rangfolge:

1. Werkvertrag
1.1 Leistungsvertrag – Vorrang des Wettbewerbspreises
1.1.1 Einheitspreisvertrag oder (gleichwertig)
1.1.2 Pauschalvertrag
1.2 Selbstkostenerstattungsvertrag – nur als „notwendiges Übel"
2. Dienstvertrag; Regelform: Stundenlohnvertrag für Bauleistungen geringeren Umfangs.

Tatsächlich kann man heute sagen, daß weitaus die meisten bedeutenden Bauaufträge als Einheitspreisverträge abgeschlossen werden. Bauarbeiten kleineren Umfangs werden meist als Stundenlohnarbeiten vergeben. Pauschalverträge sind nach ihrer Zahl noch Ausnahmen. Für das einzelne Unternehmen sind sie mitunter dadurch von erheblicher Bedeutung, da die Pauschalverträge regelmäßig für sehr große Aufträge Anwendung finden. Selbstkostenverträge sind im ganzen gesehen Ausnahmen.

Die VOB/B § 16 sieht für Einheitspreisverträge folgende Zahlungen vor:

– Abschlagszahlungen für noch nicht abgenommene Teilleistungen „in möglichst kurzen Zeitabständen". Basis ist die „Höhe des Wertes der jeweils nachgewiesenen vertragsgemäßen Leistungen". Gegenforderungen können einbehalten werden.

– Die Schlußzahlung nach der ausgeführten Bauleistung. An die Stelle der Schlußrechnung können mehrere Teilschlußrechnungen treten. Die Schlußzahlung ist „spätestens zwei Monate nach Zugang" der Schlußrechnung zu leisten.

Vorauszahlungen können vereinbart werden. Die VOB behandelt sie lediglich, soweit sie nach Vertragsabschluß vereinbart werden. Für diesen Fall trifft sie Regelungen zur Sicherung des Auftraggebers und für die Verzinsung. Die Praxis kennt dagegen die Zahlungskürzungen des Ausführungseinbehalts und des Schlußeinbehalts. Während der Bauzeit wird von den Abschlagsrechnungen regelmäßig 10 % als Ausführungseinbehalt abgezogen. Nach Bauabnahme reduziert sich dieser Einbehalt auf regelmäßig 5 % der Schlußrechnung. Letzterer Einbehalt wird als Schlußeinbehalt bezeichnet. Diese Zahlungskürzungen dienen dem Auftraggeber zur Durchsetzung von Gewährleistungsansprüchen. Dabei kann der Schlußeinbehalt durch Sicherheitsleistungen abgelöst werden.

Die Zahlungsform der Pauschalverträge enthält regelmäßig einen vertraglichen Zahlungsplan, der dem Terminplan der Auftragsausführung angepaßt ist. Auch hier löst die Abnahme die Fälligkeit für den noch nicht vergüteten Auftragsteil aus. Ausführungs- und Schlußeinbehalt werden auch hier angewandt.

Bedingt durch das Zahlungssystem der VOB muß der Auftragnehmer zum Teil erhebliche Mittel zur Finanzierung der Bauaufträge bereitstellen. Dies nicht zuletzt deswegen, weil zwar gemäß § 16 VOB/B Abschlagszahlungen in Höhe des Wertes der nachgewiesenen Leistungen in möglichst kurzen Zeitabständen zu gewähren sind, die Praxis aber zeigt, daß sie nicht selten bei 6 Wochen liegen. Das gleiche gilt für Schlußzahlungen, denn sie werden – abhängig vom Umfang der Bauarbeiten und damit vom Schwierigkeitsgrad der Überprüfung der Schlußrechnung – vielfach erst 2 Monate nach Rechnungsstellung bezahlt.

Auch für Stundenlohnarbeiten, die gemäß VOB/A nur für kleinere Bauleistungen zu vergeben sind, ist ein besonderes Abrechnungs- und Zahlungsverfahren festgelegt (VOB/B § 5). Für die geleisteten Arbeitsstunden und den besonders zu vergütenden Aufwand etwa an Stoffen oder andere etwaige Sonderkosten sind – wenn nichts anderes vereinbart ist – „werktäglich und wöchentlich" Stundenlohnzettel anzufertigen und dem Bauherrn vorzulegen.

Der Bauherr muß diese Stundenzettel binnen 6 Werktagen nach Zugang zurückgeben. Dabei kann er Einwendungen erheben, nicht fristgemäß zurückgegebene Stundenzettel gelten als anerkannt. Stundenlohnabrechnungen sind dem Bauherrn alsbald nach Abschluß der Arbeit, längstens jedoch in vierwöchigem Abstand vorzulegen und von ihm „alsbald" zu bezahlen. Damit gilt für die Zahlungstermine die Bestimmung des § 16 VOB für Leistungsverträge, wobei die regelmäßigen Zahlungen für längerlaufende Stundenlohnarbeiten nach den Bestimmungen für Abschlagszahlungen zu leisten sind.

Die deutsche Umsatzsteuer ist nach ihrer Konstruktion eine Sollsteuer. Die Abnahme der erbrachten Werkleistung durch den Bauherrn löst die Umsatzsteuerpflicht aus, deren Betrag durch die Rechnung an den Bauherrn festgelegt wird. Anforderungen von Abschlagszahlungen lösen grundsätzlich keine Umsatzsteuer aus, jedoch deren Bezahlung. Mindest-Ist-Besteuerung bedeutet dabei, daß nicht der Rechnungsbetrag der Abschlagszahlung der Umsatzsteuer zugrundegelegt wird, sondern der regelmäßig um den Ausführungseinbehalt geminderte Zahlungsbetrag.

Die Umsatzsteuer als Finanzierungsaufgabe ergibt sich daher

— aus dem Betrag der schlußberechneten Steuer abzüglich bezahlter Ist-Beträge,
— aus der Forderungslaufzeit der Schlußrechnung bis zu ihrer Bezahlung durch den Bauherrn. Die Steuer ist unabhängig von dieser Laufzeit, auch unabhängig von einer etwaigen Zweifelhaftigkeit der Forderung sofort voll fällig.

Da bei Stundenlohnarbeiten die Vergütung nicht nach erbrachter Leistung — bestätigt durch die Abnahme —, sondern nach geleisteten Arbeitsstunden rechtskräftig wird, gelten die in einer Zeiteinheit (Monat) erbrachten Leistungen steuerlich als ausgeführt. Dementsprechend wird die Umsatzsteuer dem Bauherrn monatlich berechnet.

2. Die Belastung durch Sicherheitsleistungen

Nach der Verdingungsordnung für Bauleistungen (§ 17 VOB/B) können zwischen Bauherrn und Bauunternehmen im Rahmen des Bauvertrags Sicherheitsleistungen vereinbart werden, die dazu dienen, „die vertragsgemäße Ausführung der Leistung und die Gewährleistung sicherzustellen". Die Sicherheitsleistung des Auftraggebers an das ausführende Bauunternehmen (vor allem die Bauhandwerkssicherungshypothek) fällt meist dem Wettbewerb zwischen den Anbietern am Baumarkt zum Opfer, obwohl das Bauunternehmen während der gesamten Bauzeit finanziell vorleistet. Dagegen sind Sicherheitsleistungen der Bauunternehmen für den Auftraggeber weit verbreitet und daher für die Unternehmen von großer Bedeutung.

Als Sicherheitsleistung nennt die VOB die Bürgschaft und die Anlage von Sperrkonten. Daneben kennt die Praxis die Hinterlegung von Sichtwechseln oder Wertpapieren. Inzwischen hat die Bürgschaft als Sicherheitsleistung die größte Verbreitung gewonnen. Sie bietet dem Auftraggeber stärkere Sicherheit als z. B. der Sichtwechsel, da die Bürgschaft von einem zweifellos zahlungsfähigen Unternehmen („im Inland zugelassenes Kreditinstitut oder Kreditversicherer") geleistet werden muß.

Die Bürgschaft ist in der Banksprache ein Avalkredit. Bar- und Avalkredit unterscheiden sich wie folgt: Beim Barkredit stellt der Kreditgeber (die Bank) dem Kreditnehmer (Bauunternehmen) unmittelbar Geld zu Verfügung. Beim Avalkredit — auch Kreditleihe genannt — bekommt der Kreditnehmer kein Geld, sondern der Kreditgeber verbürgt sich für die Verpflichtungen seines Kreditnehmers gegenüber einem Dritten. Dadurch geht der Kreditgeber ein bedingtes Zahlungsversprechen ein: er haftet mit seinem Vermögen dann, wenn der Kreditnehmer seinen Verpflichtungen gegenüber dem Dritten (Gläubiger) nicht nachkommt.

Die Verbürgung durch ein Kredit- oder Versicherungsinstitut hat immer Geldform. Das Institut verbürgt sich nicht dafür, daß bestimmte Bauleistungen oder Gewährleistungsarbeiten auch durch das Bauunternehmen ausgeführt werden, sondern es zahlt dem Bauherrn die im Bürgschaftsvertrag festgelegte Geldsumme, wenn das Bauunternehmen die vereinbarten Leistungen nicht erbringt.

Da die Bürgschaft also die Erfüllung vertraglicher Verpflichtungen sichert, kann sie jeden Teil des abgeschlossenen Vertrags betreffen. Man unterscheidet folgende Formen:

a) Bietungsbürgschaft

Sie soll verhindern, daß unseriöse Angebote abgegeben werden. Der Bürge zahlt, wenn der Bieter entgegen seinem Angebot nicht zum Vertragsabschluß bereit ist.

b) Anzahlungsbürgschaft

Der Bürge verpflichtet sich zur Rückzahlung, wenn der Auftragnehmer seine vertraglichen Leistungsverpflichtungen nicht erfüllt. Für den Auftragnehmer bildet die Bürgschaft einen Teil des Preises, mit dem er sich eine Vorauszahlung erkauft; weitere mögliche Preisbestandteile sind die Kürzung der Angebotssumme, die Fristverkürzung oder die Streichung von Preisgleitklauseln.

c) Ausführungsbürgschaft

Der Bürge zahlt einen bestimmten Betrag, wenn die Leistung nicht vertragsgemäß erbracht wird. Die Bürgschaft kann dem Auftragnehmer den Ausführungseinbehalt ersparen. Die Entscheidung zwischen beiden Belastungen liegt aber praktisch stets beim Bauherrn.

d) Gewährleistungsbürgschaft

Die Sicherheit besteht in der Zahlungszusage des Bürgen für den Fall, daß der Auftragnehmer seinen Gewährleistungsverpflichtungen (Mängelbeseitigung nach Abnahme) nicht vertragsgerecht nachkommt. Verpflichtungen aus Gewährleistung (VOB/B § 13) ergeben sich aus der Gewähr des Auftragnehmers, „daß seine Leistung zur Zeit der Abnahme die vertraglich zugesicherten Eigenschaften hat, den anerkannten Regeln der Technik entspricht und nicht mit Fehlern behaftet ist, die den Wert oder die Tauglichkeit zu dem gewöhnlichen oder dem nach dem Vertrag ausgesetzten Gebrauch aufheben oder mindern". Die Gewährleistungsdauer beträgt nach der VOB für Bauwerke zwei Jahre, beginnend mit der Abnahme. Die Gewährleistungsbürgschaft spielt für Bauunternehmen eine bedeutende Rolle. Der Schlußeinbehalt ist regelmäßig ein Ablösungseinbehalt, das heißt, der Auftraggeber ist zur Zahlung des ungekürzten ausstehenden Auftragsentgelts gegen Gestellung einer Sicherheit bereit.

Wenn der Auftraggeber kraft seiner Nachfragemacht die Gestellung einer Bürgschaft verfügt, bedeuten Sicherheiten für das Bauunternehmen zusätzliche Kosten und damit zusätzlich aufzubringende Finanzmittel. Das sich verbürgende Kredit- oder Versicherungsinstitut sieht außerdem bei Avalkredit im Prinzip das gleiche Risiko wie für den Barkredit. Daher muß der Avalkredit auch durch ban/kübliche Sicherheiten gedeckt werden. Dadurch wird der ohnehin für die meisten Unternehmen knapp bemessene Sicherheitsrahmen weiter eingeschränkt.

Liegt die Entscheidung der Sicherheitsstellung beim Auftragnehmer, das heißt, kann er wählen, ob er den Sicherheitseinbehalt durch eine Bürgschaft (Gewährleistungsbürgschaft) ablöst, so sollte er dies tun, da er sich durch diese Lösung einen Barkredit mit den entsprechend hohen Kosten erspart. Außerdem vergrößert er mit dieser Lösung auch den Spielraum anlegbarer Mittel; schließlich wird auch das Forderungsrisiko gegenüber dem Auftraggeber beseitigt, da dadurch bereits die gesamte Geldforderung aus dem Auftrag beglichen ist.

Auf alle Fälle muß das Bauunternehmen aus dem Sachverhalt der Verpflichtung zur Sicherheitsleistung Folgerungen für seine Finanzierung ziehen. Es braucht einen ausreichenden Kreditrahmen, ausreichend für Bar- und auch für Avalkredite. Aquisition, Auftragsannahme und Auftragsausführung dürfen nicht dadurch gefährdet oder auch nur erschwert werden, daß nicht ausreichend Sicherheiten gestellt werden können.

3. Baurisiken als Finanzierungsproblem

Eine gute Unternehmenspolitik ist zu einem bedeutenden Teil Risikopolitik. Risiken sind konkret branchengebunden; die generelle Untergliederung gilt jedoch auch für die Bauwirtschaft.

3.1 Die technischen Risiken

Technische Risiken können unter anderem auftreten:

a) in der Phase der Vorkalkulation, das heißt bei der Festlegung der Angebotssumme.

Das Kalkulationsrisiko besteht unter anderem darin:
- Die Preise am Beschaffungsmarkt sind in der Zeit zwischen Vorkalkulation und Bauausführung nur Annahmen.
- Das Abschreibungsrisiko entsteht, wenn die der Abschreibung zugrunde gelegte Nutzungsdauer in Wirklichkeit viel kürzer war, da sie falsch eingeschätzt wurde.
- Die angenommenen Leistungsansätze für Arbeitskräfte und Geräte sind Erfahrungswerte und können bei einem neu zu erstellendem Bauobjekt abweichen.

b) in der Phase der Bauausführung.

Diese Risiken bestehen vor allem für:
- Personen- und Sachschäden bei eigenen und fremden Personen bzw. Sachen;
- witterungsbedingte Einflüsse auf die Produktion;
- Abweichungen zwischen der ausgeschriebenen und der tatsächlich erbrachten Leistung. Dies kann

auf der Leistungsbeschreibung beruhen oder darin begründet sein, daß die ausgeschriebenen nicht mit den erbrachten Mengen übereinstimmen.

3.2 Die bauvertraglichen Risiken

Bei der Konzipierung der VOB war das Prinzip des Interessenausgleiches zwischen Auftraggeber und Auftragnehmer von zentraler Bedeutung. Liegt also dem Bauvertrag die VOB zugrunde, ist das vertragliche Risiko für den Auftragnehmer überschaubarer und annehmbarer als bei vielen Bauverträgen, die entweder gar nicht oder nur zum Teil auf der VOB beruhen.

Dennoch können auch bei Anwendung der VOB finanzielle Risiken entstehen, denn es geschieht in der Praxis häufig, daß einzelne VOB-Regelungen einseitig belastend zu Ungunsten des Auftragnehmers geändert werden. Beispiele hierfür sind:
- statt 2 Jahre 5 Jahre Gewährleistungszeit,
- Ausschluß des § 2 Nr. 3 Abs. 1 (10 %-Mengenklausel) oder Änderung des § 6 durch folgenden Text: „Zusatzaufträge im angemessenen Rahmen sowie Sonderwünsche geben keinen Anspruch auf Terminverschiebung oder Fristverlängerung".

Durch solche vertraglichen Bestimmungen entstehen zusätzliche Finanzierungsrisiken.

3.3 Die wirtschaftlichen Risiken

Unter diese Gruppe fallen vor allem das Beschäftigungsrisiko und die Risiken aus schwebenden oder erfüllten Geschäften. Im ersten Fall sind die personellen und sachlichen Kapazitäten nicht ausgelastet, die Kosten laufen aber weiter. Diesem Risiko mangelnder Aufträge stehen die Risiken der Verluste bei ausgeführten Aufträgen gegenüber. Beide schließen sich nicht aus: Bei schlechter Konjunktur herrscht in aller Regel Auftragsmangel, Aufträge müssen zu unzureichenden Preisen hereingenommen werden.

Der Bauauftrag als Leistungsvertrag ist bis zu seiner Abnahme ein schwebendes Geschäft, es handelt sich dabei um ein fest abgeschlossenes, aber noch nicht vollständig erfülltes Rechtsgeschäft. Der Auftrag unterliegt nicht nur dem Verlustrisiko, sondern auch dem Risiko, daß erbrachte Teilleistungen vom Auftaggeber als nicht vertragsgerecht beurteilt werden und dementsprechend nicht vergütet werden sollen.

Auch die Risiken aus erfüllten Geschäften, also aus abgerechneten Bauten, sind zu beachten. Dabei handelt es sich darum, daß z. B. die Forderungen ganz oder teilweise ausfallen (Ausfallrisiko) oder verzögert beglichen werden (Verzögerungsrisiko). Diese Risiken verschärfen sich mit rückläufiger Konjunktur, also in einer Zeit, die auch durch verringerte Bauerlöse charakterisiert ist.

Ein branchentypisches Risiko ist der unerwartete Verlustauftrag. Größere und schwierige Bauleistungen sind mit dem Kalkulationsrisiko behaftet. Der Wettbewerb am Baumarkt bietet der Kalkulation aber nicht Raum, alle technisch möglichen Risiken im Angebotspreis zu berücksichtigen. Die Schlußposition „Wagnis und Gewinn" ist nur ein geringes pauschales Gegengewicht. Den Bauforderungen fehlt fast stets eine dingliche Sicherung. Überall da, wo die Bauunternehmung nicht auf ihrem eigenen Grund und Boden baut, sondern auf dem des Auftraggebers (oder eines Dritten), geht ihre Produktion nicht erst nach, sondern bereits während der Erstellung des Bauwerks unmittelbar in das Eigentum des Grundeigentümers über. Ein Eigentumsvorbehalt scheidet damit aus. Die rechtlich mögliche Bauhandwerkssicherungshypothek fällt dem Wettbewerb zwischen den Bietern zum Opfer. Wird sie wegen Zahlungsverzug des Bauherrn bestellt, sind die „bereiten" Grundbuchrangstellen längst vergeben. Dieser Sachverhalt gibt nicht nur dem Ausfallrisiko, sondern auch dem Verzögerungsrisiko der Forderung Gewicht.

4. Möglichkeiten der Risikobegrenzung

4.1 Fremdversicherungen

Die Risikopolitik des Unternehmens fragt zunächst nach den Möglichkeiten und Zweckmäßigkeiten, Risiken durch Fremdversicherung abzudecken. Die technischen Risiken können weitgehend durch Versicherung abgefangen werden, zum Teil sind sie haftpflichtversicherungspflichtig.

Anders die wirtschaftlichen Risiken; nur ein relativ kleiner Teil von ihnen ist versicherbar. Das Ausfall- und Verzögerungsrisiko der Forderungen aus Umsatz kann bis auf einen prozentualen „Selbstbehalt" (regelmäßig 15 %) mittels klassischer Kreditversicherung oder durch Factoring entschärft werden. Factoring ist ein speziell für Außenstände entwickeltes Angebot der Kreditwirtschaft. Das Angebot umfaßt die Finanzierung der Forderungen durch Ankauf, ihre Bearbeitung von der Rechnungsstellung bis zur Vollstreckung und ihre Absicherung (bis auf einen Selbstbehalt). Im Auslandsgeschäft bildet die Hermes-Absicherung einen für viele Aufträge unerläßlichen Schutz.

Die Fremdversicherung nimmt den technischen und wirtschaftlichen Risiken nicht ihren Kostencharakter und nicht ihr Finanzierungserfordernis. Die Sicherheit wird gekauft; der Kauf ist gleichzeitig eine Entscheidung gegen die Chance, ohne Schaden, Ausfall oder Verzögerung davonzukommen.

Das Beschäftigungsrisiko der personellen und materiellen Unternehmenskapazität und das Risiko der Verluste aus Aufträgen sind nicht durch Versicherung abzufangen. Zwar sind Bauleistungen auf oder im Grund und Boden des Bauherrn für das ausführende Bauunternehmen nicht Sachen, sondern Forderungen. Es sind jedoch nur vorläufige Ansprüche, die erst durch die Abnahme des Bauwerks seitens des Bauherrn Forderungen aus erfüllten Verträgen werden. Um die genannten Risiken durch Fremdversicherungen abfangen zu können, müssen Forderungen aus erfüllten Verträgen vorliegen, eine Voraussetzung, die beim Beschäftigungsrisiko oder bei

den Risiken aus der Abwicklung eines Bauauftrages (Verluste bei Bauaufträgen) nicht erfüllt ist.

4.2 Bilanzielle Selbstversicherung

Die Bilanz des Unternehmens bildet — wie noch gezeigt wird — ein wichtiges Instrument der Unternehmensfinanzierung. Die bilanzielle Selbstversicherung kann zwar die Lücke der Risikoabsicherung nicht entscheidend, aber doch zu einem beachtlichen Teil schließen. Sie mindert das Bilanzergebnis, das Grundlage der Bemessung mehrerer Besitzsteuern und etwaiger Dividende ist. Steuerzahlungen werden so vermindert oder hinausgeschoben. Die ersparte oder hinausgeschobene Steuer und Dividende sind zeitweilig oder sogar dauerhaft zur Verfügung stehendes Vermögen. Dieses Vermögen, in liquider Form gehalten, kommt der Zahlungsfähigkeit des Unternehmens zugute.

Die bilanzielle Selbstversicherung hat im Prinzip die gleiche Wirkung für das Unternehmen wie die Innenfinanzierung. Bei beiden Instrumenten werden durch Bilanzierung und Bilanzbewertung der Bilanzgewinn verringert und dadurch Zahlungen an Gewinnsteuern und Ausschüttungen verringert bzw. hinausgeschoben. Die Unterschiede der beiden Instrumente liegen darin, daß die Alternative zur Innenfinanzierung die Außenfinanzierung durch Gesellschafter oder Kreditgeber ist, die Alternative zur bilanziellen Selbstversicherung dagegen ist eine Fremdversicherung.

Praktisch ist die bilanzielle Selbstversicherung von den Handels- und Steuergesetzen nur anerkannt, wenn bereits ein drohender Verlust gegeben ist; ein möglicher Verlust wird nicht als Ursache einer bilanziellen Selbstversicherung anerkannt.

Das Beschäftigungsrisiko und das Verlustrisiko aus laufendem Geschäft sind also durch Fremdversicherung gar nicht, durch bilanzielle Selbstversicherung nur sehr begrenzt abzufangen. Sie bedrohen dementsprechend die Zahlungsfähigkeit.

Zusammenfassend läßt sich der branchenspezifische Zusammenhang zwischen den nicht versicherbaren wirtschaftlichen Risiken des Bauunternehmens und der Unternehmensfinanzierung wie folgt charakterisieren:

— Das Beschäftigungsrisiko
  Das Bauunternehmen ist, gemessen am Durchschnitt der Industrie, nicht anlage-, aber personalintensiv. Die bei Unterbeschäftigung weiterlaufenden Personalkosten führen schnell zum Verlust, noch schneller zu Zahlungsschwierigkeiten, da diese Kosten zum großen Teil aus Baraufwendungen bestehen.

— Das Risiko von Verlustaufträgen
  Zwar gibt es dieses Risiko auch in anderen Branchen. Aber durch die branchenspezifische Eigenart der Bauaufträge und durch das branchenspezifische Zahlungssystem der VOB gefährdet das Risiko der Verlustaufträge bereits die Zahlungsfähigkeit des Bauunternehmens, bevor der Verlustauftrag sich im Ergebnis des Unternehmens niederschlägt.

– Das Risiko der begrenzten Anzahl von Aufträgen
Der Umsatz des Bauunternehmens setzt sich, gemessen am Durchschnitt der Industrie, aus einer begrenzten Zahl von Aufträgen zusammen. Dadurch bekommt der einzelne Auftrag ein relativ großes Gewicht für die Ergebnis- und die Finanzlage des Unternehmens.

4.3 Risikoerkennung durch Planungsrechnungen

Um die Zahlungsfähigkeit des Unternehmens zu sichern, muß der Unternehmensfinanzierung besondere Aufmerksamkeit gewidmet werden. Sie schlägt sich in detaillierter Planung speziell für diesen Bereich nieder. Die Planung bedient sich mehrerer rechnerischer Instrumente. Ihnen ist gemeinsam, daß sie — mit Vergangenheitszahlen — auch für die Bilanzanalyse Verwendung finden. Wir haben diese Rechnungen daher im Zusammenhang der Auswertungsinstrumente des Rechnungswesens dargestellt. Dabei sind wir von folgender Aufgabenteilung ausgegangen: Der unmittelbaren Liquiditätssicherung dient die Finanzplanungsrechnung, der Gewinnung und Sicherung einer angemessenen Kapitalstruktur dienen die Deckungs- und die Kapitalflußrechnung.

Teil B: Die KLR Bau, dargestellt am Beispiel einer GmbH

I. Die Gründung der GmbH als Ausgangssituation des Beispieles

Vor ca. 10 Jahren haben sich der 38jährige Dipl.-Ing. Baumann mit 12jähriger Berufserfahrung aus Tätigkeiten im Kalkulations- und Konstruktionsbüro sowie in der Bauleitung und der 32jährige Betriebswirt (FH) Kaufmann, der über 7 Jahre Berufserfahrung in Bauunternehmungen verfügt, entschlossen, eine Bauunternehmung zu gründen. Dieser Entschluß kam angesichts einer guten Baukonjunktur zustande.

Zunächst war die grundlegende Entscheidung der Wahl der Rechtsform zu treffen. Die beiden Gründer waren entschlossen, in die neue Gesellschaft nicht nur ihre ganze Arbeitskraft, sondern auch ihr Vermögen einzubringen. Bei dieser Sachlage empfiehlt sich eine GmbH, eine „Gesellschaft mit beschränkter Haftung". Sie erfordert ein für die Verbindlichkeiten der Gesellschaft haftendes Eigenkapital von mindestens DM 50.000,–. Eine zusätzliche Haftung der Gesellschafter mit ihrem übrigen Vermögen gibt es nicht. Die Gründer waren sich klar, daß mit den Grenzen ihrer Haftung auch die Grenzen ihrer Kreditfähigkeit gezogen wurden.

Die beiden Gesellschafter haben den Firmennamen „Baufix GmbH" gewählt. Sie gingen davon aus, daß sie nach ungefähr 10 Jahren eine Jahresleistung von ca. 60 Mill. DM erzielen werden. Diese Vorstellung war gerechtfertigt, da Herr Baumann über gute Beziehungen zu öffentlichen und privaten Bauherren sowie zu zahlreichen Architekten und Ingenieurbüros verfügt. Bei der Gründung der GmbH hatte er bereits 2 Aufträge in Aussicht, nämlich den Bau einer Stützmauer und den Bau von zwei Wohnanlagen mit je 11 Wohneinheiten. Die gesamte erwartete Bauleistung betrug zum Zeitpunkt der Gründung der GmbH ca. 1,1 Mio. DM.

Im Gesellschaftsvertrag wurde vereinbart, daß die Geschäftsführungsbefugnis, also das Recht und die Pflicht, die Gesellschaft im Innenverhältnis zu führen, sowohl Herr Baumann als auch Herr Kaufmann haben, wobei Herr Baumann die technische und Herr Kaufmann die kaufmännische Geschäftsführung übernehmen.

Die Vertreterbefugnis, also die Vertretung der Gesellschaft nach außen, das heißt gegenüber Dritten, wurde im Gesellschaftsvertrag wie folgt festgelegt: Grundsätzlich übernimmt Herr Baumann diese Vertreterbefugnis. Nur bei folgenden Geschäftsvorgängen muß er das ausdrückliche und schriftliche Einverständnis von Herrn Kaufmann haben:

– beim Kauf, bei der Belastung oder beim Verkauf von Grundstücken,
– bei der Aufnahme von Darlehen über 50.000,– DM,
– bei der Erteilung der Prokura.

Die Bilanzen werden laut Gesellschaftsvertrag von beiden unterzeichnet. Bezüglich der Einkünfte der beiden Gesellschafter wurde festgelegt, daß Herr Baumann in den ersten Jahren ein fixes Bruttojahresgehalt in Höhe von 60 TDM, Herr Kaufmann von 45 TDM bezieht. Nach 3 Jahren werden die Beträge neu festgelegt. Es werden jährlich 10 % des Jahresüberschusses als Rücklagen gebildet. Der verbleibende Reingewinn wird am Jahresende im Verhältnis der Kapitalanteile an die Gesellschafter ausgeschüttet.

Zur Sach- bzw. Bargründung werden folgende Beiträge geleistet: Herr Baumann bringt als Einlage 100.000,– DM Bargeld. Er hat außerdem aus einem Konkurs Baugerät mit einem Gesamtwert laut Baugeräteliste von DM 150.000,– erworben, das er gleichfalls der Gesellschaft gegen Gewährung von Gesellschaftsrechten zur Verfügung stellt.

Herr Kaufmann bringt 50.000,– DM Bargeld und ein unbelastetes Grundstück ein, das mit einem Verkehrswert in Höhe von DM 200.000,– bewertet wird.

Aus ihren Gesellschafterbeiträgen bilden die Gesellschafter das Eigenkapital ihrer Gesellschaft wie folgt:

Gezeichnetes Kapital (Stammkapital)   DM 300.000,–
Rücklage (Kapitalrücklage)   DM 200.000,–

Beide Herren hatten gemeinsam für die GmbH eine Zusage für ein Darlehen der Allfinanzbank AG in Höhe von 180.000,– DM, wofür die Bank aber die Verpfändung des Grundstücks mittels Grundschuld und die Sicherungsübereignung des Baugeräts verlangt hat. Außerdem hatte Herr Baumann eine Zusage der beiden Bauherren, im Falle der Auftragserteilung an die GmbH, Vorauszahlungen in Höhe von 50.000,– DM für den Auftrag „Stützmauer" und von 200.000,– DM für den Auftrag „Wohnbauanlage" zu leisten.

Die Gesellschafter hatten die Absicht, das Grundstück teilweise als Bauhof zu verwenden und erst dann ein Verwaltungsgebäude zu errichten, wenn die Ertrags- und Finanzlage dieses rechtfertigt. Die Gesellschaft hat für die ersten Aufträge ihre ja noch recht knappe Geräteausstattung durch Leasing-Anmietungen ergänzt. Leasing ist ein sich seit rd. 30 Jahren verbreitendes System der Investitionsfinanzierung. Der Investor ist Mieter einer Immobilie oder Mobilie. Nach einer Grundmietzeit, die kürzer als die betriebsgewöhnliche Nutzungsdauer ist, kann der Investor zwischen Kauf und Mietverlängerung wählen.

Ein technischer Angestellter und ein Polier hatten ihre Mitarbeit zugesagt, die entsprechenden Arbeitsverträge sind unterzeichnet. .

Die Eintragung in das Handelsregister ist keine Voraussetzung für das Bestehen und die Tätigkeit der Gesellschaft. Bis zur Eintragung ist sie allerdings keine GmbH, sondern eine Gesellschaft bürgerlichen Rechts (GbR). Es spricht für die Bekanntheit und Tüchtigkeit der Inhaber, daß sie bereits in diesem Stadium einen Auftrag (Stützmauer) und die vorgesehene Vorauszahlung erhielten. Die Gesellschafter erledigten zügig alle Formalitäten der Gründung und stellten dann die Eröffnungsbilanz ihrer neugegründeten GmbH auf:

Baufix GmbH
Eröffnungsbilanz zum

Aktiva DM			Passiva DM	
1. Anlagevermögen			1. Eigenkapital	
Grundstücke und			gezeichnetes Kapital	300.000,–
Gebäude	200.000,–		Kapitalrücklage	200.000,–
Maschinen und			gesamt	500.000,–
maschinelle Anlagen	150.000,–			
gesamt	350.000,–		2. Fremdkapital	
			Erhaltene Anzahlungen	50.000,–
2. Umlaufvermögen			Verbindlichkeiten an	
Bankguthaben	380.000,–		Kreditinstitute	180.000,–
gesamt	380.000,–		gesamt	230.000,–
Aktiva gesamt	730.000,–		Passiva gesamt	730.000,–

II. Die Angebotskalkulation als Teilbereich der KLR

1. Beispiel: Kalkulation einer Stützmauer

Für die Erstellung einer Stützmauer werden folgende Produktionsfaktoren benötigt:
- 10 Arbeitskräfte
- 252 cbm Beton, davon 22 cbm B 10, 112 cbm B 15 und 118 cbm B 25
- 977 qm Schalungsfläche
- 12 t gebogener Stahl
- 60 m Dehnfugenband einschl. Dichtungsanstrich für 550 qm
- Laderaupe 44 kW (Gerät wird gemietet) 2 Wochen; Mietpreis pro Woche: 1.500,– DM
- 2 LKW (werden vom Nachunternehmer gestellt)
- 1 Tandemwalze mit Allradantrieb AT 3000 (Gerät wird gemietet) für 1 Woche; Mietpreis: 3.400,– DM.

Herr Baumann ermittelt den Angebotsendpreis mit Hilfe der Methode „Kalkulation über die Angebotsendsumme"; er wollte zunächst mit der Methode der „Kalkulation mit vorbestimmten Zuschlagssätzen" arbeiten, bei der in den vorbestimmten Zuschlägen alle Gemeinkosten, die Allgemeinen Geschäftskosten und Gewinn und Wagnis enthalten sind.[1] Da er die Zuschlagssätze für seinen Betrieb erst im Laufe der Zeit mit Hilfe der Betriebsabrechnung ermitteln kann, wählte er die Methode der „Kalkulation über die Angebotsendsumme". Bei dieser Methode werden die Gemeinkosten der Baustelle gesondert ermittelt und ergeben zusammen mit den Einzelkosten der Teilleistungen die Herstellkosten der Bauobjekte.

1.1 Mittellohnberechnung

Den Zuschlagssatz für die lohngebundenen Kosten hat Herr Baumann entsprechend der Vorlage „Ermittlung der lohngebundenen Kosten für gewerbliche Arbeitnehmer"[2] in Höhe von 98 % ermittelt.

---

[1] Ein Beispiel für diese Methode: Kosten- und Leistungsrechnung der Bauunternehmen – KLR Bau, S. 49 ff.
[2] Vgl. Kosten- und Leistungsrechnung der Bauunternehmen – KLR Bau, S. 61

Mittellohnberechnung[3])

Angebot Nr.:

Aufsicht*)	Stundenlohn						Gesamt	
	DM/ Monat	Vermögens-bildung	Zulagen Überstd.	Gesamt	monatl. Arbeitszeit in h	Lohn pro h (5/6)	Anzahl	DM/h (7 × 8)
1	2	3	4	5	6	7	8	9
Polier	4167,00	600,00		4767,00	195,00	24,45	1,00	24,45

*) Die Aufsichtskosten werden in den Gemeinkosten der Baustelle kalkuliert   Summe: | 24,45

Belegschaft	Stundenlohn						Gesamt	
	Gesamttarif-stundenlohn	Stammarb.-zulagen	Überstd. Zuschl. % v. Sp. 2 u. 3	Erschwer-niszuschlag	Zuschl. Nacht-, Sonn-u. Feiertag	Lohn pro h (Σ 2-6)	Anzahl	DM/h (7 × 8)
1	2	3	4	5	6	7	8	9
Spezialbaufacharb.	19,56					19,56	2	39,12
Facharbeiter	17,47					17,47	6	104,82
Bauwerker	16,20					16,20	2	32,40
Vermögensbildung = Σ Spalte 8 × 0,25 DM/h = 10 × 0,25								2,50
						Summe:	10	178,84

I. Mittellohn ohne anteilige Aufsichtskosten:

Mittellohn (A): Σ Spalte 9/Σ Spalte 8 (Belegschaft) 178,84 DM/h/10   = $\underline{\underline{17,88}}$

Mittellohn (AS): Mittellohn (A) + Sozialkosten (98,0 %): (98,0 % × 17,88) + 17,88   = $\underline{\underline{35,41}}$

[3]) Der Berechnung liegen die Tarife zum 1.4.1991 zugrunde.

1.2 Ermittlung der Einzelkosten der Teilleistungen

Herr Baumann hat sich während seiner bisherigen Tätigkeit eine Sammlung von Erfahrungswerten erarbeitet und verwendet diese zur folgenden Kalkulation:

LV-Pos.	Text	Menge u. Einheit	Ansätze je Einheit					
			Std.	Lohn = Std. × ML DM	Stoffe	Schal. u. Rüstung	Geräte	Fremd-leistung
1	2	3	4	5	6	7	8	9
1.0	**Erdarbeiten**							
1.01.	Aushub und seitliches Lagern Laderaupe 44 kW leistet 20 m³/h Betriebsstoffe: 8,69 DM/20 m³ Miete: 1500 DM/900 m³ Bedienung: 2 Mann; 2 h/20 m³	900,00 m³	0,10				0,43 1,67	
			0,10				2,10	
1.02.	Abfuhr 2 Fahrzeuge: 2 × 61,50 DM/20 m³	150,00 m³						6,15
								6,15
1.03.	Hinterfüllung Laderaupe 44 kW leistet 20 m³/h Betriebsstoffe: 8,69 DM/20 m³ Miete: 1.500 DM/750 m³ AT 2000: Betriebsstoffe: 2,40 DM/20 m³ Miete: 400 DM/750 m³ Bedienung: 3 Mann; 3 h/20 m³	750,00 m³	0,15				0,43 2,00 0,12 0,53	
			0,15				3,08	
2.0	**Beton- und Stahlbetonarbeiten**							
2.01.	Sauberkeitsschicht 8 cm B 10. 0,08 m³; (2 h; 136,75 DM) Abziehen 0,1 h	280,00 m³	0,16 0,10		10,94			
			0,26		10,94			
2.02.	Fundamentbeton B 15; 1,5 h; 151,45 DM	112,00 m³	1,50		151,45			
			1,50		151,45			
2.03.	Fundamentschalung 1,5 h; 12 DM	190,00 m²	1,50			12,00		
			1,50			12,00		
2.04.	Wandbeton B 25; 2,2 h; 154,95 DM/h	118,00 m³	2,20		154,95			
			2,20		154,95			
2.05.	Wandschalung Fremdleistung 61,60 DM/m²	787,00 m²						61,60
								61,60

LV-Pos.	Text	Menge u. Einheit	Ansätze je Einheit					
			Std.	Lohn = Std. × ML DM	Stoffe	Schal. u. Rüstung	Geräte	Fremd-leistung
1	2	3	4	5	6	7	8	9
2.06.	Betonstahl 42/50 Schneiden und Biegen Liefern und Verlegen	12,00 t	18,00		1.000,00			265,00
			18,00		1.000,00			265,00
2.07.	Dehnfugenband	60,00 m	0,95		27,30			
			0,95		27,30			
2.08.	Dichtungsanstrich Fremdleistung 11,50 DM/m²	550,00 m²						11,50
								11,50

LV-Pos.	Text	Menge u. Einheit	Ansätze je Einheit					
			Std.	Lohn = Std. × ML 35,41 DM	Stoffe	Schal. u. Rüstung	Geräte	Fremd-leistung
1	2	3	4	5	6	7	8	9
1.0	**Erdarbeiten**							
1.01.	Aushub und seitliches Lagern	900,00 m³	90,00	3.186,90			1.890,00	
1.02.	Abfuhr	150,00 m³						922,50
1.03.	Hinterfüllung	750,00 m³	112,50	3.983,63			2.310,00	
2.0	**Beton- und Stahlbetonarbeiten**							
2.01.	Sauberkeitsschicht 8 cm	280,00 m³	72,80	2.577,85	3.063,20			
2.02.	Fundamentbeton	112,00 m³	168,00	5.948,88	16.962,40			
2.03.	Fundamentschalung	190,00 m²	285,00	10.091,85		2.280,00		
2.04.	Wandbeton	118,00 m³	259,60	9.192,44	18.284,10			
2.05.	Wandschalung	787,00 m²						48.479,20
2.06.	Betonstahl 42/50	12,00 t	216,00	7.648,56	12.000,00			3.180,00
2.07.	Dehnfugenband	60,00 m	57,00	2.018,37	1.638,00			
2.08.	Dichtungsanstrich	550,00 m²						6.325,00
	Summe:		1.260,90	44.648,47	51.947,70	2.280,00	4.200,00	58.906,70

1.3 Ermittlung der Gemeinkosten der Baustelle

Text	Ansätze					
	Std.	Lohn = Std. × ML 35,41 DM	Stoffe	Baustellen-ausstattung	Sonstiges	Fremd-leistungen
1	2	3	4	5	6	7
I. An- und Abtransport und Vorhaltung der erforderlichen Geräte und Einrichtungen						
1. a) Transport Laderaupe: (Laden Bauhof und abladen Baustelle)	4,00	141,64				
Transport Hin- und Rückweg 6,6 t × 2 × (80,– DM bzw. 2 h)	4,00	141,64				1.056,00
b) Transport der Tagesunterkünfte	4,00	141,64				
2. Elektrische Einrichtung Stunden: 1 % von den Gesamtstunden 1 % × 1261 h	13,00	460,33				
Material: 1261 × 35,41 DM/h × 0,5 %			223,00			
3. Wasserversorgung Stunden: 0,5 % von den Gesamtstunden	6,00	212,46				
Material: 1261 h × 35,41 DM/h × 0,3 %			134,00			
4. Verbrauchsstoffe Holz 2 m³ × 300,– DM/m³			600,00			
5. Laufende Kosten a) Tagesunterkünfte (2,5 h bzw. 20,– DM) × 10 × 2 Monate	50,00	1.770,50	400,00			
b) Allgemeine Betriebsstoffe Strom: 90 kWh × 10 × 2 Monate × 0,46 DM			828,00			
Wasser: 0,2 m³/Mann u. Tag × 1,50 DM			120,00			
c) Reinigung: 10 h/Monat × 2	20,00	708,20				
II. Sonstige Gemeinkosten						
1. Polier 2 Monate × 4.767,– DM					9.534,00	
lohngebundene Kosten: 35 % × 2 Mon × 4.767,– DM					3.337,00	
2. Lohnnebenkosten: 10 % der Baustellenlöhne (44.650,– DM)					4.465,00	
3. Büro- und Reisekosten 2 Monate × 700,– DM					1.400,00	
4. Kleingeräte und Werkzeuge 5 % × 1261 × 35,41 DM/h					2.230,00	
Summe:	101,00	3.576,41	2.305,00	0,00	20.966,00	1.056,00

1.4 Ermittlung des Zuschlagsatzes für die Verwaltungsgemeinkosten

Herr Kaufmann schätzt, daß für die Zeit vom 1. Juli bis 31. 12. 1990 an Verwaltungskosten anfallen:

- Miete der Büroräume: 80 m²
  à 15,– DM/m² × 6 Mon.
  incl. sämtlicher Nebenkosten   7.200,– DM
- Telefon: 200,– DM/Mon. × 6 Mon.   1.200,– DM
- Versicherungen: 2.000,– DM
- Gehälter der beiden Gesellschafter: 52.500,– DM
- gehaltsgebundene Kosten auf die
  Gehälter: 35 % von 52.500,– DM   18.375,– DM
- Gehalt des technischen Angestellten
  für 4 Monate (der Techniker beginnt
  am 1. September):
  4 Monate à 3.600,– DM   14.400,– DM
- 35 % gehaltsgebundene Kosten von
  14.400,– DM   5.040,– DM
- 1 Sekretärin
  (wird erst im neuen Jahr eingestellt)
- PKW- u. Reisekosten
  6 Mon. à 1.000,– DM   6.000,– DM
- Sonstiges   2.000,– DM
       108.715,– DM

Die GmbH rechnet mit folgender Bauleistung bis Jahresende: 1,1 Mio. DM.

Der Verwaltungszuschlagssatz ergibt sich:

$$\frac{108.715,\text{– DM}}{1.100.000,\text{– DM}} \times 100 = 9{,}88\,\%$$

Es wird in der Kalkulation mit einem Zuschlagssatz von 10 % gerechnet.

1.5 Ermittlung der Herstellkosten, der Angebotssumme und des Kalkulationslohnes (Kalkulationsschlußblatt)

I. Ermittlung der Herstellkosten

Mittellohn AS: 35,41	Stunden	1 Löhne	2 Stoffe	3 Schalung und Rüstung	4 Geräte	5 Baustellen-aus-stattung	6 Sonstige Kosten	7 Fremd-leistung	Summe
(1) Einzelkosten d. Teilleistungen	1.260,90	44.648,47	51.947,70	2.280,00	4.200,00	0,00	0,00	58.906,70	161.982,87
(2) Gemeinkosten der Baustelle	101,00	3.576,41	2.305,00	0,00	0,00	0,00	20.966,00	1.056,00	27.903,41
(3) Herstellkosten (DM)	1.361,90	48.224,88	54.252,70	2.280,00	4.200,00	0,00	20.966,00	59.962,70	189.886,28

II. Ermittlung der Angebotssumme

Umrechnung:

v. H.	a. H.		
5	5,26	11	12,36
6	6,38	12	13,64
7	7,53	13	14,94
8	8,70	14	16,28
9	9,89	15	17,65
10	11,11	16	19,05

(5) Allgemeine Geschäftskosten in % der Angebotssumme	10,00							
(6) Gewinn und Wagnis in % der Angebotssumme	3,00							
(7) Gesamtzuschlag in % der Angebotssumme	13,00							
(8) Gesamtzuschlag in % auf Herstellkosten	14,94							
(9) Gesamtzuschlag in DM auf Herstellkosten		7.206,02	8.106,73	340,69	627,59	0,00	3.132,85	8.959,94	28.373,81
(10) Angebotssumme o. Umsatzsteuer									218.260,09

III. Ermittlung der Zuschlagsätze und des Angebotslohnes

(11) Abzüglich Einzelkosten der Teilleistungen (1)									− 161.982,87
(12) Umzulegende Kosten (Schlüsselkosten) (10)−(11)									= 56.277,22
(13) Gewählte Zuschläge (%) auf Einzelkosten der Teilleistung	−	−	15,00	15,00	15,00	−	−	8,00	−
(14) Summe der Vorabumlage DM	−	−	7.792,16	342,00	630,00	−	−	4.712,54	− 13.476,70
(15) Restumlage									= 42.800,52
(16) Zuschlag auf Lohnkosten (%)	95,86	= (Restumlage × 100)/Löhne der Einzelkosten der Teilleistung							
(17) Angebotslohn in DM/h	69,35	= Mittellohn (DM/h) × (100 % + Zuschlag auf Lohn (Zeile 16))							

1.6 Ermittlung der Einheitspreise

				Ansätze je Einheit + Zuschlag					Preise	
LV-Pos.	Text	Menge und Einheit	Std.	Lohn = Kalk-Lohn 69,35 DM	Stoffe + 15,00% Zuschlag	Schalung + 15,00% Zuschlag	Geräte + 15,00% Zuschlag	Fremdleist. + 8,00% Zuschlag	Einheits-preis	Pos.-preis
1	2	3	4	5	6	7	8	9	10	11
1.0	**Erdarbeiten**									
1.01.	Aushub und seitliches Lagern Laderaupe 44 kW leistet 20 m³/h Betriebsstoffe: 8,69 DM/20 m³ Miete: 1500 DM/900 m³ Bedienung: 2 Mann; 2 h/20 m³	900,00 m³	0,10				0,49 1,92			
			0,10	6,94			2,41		9,35	8.415,00
1.02.	Abfuhr 2 Fahrzeuge: 2 × 61,50 DM/20 m³	150,00 m³						6,64		
								6,64	6,64	996,00
1.03.	Hinterfüllung Laderaupe 44 kW leistet 20 m³/h Betriebsstoffe: 8,69 DM/20 m³ Miete: 1.500 DM/750 m³ AT 2000: Betriebsstoffe: 2,40 DM/20 m³ Miete: 400 DM/750 m³ Bedienung: 3 Mann; 3 h/20 m³	750,00 m³	0,15	10,40			0,49 2,30 0,14 0,61			
			0,15	10,40			3,54		13,94	10.455,00
2.0	**Beton- und Stahlbetonarbeiten**									
2.01.	Sauberkeitsschicht 8 cm B 10. 0,08 m³; (2 h; 136,75 DM) Abziehen 0,1 h	280,00 m³	0,16 0,10	11,10 6,94	12,58					
			0,26	18,04	12,58				30,62	8.573,60
2.02.	Fundamentbeton B 15; 1,5 h; 151,45 DM	112,00 m³	1,50	104,00	174,17					
			1,50	104,00	174,17				278,17	31.155,04
2.03.	Fundamentschalung 1,5 h; 12 DM	190,00 m²	1,50	104,00		13,80				
			1,50	104,00		13,80			117,80	22.382,00
2.04.	Wandbeton B 25; 2,2 h; 154,95 DM/h	118,00 m³	2,20	152,57	178,19					
			2,20	152,57	178,19				330,76	39.029,68
2.05.	Wandschalung Fremdleistung 61,60 DM/m²	787,00 m²						66,53		
								66,53	66,53	52.359,11
2.06.	Betonstahl 42/50 Schneiden und Biegen Liefern und Verlegen	12,00 t	18,00	1.248,30	1.150,00			286,20		
			18,00	1.248,30	1.150,00			286,20	2.684,50	32.214,00
2.07.	Dehnfugenband	60,00 m	0,95	65,88	31,40					
			0,95	65,88	31,40				97,28	5.836,80
2.08.	Dichtungsanstrich Fremdleistung 11,50 DM/m²	550,00 m²						12,42		
								12,42	12,42	6.831,00

1.7 Erstellung des Angebots

LV-Pos.	Text	Menge u. Einheit	Angebotspreise	
			Einheits-preis	Pos.-preis
1	2	3	4	5
1.0	**Erdarbeiten**			
1.01.	Aushub und seitliches Lagern	900,00 m³	9,35	8.415,00
1.02.	Abfuhr	150,00 m³	6,64	996,00
1.03.	Hinterfüllung	750,00 m³	13,94	10.455,00
2.0	**Beton- und Stahlbetonarbeiten**			
2.01.	Sauberkeitsschicht 8 cm	280,00 m³	30,62	8.573,60
2.02.	Fundamentbeton	112,00 m³	278,17	31.155,04
2.03.	Fundamentschalung	190,00 m²	117,80	22.382,00
2.04.	Wandbeton	118,00 m³	330,76	39.029,70
2.05.	Wandschalung	787,00 m²	66,53	52.359,10
2.06.	Betonstahl 42/50	12,00 t	2.684,50	32.214,00
2.07.	Dehnfugenband	60,00 m	97,28	5.836,80
2.08.	Dichtungsanstrich	550,00 m²	12,42	6.831,00
	Summe:			218.247,24

2. Beispiel: Kalkulation eines Mehrfamilienhauses

Bei dem zu errichtenden Wohnungsbau handelt es sich um ein mehrstöckiges Bauwerk mit Kellergeschoß, Erdgeschoß, zwei Obergeschossen und ausgebautem Dachgeschoß in den Außenabmessungen Länge 15,49 m / Breite 13,24 m / Höhe ca. 16,00 m / mit 2.703 m³ umbautem Raum (DIN 277). Kelleraußenwände, Sohlplatte und Geschoßdecken werden aus Stahlbeton, Kellerinnenwände und aufgehendes Mauerwerk aus Kalksandsteinen hergestellt.

Dieses Beispiel unterscheidet sich vom vorhergehenden dadurch, daß im Leistungsverzeichnis für den Mehrfamilienwohnbau eine eigene Position für die Baustelleneinrichtung vorgesehen ist. Dadurch wird der Umlagebetrag für die Gemeinkosten der Baustelle geringer, es ergibt sich ein wesentlich niedrigerer Angebotslohn als im vorhergehenden Beispiel. Ansonsten ändert sich am Aufbau der Kalkulation nichts; deshalb sollen im folgenden die einzelnen Schritte nicht nochmals gezeigt werden, zumal für die weiteren Überlegungen zum Thema KLR und Baubilanz aus diesem Beispiel nur die Angebotssumme und die Kostenartenstruktur gebraucht werden.[4]

Im vorliegenden Beispiel wird nur gezeigt

a) Ermittlung des Mittellohnes

b) Ermittlung der Einzelkosten der Position „Baustelleneinrichtung"

c) Ermittlung der „restlichen" Gemeinkosten der Baustelle

d) Ermittlung der Herstellkosten, der Angebotssumme und des Kalkulationslohnes.

[4] Dieses Beispiel ist entnommen aus: Zentralverband des Deutschen Baugewerbes, Fernlehrgang Kalkulation des Baugewerbes.

2.1 Mittellohnberechnung

Angebot Nr.:

Aufsicht*)	Stundenlohn						Gesamt	
	DM/ Monat	Vermögens-bildung	Zulagen Überstd.	Gesamt	monatl. Arbeitszeit in h	Lohn pro h (5/6)	Anzahl	DM/h (7 × 8)
1	2	3	4	5	6	7	8	9
Polier	4.167,00	600,00		4.767,00	195,00	24,45	1,00	24,45

*) Die Aufsichtskosten werden in den Gemeinkosten der Baustelle kalkuliert.   Summe: 24,45

Belegschaft	Stundenlohn						Gesamt	
	Gesamttarif-stundenlohn	Stammarb.-zulagen	Überstd. Zuschl. % v. Sp. 2 u. 3	Erschwer-niszuschlag	Zuschl. Nacht-, Sonn- u. Feiertag	Lohn pro h (Σ 2-6)	Anzahl	DM/h (7 × 8)
1	2	3	4	5	6	7	8	9
Bauvorarbeiter	20,62					20,62	1	20,62
Baumaschinenführer	19,93					19,93	1	19,93
Spezialbaufacharb.	19,56					19,56	6	117,36
Facharbeiter	17,47					17,47	2	34,94
Bauwerker	16,20					16,20	1	16,20
Vermögensbildung = Σ Spalte 8 × 0,25 DM/h =			11 × 0,25					2,75
						Summe:	11	160,66

I. Mittellohn ohne anteilige Aufsichtskosten:

Mittellohn (A): Σ Spalte 9/Σ Spalte 8 (Belegschaft) 160,66 DM/h/11   =   14,61

Mittellohn (AS): Mittellohn (A) + Sozialkosten (98,0 %): (98,0 % × 14,61) + 14,61   =   28,92

In der Position „Baustelleneinrichtung" sind folgende Geräte mit den entsprechenden Zubehörteilen unter der Kostenart Gerätekosten kalkuliert: Turmdrehkran, Betonmischer, Betonrüttler, Vibrostampfer, Rüttelplatte, Tischkreissäge, Unterkunfts-Bauwagen, Büro-Container, Magazin-Container, Sanitärwagen, Kleinbus. Diese Geräte hat die GmbH gekauft.

Bei den Positionen „Erdarbeiten" sind eine 44 kW-Laderaupe, 2 LKW und eine Tandemwalze mit Allrad 2000 in den Einzelkosten kalkuliert, da diese Geräte unmittelbar den genannten Positionen zugeordnet werden können. Die Laderaupe, die LKWs und die Tandemwalze sind weiterhin gemietet. Sie sollen erst im neuen Jahr gekauft werden.

2.2 Ermittlung der Einzelkosten der Position „Baustelleneinrichtung"

LV-Pos.	Text	Menge u. Einheit	Std.	Lohn = Std. × ML 28,92 DM	Stoffe	Schal. u. Rüstung	Geräte	Fremd-leistung
					Ansätze je Position			
1	2	3	4	5	6	7	8	9
1.0	**Baustelleneinrichtung**							
1.01.	1. Einrichten der Baustelle							
	a) Geräte		120,00	3.470,40	2.300,00			1.480,00
	b) Bauanschlüsse		40,00	1.156,80	1.140,00			1.500,00
	c) Sonstige Anlagen		15,00	433,80	300,00			5.160,00
	d) Allgemeines		10,00	289,20	850,00			
			185,00	5.350,20	4.590,00			8.140,00
1.02.	2. Vorhalten und Unterhalt							
	a) Geräte						13.896,50	
	b) Bauanschlüsse				6.450,00			
	c) Sonstige Anlagen		15,00	433,80	300,00			1.944,00
	d) Allgemeines		115,00	3.325,80	600,00			
			130,00	3.759,60	7.350,00		13.896,50	1.944,00
1.03.	3. Räumen der Baustelle							
	a) Geräte		108,00	3.123,36	2.300,00			1.120,00
	b) Bauanschlüsse		31,00	896,52				1.200,00
	c) Sonstige Anlagen		15,00	433,80				2.620,00
	d) Allgemeines		10,00	289,20				500,00
			164,00	4.742,88	2.300,00			5.440,00
	Summe:		479,00	13.852,68	14.240,00		13.896,50	15.524,00

2.3 Ermittlung der Gemeinkosten der Baustelle

Dadurch, daß im Leistungsverzeichnis eine Position für die Baustelleneinrichtung vorgesehen wurde, müssen für dieses Bauobjekt nur mehr folgende Gemeinkosten der Baustelle gesondert kalkuliert werden.

Text		Ansätze				
	Std.	Lohn = Std. × ML 28,92 DM	Stoffe	Baustellen-ausstattung	Sonstiges	Fremd-leistungen
1	2	3	4	5	6	7
Aufsichtskosten (Polier) 4 Monate à 4.767,– DM 35 % Lohngebundene Kosten:					19.068,00 6.673,80	
Lohnnebenkosten in Nebenrechnung ermittelt					5.864,20	
Büro- und Reisekosten 4 Monate à 1.200,– DM					4.800,00	
Kleingeräte und Werkzeuge in Nebenrechnung ermittelt					2.932,60	
Arbeitsvorbereitung und techn. Bearbeitung					4.000,00	
Bewirtung und Werbung					800,00	
Summe:					44.138,60	

2.4 Ermittlung der Herstellkosten, der Angebotssumme und des Kalkulationslohnes (Kalkulationsschlußblatt)

I. Ermittlung der Herstellkosten

Mittellohn AS: 28,92	Stunden	1	2	3	4	5	6	7	Summe
Kostenarten		Löhne	Stoffe	Schalung und Rüstung	Geräte	Baustellen- aus- stattung	Sonstige Kosten	Fremd- leistung	
(1) Einzelkosten d. Teilleistungen	4.821,30	139.432,00	130.409,50	2.526,00	16.492,90	0,00	0,00	25.789,50	314.649,90
(2) Gemeinkosten der Baustelle	0,00	0,00	0,00	0,00	0,00	0,00	44.138,60	0,00	44.138,60
(3) Herstellkosten (DM)	4.821,30	139.432,00	130.409,50	2.526,00	16.492,90	0,00	44.138,60	25.789,50	358.788,50

II. Ermittlung der Angebotssumme

Umrechnung:

v. H.	a. H.		
5	5,26	11	12,36
6	6,38	12	13,64
7	7,53	13	14,94
8	8,70	14	16,28
9	9,89	15	17,65
10	11,11	16	19,05

(5)	Allgemeine Geschäftskosten in % der Angebotssumme	10,00							
(6)	Gewinn und Wagnis in % der Angebotssumme	5,00							
(7)	Gesamtzuschlag in % der Angebotssumme	15,00							
(8)	Gesamtzuschlag in % auf Herstellkosten	17,65							
(9)	Gesamtzuschlag in DM auf Herstellkosten	24.605,65	23.013,44	445,76	2.910,51	0,00	7.789,16	4.551,09	63.315,62
(10)	Angebotssumme o. Umsatzsteuer								422.104,11

III. Ermittlung der Zuschlagsätze und des Angebotslohnes

(11)	Abzüglich Einzelkosten der Teilleistungen (1)								−314.649,90
(12)	Umzulegende Kosten (Schlüsselkosten) (10)−(11)								=107.454,22
(13)	Gewählte Zuschläge (%) auf Einzelkosten der Teilleistung	−	−	15,00	15,00	15,00	−	−	8,00	−
(14)	Summe der Vorabumlage DM	−	−	19.561,43	378,90	2.473,94	−	−	2.063,16	− 24.477,43
(15)	Restumlage								= 82.976,79
(16)	Zuschlag auf Lohnkosten (%)	59,51	= (Restumlage × 100)/Löhne der Einzelkosten der Teilleistung
(17)	Angebotslohn in DM/h	46,13	= Mittellohn (DM/h) × (100 % + Zuschlag auf Lohn (Zeile 16))

III. Die Baubetriebsrechnung als Teilbereich der KLR

1. Kostenrechnung

In der Kostenrechnung werden Kostenzahlen ermittelt und verarbeitet. Bei Kostenüberlegungen handelt es sich immer um:
a) einen Mengenverbrauch von Gütern und Diensten, dem sogenannten Mengengerüst der Kosten (z. B. m^3 Kies, t Zement, h Arbeit)
b) die Bewertung der Mengen (z. B. DM pro t Stahl, DM pro Arbeitsstunde).
Also: Kosten = Mengen × Wert.
Kosten können unter den verschiedensten Fragestellungen betrachtet werden. Die Kostenartenrechnung ermittelt, welche Kosten in einem Betrieb entstehen, die Kostenstellenrechnung, wo sie entstehen.

1.1 Die Kostenartenrechnung

Die Frage der Kostenarten führt zu einer Untergliederung der Kosten. In der Bauwirtschaft hat sich aus praktischen Erwägungen folgende Kostenartengliederung bewährt:
– Lohn- und Gehaltskosten für Arbeiter und Poliere,
– Kosten der Geräte einschließlich der Betriebsstoffe,
– Kosten der Baustoffe und der Fertigungsstoffe,
– Kosten des Rüst-, Schal- und Verbaumaterials einschließlich der Hilfsstoffe,
– Kosten der Geschäfts-, Betriebs- und Baustellenausstattung,
– Allgemeine Kosten,
– Kosten der Nachunternehmerleistungen.

Je nach Größe bzw. Zielsetzung der Unternehmung kann die Kostenartenuntergliederung vertieft werden. Die GmbH hat sich in Anlehnung an die KLR Bau und auch im Hinblick auf das Ziel, in 10 Jahren ca. 60 Millionen DM Bauleistung zu erbringen, für einen etwas detaillierteren Kontenplan für die Kostenarten entschieden. Dieser Kontenplan für die Kostenarten wird im Abschnitt IV. 3. verwendet.
Die Qualität der Kostenermittlung zum Stichtag wird bestimmt durch die Einhaltung folgender Regeln:
– Der gemeldeten Leistung müssen alle zugehörigen Kosten in der Kostenrechnung gegenüberstehen. Dies gilt insbesondere auch dann, wenn für die gemeldete Leistung, z. B. von Nachunternehmen, noch keine Rechnung vorliegt. Dazu werden die Begriffe „verbuchte Kosten", das heißt, dieser Kostenbestandteil ist zum Stichtag bereits in der Kostenrechnung enthalten, und „ungebuchte Kosten", das heißt, dieser Kostenbestandteil muß zum Stichtag zusätzlich in der Kostenrechnung berücksichtigt werden, verwendet.
– Wenn nun aber die oben genannten bereits gelieferten Baustoffe, Stahl, Steine oder Zement bereits verbucht sind, jedoch noch nicht zur Leistungserstellung gebracht wurden, dann werden diese sogenannten Bestände von den gebuchten Kosten abgezogen.
Damit gilt für alle Kostenarten folgende Regel: Gebuchte Kosten plus ungebuchte Kosten, deren Mengenfaktor in die Leistungsermittlung eingegangen ist, abzüglich Bestände ergibt die Kosten zum Stichtag. Diese Regel ist in der folgenden Übersicht dargestellt.

	gebucht	ungebucht	Bestände	Kosten zum Stichtag
Lohn- u. Gehaltskosten für Arbeiter und Poliere	+	?	–	=
Kosten der Geräte	+	?	./.	=
Kosten der Baustoffe und Fertigungsstoffe	+	?	./.	=
Kosten des Rüst-, Schal- und Verbaumaterials einschl. der Hilfsstoffe	+	?	–	=
Kosten der Geschäfts-, Betriebs- und Baustelleneinrichtung	+	?	–	=
Allgemeine Kosten	+	?	–	=
Kosten der Nachunternehmerleistungen	+	?	–	=

1.2 Die Kostenstellenrechnung

Die Kostenstelleneinteilung dient dazu, die Kosten am Ort ihrer Entstehung zu erfassen. Die Einteilung bzw. Abgrenzung der Kostenstellen wird dabei unter folgenden Gesichtspunkten vorgenommen:

a) Möglichkeit der verursachungsgerechten Erfassung von Kosten,
b) Abgrenzung von Verantwortungsbereichen,
c) räumliche Erwägungen.

Für eine Bauunternehmung bietet sich folgende grundsätzliche Kostenstelleneinteilung an, die sich unmittelbar aus der Produktionsweise in der Bauwirtschaft ergibt:

— die Baustellen als eigentliche Produktionsstätten,
— die Hilfsbetriebe, welche Leistungen für die Baustellen erbringen; das sind:
  - — Magazin
  - — Werkstätten
  - — Fuhrpark
  - — Gerätepark
  - — Schalungsbetrieb
  - — Biegebetrieb u. a.
— die Verwaltung.

Die Verwaltung kann weiter unterteilt werden. Dies sollte aber nur bei mittleren bzw. großen Verwaltungen geschehen.

Herr Kaufmann hat folgende Kostenstelleneinteilung gewählt, die allerdings bei Bedarf erweitert werden kann:

— Verwaltungskostenstelle (ohne weitere Unterteilung)
— Hilfsbetriebe
  - — Bauhof
  - — LKW-Betrieb
— Baustellen
  - — eigene Baustellen
  - — ARGEN.

1.3 Die Kostenzuordnung (einschließlich Umlagerechnung und innerbetriebliche Verrechnung)

Die Zuordnung der Kosten erfolgt nach dem Prinzip: „Welche Kosten entstehen auf den Kostenstellen?". In den meisten Fällen können sie den Kostenstellen direkt zugeordnet werden. Gelegentlich ist es aus organisatorischen Gründen einfacher, bestimmte Kostenarten nicht jedesmal der Kostenstelle zuzurechnen, sondern sie zunächst auf Kontenblättern bzw. Verrechnungskostenstellen buchhalterisch zu sammeln und einmal im Quartal oder einmal jährlich auf die Kostenstellen zu verteilen.

Kosten, die auf die Kostenstellen verteilt werden, nennt man Umlagekosten. Folgende Kostenarten werden in der Praxis regelmäßig als Umlagekosten behandelt:

Sozialkosten auf Löhne

Beispiel:
gesamte produktive
Grundlohnkosten 1990   600.000,– DM
gesamte lohngebundene Kosten 1990   510.000,– DM

$$\text{Umlagesatz: } \frac{510.000,-}{600.000,-} \times 100 = 85\%$$

Alle auf den verschiedenen Kostenstellen angefallenen Löhne werden mit 85 % lohngebundenem Kostenanteil beaufschlagt.

Verwaltungsgemeinkosten
Bei der Umlage der Verwaltungskosten werden die im Vorjahr angefallenen Kosten zugrunde gelegt.
Beispiel:
Gesamtumsatz 1989:   40,0 Mio. DM
Gesamtverwaltungskosten 1989:   2,8 Mio. DM

$$\text{Umlagesatz: } \frac{2,8}{40,0} \times 100 = 7\%$$

Jede Baustelle des Jahres 1990 wird mit 7 % des Baustellenumsatzes für die Verwaltungskosten belastet, soweit sich die Zahlen (Umsatz, Verwaltungskosten) für 1990 nicht ändern werden (Vorschaurechnung).

Die innerbetriebliche Verrechnung

Wird für eine Kostenstelle von einer anderen Kostenstelle etwas geleistet, z. B. fertigt oder liefert der Schalungsbetrieb großflächige Wandschalungselemente für eine Baustelle, handelt es sich um eine innerbetriebliche Leistung, die der Baustelle vom Schalungsbetrieb in Rechnung gestellt wird. Das wesentliche Merkmal der Verrechnung von innerbetrieblichen Leistungen ist, daß der Vorgang

a) für die Baustelle eine Kostenbelastung und
b) für den Hilfsbetrieb bzw. die Verwaltungsstelle eine Leistung ist.

Als Beispiel einer innerbetrieblichen Verrechnung wird ein Ladebetrieb gewählt.[5] Die Ladekosten der Geräte werden üblicherweise nach der Gewichtsangabe der BGL verrechnet. Möglich ist aber auch die Verrechnung nach Stundensätzen.

Verrechnung nach Tonnen bzw. nach Ladestunden:
Gesamtkosten des Ladebetriebes   360.000,– DM
Summe der verladenen Tonnagen   20.000 t
ergibt

$$\frac{360.000,- \text{ DM}}{20.000 \text{ t}} \qquad \underline{18,- \text{ DM/t}}$$

Verrechnung mittels Stundensatz:
Gesamtkosten des Ladebetriebes   360.000,– DM
Geleistete Verladestunden   22.500 Std.
ergibt

$$\frac{360.000,- \text{ DM}}{22.500 \text{ Std.}} \qquad \underline{16,- \text{ DM Std.}}$$

[5] Das Beispiel ist entnommen aus: Kosten- und Leistungsrechnung der Bauunternehmen – KLR Bau, S. 85.

2. Leistungsrechnung

Um zu einem bestimmten Stichtag das Baustellenergebnis errechnen und eine Abschlagszahlungsanforderung an den Auftraggeber stellen zu können, müssen alle Leistungen, die bis zum Stichtag erbracht sind, in einer Leistungsmeldung errechnet werden. Dabei wird wie folgt vorgegangen:

Zunächst werden pro Position des Leistungsverzeichnisses mit Hilfe des Aufmaßes die zum Stichtag erbrachten Mengen ermittelt; diese Mengen werden mit dem im Einheitspreisvertrag festgelegten Einheitspreisen multipliziert. Also:

Erbrachte Menge pro Position × Einheitspreis pro Position = erbrachte Leistung pro Position. Die Summe aller erbrachten Leistungen = erbrachte Leistung per Stichtag.

Anschließend werden die Nachtragsarbeiten, die Stundenlohnarbeiten und eventuelle sonstige Leistungen, z. B. Verkauf von Zement an Dritte, in gleicher Weise ermittelt.

Um ein richtiges Baustellenergebnis zu erhalten, müssen noch die Leistungsberichtigungen berücksichtigt werden, die als Leistungserhöhungen z. B. aus Ansprüchen aus Gleitklauseln resultieren können. Leistungsminderungen können sein: Minderungen wegen Preisnachlässen oder Rückstellungen für Nacharbeiten. Herr Baumann hat sich entschlossen, das Formular der Leistungsmeldung nach KLR Bau zu verwenden.[6]

[6] Vgl. Kosten- und Leistungsrechnung der Bauunternehmen − KLR Bau, S. 83.

Leistungsmeldung in DM

Baustelle .... Stichtag...................................

	Seit Baubeginn bis Stichtag	Seit Baubeginn bis Vorperiode	Berichtszeitraum
1. Erbrachte Bauleistungen			
1.1 Bauleistungen lt. LV	....	....	....
1.2 Nachtragsarbeiten (nicht im LV enthalten)			
1.2.1 Mit anerkannten Einheitspreisen	....	....	....
1.2.2 Mit noch nicht anerkannten Einheitspreisen	....	....	....
1.3 Stundenlohnarbeiten	....	....	....
1.4 Leistungen von Nach- und Nebenunternehmen (soweit nicht in 1.1, 1.2 und 1.3 erfaßt)	....	....	....
1.5 Sonstige Leistungen (z. B. für Dritte)	....	....	....
+			
2. Leistungsberichtigungen			
2.1 Erhöhungen			
2.1.1 Ansprüche aus Lohngleitklauseln	+	....	....
2.1.2 Ansprüche aus Materialpreisgleitklauseln	+	....	....
2.1.3 Ansprüche aus anderen Gleitklauseln	+	....	....
2.2 Minderungen			
2.2.1 Minderungen wegen Preisnachlässen	./.	....	....
2.2.2 Minderungen wegen Materialbeistellungen durch Auftraggeber (soweit unter 1. erfaßt)	./.	....	....
2.2.3 Minderungen wegen Rückstellungen für Nacharbeiten	./.	....	....
2.2.4 Minderungen wegen zu erwartender Rechnungsabstriche	./.	....	....
+ ./.			
Gesamtleistung zum Stichtag (1 ./. 2)			
3. Davon abgerechnet			
4. Davon nicht abgerechnet			

Anmerkung
Rückstellungen für Gewährleistungsarbeiten ....

Werden Leistungen – wie z. B. technische Bearbeitung und/oder Baustelleneinrichtung und/oder Baustellengehaltskosten – in mehrere oder alle Positionen eingerechnet, so ist zur Beurteilung des Baustellenergebnisses anhand der Kalkulation zu schätzen, welche Leistungsanteile noch nicht erbracht worden sind, das heißt, für welche Leistungen noch keine Kosten angefallen sind.

1. Positionen mit nur teilweise ausgeführten Arbeiten
Wenn aber einzelne Positionen in ihren Arbeitsgängen nur teilweise ausgeführt sind oder auch z. B. nur vorbereitende Arbeiten geleistet wurden, dann sind die Mengen und Preise entsprechend dem Herstellungszustand am Ende des Berichtszeitraumes anteilig anzusetzen. Gegebenenfalls müssen – wie in unserem nachfolgenden Beispiel gezeigt – mehrere Mengensätze mit unterschiedlichen Preisen angesetzt werden, wobei die Anteile der Preise aus der Kalkulation herzuleiten sind.

2. Angelieferte, aber noch nicht eingebaute Stoffe
Diese Positionen – wie z. B. Fertigteile von Dritten – sind mit den um das Einbauen reduzierten Preisen in die Leistungsmeldung aufzunehmen, da diese mit bestimmten Vorleistungen versehenen Materialien auch Kosten sind.

Beispiel 1

Ermittlung der Leistungen aus Positionen mit nur teilweise ausgeführten Arbeiten
Die Position des Leistungsverzeichnisses lautet:

Pos 701:
Herstellen von Stahlbetonstützen,
B 25, gem. Schal- und Bewehrungsplänen,
einschl. Schalung und Bewehrung

30 Stück   EP 1.547,61   DM 46.428,30

Zum Stichtag der Leistungsermittlung sind 15 Stützen fertig geschalt und bewehrt, aber noch nicht betoniert. Um die Leistung zu ermitteln, müssen einzelne Anteile für Schal- und Bewehrungsarbeiten mit Hilfe der Kalkulation ermittelt werden.

	Std.	sonstige Kosten	Schalung Rüstung	Fremdl.
Schalung: 16 m²/Stck × (1,15 + 3,–)	18,4		48,–	
Bewehrung: – Liefern u. Abladen: 0,09 t/Stck (1,0 h + 950,–)	0,09	85,50		
– Verlegen: 0,09 t/Stck × 500,–				45,–
Beton:*) 0,27 m³/Stck × (4,20 + 86,–)	(1,13	23,22		)
	18,49	85,50	48,–	45,–

*) wird nicht bewertet

Die Multiplikation der Stunden mit dem kalkulierten Stundensatz sowie die Beaufschlagung der Kosten mit

den kalkulierten Zuschlagsätzen ergibt folgenden Preis (für Schalung und Bewehrung je Stütze):

18,49 × 50,87	=	940,59 DM
85,50 × 1,14	=	97,47 DM
48,00 × 1,14	=	54,72 DM
45,00 × 1,08	=	48,60 DM
		1.141,38 DM

Somit sind 1.141,38 DM des EP (1.547,61 DM) als Leistung der Arbeiten Schalung und Bewehrung der Stahlbetonstützen zu sehen.
Die Leistung wäre demnach:

15 Stck × 1.141,38 = 17.120,70 DM

Beispiel 2

Ermittlung der Leistung aus Positionen mit angelieferten, aber noch nicht eingebauten Materialien
Die Position des Leistungsverzeichnisses lautet:

Pos 720:
Liefern und Einbauen eines Fugenbandes,
Typ und Einbau gem. Schalplan, in die
Stützen der Pos 701 einsetzen.

50 m   EP 78,65   DM 3.932,50

Zum Stichtag der Leistungsermittlung sind 50 m des Fugenbandes zur Baustelle geliefert, aber noch nicht eingebaut worden. Der Anteil für Lieferung muß wiederum aus der Kalkulation entnommen werden.

	Std.	Sonst. Kosten
Liefern: 1,0 m × 22,–		22,–
Einbauen:*) 1,0 m × (1,0 + 3,–)	(1,0	3,–)
		22,–

*) wird nicht bewertet

Die Beaufschlagung mit dem Zuschlagsatz (14 % auf sonstige Kosten) ergibt: 22,– × 1,14 = 25,08 DM
Die Leistung per Stichtag wäre demnach:

50 m × 25,08 = 1.254,– DM

3. Ergebnisrechnung (kurzfristige Erfolgsrechnung)

„Durch die Gegenüberstellung und Saldierung der Leistungen und Kosten je Kostenstelle werden in der Ergebnisrechnung die Ergebnisse der einzelnen Kostenstellen ermittelt."[7]
Es gilt also:

Ergebnis = Leistung ./. Kosten

---

[7] Vgl. Kosten- und Leistungsrechnung der Bauunternehmen – KLR Bau, S. 87.

Die Besonderheit in der Bauwirtschaft gegenüber anderen Industriezweigen liegt darin, daß an mehreren Fertigungsstätten unterschiedliche Produkte unter zum Teil stark variierenden Bedingungen hergestellt werden. Demnach liegt es nahe, daß zunächst der Erfolg bzw. Mißerfolg für jede Baustelle explizit festgestellt werden muß. Insgesamt wird das Ergebnis mit Hilfe der Ergebnisrechnung zu bestimmten Stichtagen für folgende Gruppen ermittelt:

Ergebnisse

einzelner Produkte, z. B. Baustellen	Produktgruppen z. B. alle Hochbaustellen	von Teilen des Betriebes z. B. Niederlassungen	vom Gesamtbetrieb

Die Ergebnisrechnung zeigt also, welches Betriebsergebnis in Teilen der Unternehmung, das heißt auf einzelnen Baustellen, bis hin zum Gesamtergebnis der Bauunternehmung erzielt worden ist. Dabei interessiert nicht nur das Ergebnis einer bestimmten Periode, z. B. das Monats-, Quartals- oder Jahresergebnis, sondern es interessiert vor allem im Hinblick auf die Baustellen das Ergebnis der Bauarbeiten bis zum Stichtag.

IV. Kurzfristige Erfolgsrechnung der GmbH nach dem 1. Geschäftsjahr

1. Strukturangaben zum Jahresende

Zum Jahresende ergeben sich für die GmbH folgende Daten:

Personalstruktur
2 Gesellschafter, nämlich Herr Baumann und Herr Kaufmann
1 Sekretärin (am 1. Dezember eingestellt)
1 technischer Angestellter
2 Poliere
10 Arbeitskräfte

Kauf von Geräten

Turmdrehkran	98.000,– DM
Betonmischer	32.200,– DM
Betonrüttler	3.100,– DM
Vibrostampfer	3.100,– DM
Rüttelplatte	3.800,– DM
Tischkreissäge	2.900,– DM
Unterkunfts-Bauwagen	13.300,– DM
Büro- u. Magazin-Container	19.900,– DM
Sanitärwagen	9.800,– DM
Kleinbus	21.700,– DM
	207.800,– DM

Kauf von Schalung und Rüstung
Neuanschaffungen in Höhe von   140.000,– DM

Grundstück
Beim Bauhof wurden die ersten
Investitionen in Höhe von   40.051,– DM
vorgenommen.
Dabei fielen an:

Lohnkosten	15.152,– DM
Stoffkosten	10.000,– DM
Umlage für lohngebundene Kosten	14.060,– DM
Umlage für Kleingeräte/Werkzeuge	839,– DM

Auftragsstruktur
Die Arbeiten an der Stützmauer wurden im November beendet, vom Auftraggeber abgenommen und die Schlußrechnung in Höhe von 219.810,–DM + 14 % Mehrwertsteuer Mitte Dezember bezahlt.

Das Angebot „Mehrfamilienwohnhaus" wurde im Juli zum Auftrag. Gleichzeitig wurde ein zweiter Mehrfamilienwohnbau zu gleichen technischen und preislichen Bedingungen an die GmbH vergeben. Beide Bauobjekte wurden noch im Dezember fertiggestellt und vom Auftraggeber abgenommen. Insgesamt hat der Bauherr zunächst Abschlagszahlungen in Höhe von 700 TDM bezahlt, die Schlußrechnung in Höhe von 883.455,–DM + 14 % MWSt wurde eingereicht.
Für das neue Jahr mit Baubeginn Januar liegen bereits verschieden Aufträge in Höhe von ca. 2 Mio. DM vor. Weitere Angebote sind in Bearbeitung bzw. im Stadium der Auftragsverhandlungen.

2. Leistungsaufstellung zum Jahresende

Leistungsmeldung per Stichtag

Leistungsarten Bezeichnung	Stützmauer	Wohnanlagen Berichts- monat DM	Bauhof von Baubeginn bis Stichtag DM	Gesamt- Leistung DM
1	2	3	4	5
Bauleistungen laut LV	215.600,–	865.650,–		1.081.250,–
Nachtragsarbeiten	4.210,–	15.700,–		19.910,–
Stundenlohnarbeiten		2.105,–		2.105,–
Sonstige Leistungen			40.051,–	40.051,–
Gesamt-Leistung	219.810,–	883.455,–	40.051,–	1.143.316,–
Rückstellungen wegen Gewährleistungen	5.000,–	20.000,–		25.000,–

3. Kostenaufstellung zum Jahresende

Konto Nr.	Konto-Bezeichnung	Monatswerte		Monats-saldo	Jahreswerte		Jahres-saldo
		Soll	Haben		Soll	Haben	
1.	**Lohnkosten für Arbeiter**						
1.1	Löhne einschließlich Zuschläge						186.420,40
1.2	Gesetzliche, tarifliche und sonstige lohngebundene Kosten						172.986,10
1.3	Lohnnebenkosten						17.238,42
1.4	Fremdlohnkosten						
2.	**Kosten der Baustoffe und der Fertigungsstoffe**						318.250,00
3.	**Kosten des Rüst-, Schal-, und Verbaumaterials einschl. der Hilfsstoffe**						7.448,10
4.	**Kosten der Geräte einschl. der Betriebsstoffe**						
4.1	Kalkulatorische Abschreibung und Verzinsung						20.810,00
4.2	Reparaturkosten						3.874,00
4.3	Fremdmieten für Geräte						11.300,00
4.4	Betriebsstoffe						2.468,00
5.	**Kosten der Geschäfts-, Betriebs- und Baustellen-Ausstattung**						
5.1	Grundstücke u. Gebäude						
5.2	Geschäfts- u. Büroausst.						7.418,30
5.3	Baracken, Bauwagen einschließlich Baustelleninstallation						
5.4	Kleingeräte, Werkzeuge und sonstige Verbrauchsstoffe						10.320,15
5.5	An- und Abtransport einschließlich Ladekosten						
6.	**Allgemeine Kosten**						
6.1	Gehaltskosten (TK/P)						
6.1.1	Gesellschafter						52.500,00
6.1.2	Angestellte						14.400,00
6.1.3	Poliere						47.670,00
6.2	Gesetzliche, tarifliche und sonstige gehaltsgebundene Kosten						
6.2.1	Gesellschafter						18.375,00
6.2.2	Angestellte						5.040,00
6.2.3	Poliere						17.798,50
6.3	**Gehaltsnebenkosten (TK/P)**						
6.4	**Fremdgehaltskosten (TK/P)**						8.000,00
6.5	**Büro- und Verkehrskosten**						11.960,10
6.6	Rechts-, Beratungs-, Finanzierungs, Versicherungs- und Werbekosten						3.712,80
6.7	Sonstige allgemeine Kosten (z. B. PKW)						7.694,20
7.	**Kosten der Nachunternehmerleistungen**						115.430,00
	Summe:						**1.061.114,07**

4. Kurzfristige Erfolgsrechnung zum Jahresende

Ausgehend von der Definition: Leistung ./. Kosten = Ergebnis ergibt sich für die Baufix GmbH folgende Erfolgsrechnung:

Bauleistungen gem. LV	1.081.250	
Nachtragsarbeiten	19.910	
Stundenlohnarbeiten	2.105	
selbsterstellte Anlagen	40.051	
Gesamtleistung		1.143.316
./. Löhne	186.420	
./. lohngebundene Kosten	172.986	
./. Lohnnebenkosten	17.238	
./. Baustoffe	318.250	
./. Rüst- und Schalmaterial	7.448	
./. Geräte	27.152	
./. Kleingeräte und Werkzeuge	10.320	
./. Fremdmieten Geräte	11.300	
./. Fremdleistungen	115.430	
./. Geschäfts- und Büroausstattung	7.418	
./. Gehälter einschließlich gehaltsgebundene Kosten		
Polier	65.469	
Angestellte	19.440	
Gesellschafter	70.875	
./. Fremdgehaltskosten	8.000	
./. Büro- und Verkehrskosten	11.960	
./. Sonstige	11.407	
Gesamtkosten		./. 1.061.113
Gesamtergebnis des Betriebes:		82.203
Rückstellung für Gewährleistungen:	25.000	

V. Die Baubetriebsabrechnung, gezeigt mit dem Betriebsabrechnungsbogen

In der Praxis werden verschiedene Organisationsformen der Baubetriebsabrechnung angewendet, die meistens mit Hilfe der EDV durchgeführt werden. Mit dem Betriebsabrechnungsbogen (BAB) läßt sich jedoch das Gesamtbild der Betriebsabrechnung konzentriert und leicht verständlich darstellen.

Zunächst wird der Betriebsabrechnungsbogen (BAB) für das Ende des 1. Geschäftsjahres gezeigt (Abschnitt B V 1.). Dabei werden zum besseren Verständnis der Arbeitsweise mit dem BAB als erstes die einzelnen Schritte beschrieben, die bei der Erstellung des BAB vollzogen werden. Der BAB befindet sich hinter dieser Beschreibung.

In einem zweiten Punkt (Abschnitt B V 2.) wird die Baubetriebsabrechnung der GmbH nach 10 Jahren dargestellt. Für die Weiterführung des Beispiels bleibt die Preis- und Kostensituation von 1990 Grundlage der Überlegungen. Damit können auch für das fiktive 10. Jahr Zahlen ohne komplizierte Indexrechnungen verwendet werden. Für die Inhalte der Überlegungen bleibt diese Vereinfachung unerheblich.

1. Die Baubetriebsabrechnung nach dem 1. Geschäftsjahr

Im einzelnen hat Herr Baumann zusätzlich folgende Festlegungen getroffen: Da er die Gehälter und die gehaltsgebundenen Kosten für die Poliere immer bei den Gemeinkosten der Baustelle kalkulieren will, werden diese bei den Allgemeinen Kosten erfaßt.

Die Kosten der Baustoffe will Herr Baumann zunächst nur auf einem Konto sammeln, da er die Nachkalkulation für die Baustoffe statistisch auf der Baustelle mit Nebenrechnungen durchführen will.

Die GmbH will folgende Kostenarten nicht direkt auf die Baustellen buchen, sondern diese zunächst auf Verrechnungskonten sammeln, und sie dann mit einem Umlageverfahren bei der Aufstellung des Betriebsabrechnungsbogens auf die Hilfsbetriebe bzw. auf die Baustellen verteilen:

− gesetzliche, tarifliche und sonstige lohngebundene Kosten (A)

− Kleingeräte und Werkzeuge.

Folgende Schritte werden bei der Erstellung des Betriebsabrechnungsbogens vollzogen:

1. In der Spalte 1 sind die Kostenarten, die im Berichtsjahr angefallen sind, aufgeführt.

2. Gleichzeitig werden die Kosten den folgenden Bereichen zugeteilt:
   − Umlagekosten
   − Verwaltung
   − Hilfsbetriebe
   − Baustellen
   − zu aktivierende Eigenleistungen.

Die Einteilung der Bereiche hängt davon ab,

a) welche Kostenarten als Umlagekosten behandelt werden sollen (in unserem Beispiel: Lohngebundene Kosten und Kleingeräte und Werkzeuge),

b) ob die Verwaltung in weitere Kostenstellen unterteilt werden soll,

c) welche Hilfsbetriebe vorhanden sind (in unserem Beispiel: Bauhof),

d) von der Anzahl der Baustellen.

Dadurch sind alle Kostenarten (Sp. 1) auf die Kostenstellen (Sp. 2 bis Sp. 8) verteilt.

3. Bei der Verrechnung der Umlagekosten (Sp. 2) werden die als Umlagekosten gewählten Kostenarten, in unserem Beispiel die Lohngebundenen Kosten A und die Kleingeräte/Werkzeuge, auf die entsprechenden Kostenstellen verteilt.

Der Verteilungsschlüssel ist in unserem Beispiel

a) $\dfrac{\text{Lohngebundene Kosten A}}{\text{Löhne A}} \times 100 =$ Zuschlagssatz auf die Löhne der Kostenstellen

b) $\dfrac{\text{Kleingeräte u. Werkzeuge}}{\text{Löhne A}} \times 100 =$ Zuschlagssatz auf die Löhne der Kostenstellen

Dadurch sind die Umlagekosten der Spalte 2 verteilt.

4. Den Hilfsbetrieben werden die innerbetrieblichen Verrechnungen gutgeschrieben bzw. belastet. Zum Beispiel:
   a) Verrechnungskostenstelle Werkstatt: Gutschrift
   b) Verrechnungskostenstelle Gerät: Belastung

5. Die Herstellkosten der Baustellen ergeben sich pro Baustelle aus der Addition folgender Posten:

   Kosten (Baustelle Stützmauer, Sp. 6): 160.369 DM
   + innerbetriebliche Verrechnungen
   +22.342 DM + 1.333 DM = 23.675 DM

   Herstellkosten Baustelle Stützmauer: 184.044 DM

6. Auf die Bauleistungen werden nunmehr die Verwaltungskosten umgelegt, und zwar mit einem Prozentsatz, der sich wie folgt ergibt:

$$\frac{\text{Verwaltungskosten}}{\text{Leistungen}} \times 100 =$$

$$= \frac{121.100 \text{ DM (Sp. 3)}}{1.103.265 \text{ DM (Sp. 5, 6, 7)*}} = 10{,}98 \%$$

*) = 219.810 + 457.347 + 426.108

7. Errechnung der Selbstkosten der Baustellen (Sp. 5, 6, 7 und 8) bzw. insgesamt (Sp. 9):

Beispiel für Stützmauer:

Herstellkosten:	184.044 DM
+ Verwaltungskosten:	24.127 DM
Selbstkosten:	208.171 DM

8. Ergebnisrechnung

a) pro Baustelle (Stützmauer):

Bauleistungen:	219.810 DM
./. Selbstkosten:	./. 208.171 DM
= Baustellenergebnis:	11.639 DM

b) für den gesamten Betrieb (Sp. 9):

Bauleistungen:	1.143.316 DM
./. Selbstkosten:	./. 1.061.113 DM
= Betriebsergebnis:	82.203 DM

Betriebsabrechnungsbogen (aus Vereinfachungsgründen wurde auf volle DM auf- bzw. abgerundet).

Kosten- und Leistungsarten	Gesamt-kosten (1)	Umlage-kosten (2)	Ver-waltung (3)	Hilfsbetr. Bauhof (4)	Stütz-mauer (5)	Wohn-anlage 1 (6)	Wohn-anlage 2 (7)	zu akti-vierende Eigen-leistungen (8)	Ergebnis-rechnung (9)
Löhne A	186.420				24.077	75.664	71.527	15.152	
Lohngebundene Kosten A	172.986	172.986							
Lohnnebenkosten	17.238				4.216	6.561	6.461		
Poliergehalt + Gehaltsgeb. Kosten	65.469				13.131	28.941	23.397		
Baustoffe	318.250				52.252	128.531	127.467	10.000	
Rüst- und Schalmaterial	7.448				2.070	2.705	2.673		
Geräte	27.152				800	13.098	13.254		
Kleingeräte/Werkzeuge	10.320	10.320							
Baustellenausstattungen	0								
Fremdmieten Geräte	11.300				3.800	3.750	3.750		
Fremdleistungen	115.430				60.023	28.125	27.282		
Geschäfts- und Büroausstattung	7.418		7.418						
Gehälter- und gehalts-gebundene Kosten	90.315		90.315						
Fremdgehaltskosten	8.000					4.000	4.000		
Büro- und Verkehrskosten	23.367		23.367						
Σ Kosten:	1.061.113	183.306	121.100	0	160.369	291.375	279.811	25.152	
1. Verrechnung der Schlüsselkosten:									
– Lohngebundene Kosten/Löhne A x 100 = 172.986/186.420 x 100 = 92,79 %		– 172.986			22.342	70.211	66.372	14.060	
– Kleing. u. Werkz./Löhne x 100 = 10.320/186.420 x 100 = 5,54 %		– 10.320			1.333	4.189	3.960	839	
		= 0							
2. Verrechnung der Hilfsbetriebe				– 0					
3. Verrechnung der Verwaltungskosten Verwaltungskosten/Leistungen*) x 100 = 121.100/1.103.265 x 100 = 10,98 %			0	0	184.044	365.775	350.143	40.051	940.013 Herstellkosten
		– 121.100			24.127	50.201	46.772	0	121.100 Verwaltungsk.
		0			208.171	415.976	396.915	40.051	1.061.113 Selbstkosten
					219.810	457.347	426.108	40.051	1.143.316 Leistungen
					208.171	415.976	396.915	40.051	1.061.113 ./. Selbstkosten
					11.639	41.371	29.193	0	82.203 Ergebnis
									0 Verrechnungen**
									82.203 Betriebsergebnis

*) Leistungen der Spalten 5, 6 und 7
**) SUMME Unter- und Überdeckungen aus den Hilfsbetrieben

2. Die Baubetriebsabrechnung nach dem 10. Geschäftsjahr

2.1 Angaben zur Leistungs- und Kostensituation

Allgemeine Angaben

Die GmbH, die im Verlaufe ihres Bestehens kontinuierlich gewachsen ist, hat vor 3 Jahren auf einem eigenen Grundstück ein Verwaltungsgebäude erbaut. Außerdem hat sie auf einem angemieteten Grundstück einen Bauhof einschließlich Werkstätten eingerichtet, welcher nach Bedarf vergrößert wird. Im 10. Geschäftsjahr wurden für den Bauhof 170 TDM Eigenleistungen erbracht.

Personalstruktur

Die GmbH „Baufix" hatte im Jahresdurchschnitt
— 510 gewerbliche Arbeitnehmer, davon durchschnittlich 45 Arbeitnehmer, die an ARGEN abgestellt waren;
— 65 Angestellte, davon waren 40 im Innendienst, 17 im Außendienst eingesetzt und durchschnittlich 8 Angestellte an ARGEN abgestellt;
— 2 Geschäftsführer, nämlich den technischen Leiter, Herrn Baumann, und den kaufmännischen Leiter, Herrn Kaufmann.

Auftragsstruktur

Die GmbH, die sich zunächst nur im Hochbau betätigte, hat nunmehr begonnen, auch im Tiefbau Aufträge anzunehmen. Im 10. Geschäftsjahr hat sie bei 21 eigenen Baustellen eine Bauleistung in Höhe von 92.766 TDM abgewickelt und hat sich bislang auf den süddeutschen Raum beschränkt. Auslandsaktivitäten werden zunächst nicht angestrebt. Der GmbH ist es auch gelungen, bei ARGEN mitzuwirken. Der ARGE-Anteil der GmbH belief sich im 10. Geschäftsjahr auf 25 % der Gesamtbauleistung (= eigene Bauleistung + anteilige ARGEbauleistung).

2.2 Übersichtsblatt der Herstellungskosten und Verwaltungskosten der einzelnen Bauaufträge

Nr.	Auftrag	Leistung	Kosten		Ergebnis
		Berichtsjahr	Berichtsjahr		Berichtsjahr
			Herstellkosten	Verwaltungskosten	
		(1)	(2)	(3)	(4 = 1-2-3)
9	Parkhaus	2.640	2.063	178	399
10	KFZ-Betrieb	7.150	6.671	481	− 2
11	Geschäftshaus	4.784	4.176	322	286
12	Kaufhaus	545	320	37	188
27	Fernmeldeamt	2.400	1.680	162	558
16	Feuerwehrhaus	6.300	7.093	424	− 1.217
	(V) interne Verrechng. *)			186	− 186
				610	− 1.403
13	Studentenwohnheim	6.900	6.158	464	278
14	Wohnpark	3.650	3.854	246	− 450
28	Finanzamt	4.150	4.628	279	− 757
	(V) interne Verrechng. *)			100	− 100
				379	− 857
29	Stützmauer	1.400	1.056	94	250
30	Kläranlage	2.300	1.882	155	263
31	Produktionshalle	2.601	1.932	175	494
15	Wohnanlagen	8.868	7.692	597	579
19	Verwaltungsgebäude	6.300	5.578	424	298
20	Ausbildungsstätte	2.045	1.810	138	97
21	Großmarkt	8.752	7.383	589	780
22	Sparkasse	6.175	5.469	416	290
23	Altenheim	1.027	910	69	48
24	Modezentrum	5.375	5.304	362	− 291
	(V) interne Verrechng. *)			221	− 221
				583	− 512
25	Anbau Heizkraftwerk	6.705	5.834	451	420
26	Tribüne Ost	2.699	2.618	182	− 101
		92.766	84.111	6.752	1.903

*) Bei Verlustbaustellen sind noch interne Verrechnungen erfolgt, die durch besondere Leistungen z. B. des Konstruktionsbüros bedingt sind.

2.3 Betriebsabrechnungsbogen

Betriebsabrechnungsbogen nach 10 Jahren

Kosten- und Leistungsarten	Gesamt-kosten (1)	Umlage-kosten (2)	Ver-waltung (3)	Hilfsbetr. Bauhof (4)	Leistungen Eigene Baustellen (5)	Leistungen an Argen (6)	Leistungen für Dritte (7)	zu akti-vierende Eigen-leistungen (8)	Ergebnis-rechnung (9)	
Löhne A	16.969			90	15.047	1.613	165	54		
Lohngebundene Kosten A	15.272	15.272								
Lohnnebenkosten	1.357			5	1.206	129	13	4		
Poliergehalt und Gehaltsgeb. Kosten	2.168				2.168					
Baustoffe	29.355				28.500	793		62		
Rüst- und Schalmaterial	139				139					
Geräte	2.496				2.496					
Kleingeräte/Werkzeuge	542	542								
Baustellenausstattungen	461			12	449					
Fremdmieten Geräte	105				105					
Fremdleistungen	16.613				16.613					
Geschäfts- und Büroausstattung	1.703		1.683	20						
Gehälter- und gehalts-gebundene Kosten	7.708		4.555	22	3.131					
Fremdgehaltskosten	512		512							
Σ Kosten:	95.400	15.814	6.750	149	69.854	2.535	178	120		

1. Verrechnung der Schlüsselkosten:
– Lohngebundene Kosten/Löhne
 A x 100 =
 15.272 / 16.969 x 100 = 90,00 %
– Kleing. u. Werkz./Löhne x 100 =
 542/16.969 x 100 = 3,19 %

2. Verrechnung der Hilfsbetriebe

3. Verrechnung der Verwaltungskosten
 – direkt
 – Umlage
 Verwaltungskosten/Leistungen*)
 x 100 =
 6.243/92.766 x 100 = 6,73 %

	Umlagekosten	Verwaltung	Bauhof	Eigene Baustellen	Leistungen an Argen	Leistungen für Dritte	Eigenleistungen	Ergebnisrechnung	
– Lohngebundene Kosten	– 15.272		81	13.542	1.452	148	49		
– Kleing. u. Werkz.	– 542		3	481	52	5	1		
	= 0								
2. Verrechnung der Hilfsbetriebe			– 233	233					
			0						
3. direkt		– 507		507					
				84.617	4.038	332	170	89.156	Herstellkosten
– Umlage		– 6.243		6.243	0	0	0	6.243	Verwaltungsk.
		0		90.860	4.038	332	170	95.399	Selbstkosten
				92.766	4.221	370	170	97.527	Leistungen
				90.860	4.038	332	170	95.399	./. Selbstkosten
				1.906	183	38	0	2.127	Ergebnis
								0	Verrechnungen**
								2.127	Betriebsergebnis

*) Leistungen der Spalte 5
**) SUMME Unter- und Überdeckungen aus den Hilfsbetrieben

Teil C: Der Jahresabschluß, dargestellt am Beispiel der GmbH

I. Die Geschäftssituation der GmbH nach 10 Jahren und die Zahlen der Bilanz und der Gewinn- und Verlustrechnung

1. Aktiv- und Passivseite der Bilanz

Vor 10 Jahren, bei der Gründung des Unternehmens, stellte die Baufix GmbH die gesetzlich nach § 242 HGB (Handelsgesetzbuch) vorgeschriebene Eröffnungsbilanz auf. Sie beantwortete zwei Fragen:

Aktiva	Bilanz zum 31. 12. 19__	Passiva
Was haben wir zu finanzieren?	Wie und womit haben wir finanziert	

Die Gründer hatten festgestellt, daß sie in der Lage waren, ein Kapital aus eigenen Mitteln und ersten Krediten — einer Anzahlung und einem Bankkredit — von zusammen TDM 730 aufzubringen. Damit konnten sie die erste Vermögensausstattung der Gesellschaft bestreiten. Ihre Eröffnungsbilanz zeigte — zusammengefaßt — folgendes Bild:

Aktiva	Eröffnungsbilanz zum		Passiva
	TDM		TDM
Anlagenvermögen	350	Eigenkapital	350
Umlaufvermögen	380	Fremdkapital	380
Aktiva gesamt	730	Passiva gesamt	730

Am Ende ihres Gründungsjahres und von da am Ende eines jeden Jahres hat die Gesellschaft pflichtgemäß einen Jahresabschluß aufgestellt.

Der Jahresabschluß, der auf den folgenden Seiten wiedergegeben ist, besteht nach dem Gesetz (§ 242 HGB) im Unterschied zu der Eröffnungsbilanz aus zwei Rechnungen, nämlich

— der Jahresschlußbilanz, die als Zeitpunktrechnung das Vermögen des Unternehmens und das Kapital, mit dem dieses Vermögen finanziert wurde, einander gegenüberstellt,

— der Gewinn- und Verlustrechnung, die als Zeitraumrechnung die Erträge des Geschäftsjahres und die daraus zu deckenden Aufwendungen darstellt.

Die Bilanz, die das Unternehmen nach 10 Jahren vorlegt, zeigt, wie das Unternehmen in dieser Zeit gewachsen ist. Die Jahresschlußbilanz des 10. Geschäftsjahres weist ein Vermögen und ein Kapital von TDM 58.301 aus.

In der Jahresschlußbilanz wird, ebenso wie in der Eröffnungsbilanz, das im Unternehmen vorhandene Vermögen nach Umfang und Zusammensetzung gezeigt. Diesem Vermögen steht das Finanzierungskapital, wiederum getrennt nach Umfang und Zusammensetzung, gegenüber.

Die Bilanz enthält als Hauptgruppen — wie die Eröffnungsbilanz — Anlage- und Umlaufvermögen, Eigen- und Fremdkapital. Sie zeigt das Vermögen und das Kapital der Gesellschaft in wesentlich weiterer Aufgliederung als die Eröffnungsbilanz.

Bilanz zum 31. Dezember in TDM

AKTIVA	Berichtsjahr	Vorjahr
Anlagevermögen		
Immaterielle Vermögensgegenstände	1.029	–
Sachanlagen		
Grundstücke und Bauten einschließlich der Bauten auf fremden Grundstücken	2.842	2.264
Technische Anlagen und Maschinen	3.434	2.104
Andere Anlagen, Betriebs- und Geschäftsausstattung	2.841	1.725
Geleistete Anzahlungen und Anlagen im Bau	41	16
Finanzanlagen	389	207
Anlagevermögen gesamt	**10.576**	**6.316**
Umlaufvermögen		
Vorräte		
Roh-, Hilfs- und Betriebsstoffe	543	664
Zum Verkauf bestimmte Grundstücke	996	996
Geleistete Anzahlungen	106	52
Nicht abgerechnete Bauten	46.943	23.230
./. erhaltene Abschlagszahlungen	− 38.855	− 18.884
Vorratsvermögen gesamt	9.733	6.058
Forderungen und sonstige Vermögensgegenstände		
Forderungen aus Lieferungen und Leistungen	12.729	12.307
Forderungen gegen Arbeitsgemeinschaften	5.383	5.365
Forderungen gegen verbundene Unternehmen und Unternehmen, mit denen ein Beteiligungsverhältnis besteht	355	169
Sonstige Vermögensgegenstände	2.713	2.413
Flüssige Mittel	16.778	13.161
Umlaufvermögen gesamt	**47.691**	**39.473**
Rechnungsabgrenzungsposten	**34**	**23**
Aktiva gesamt	**58.301**	**45.812**

PASSIVA	Berichtsjahr	Vorjahr
Eigenkapital		
Gezeichnetes Kapital	1.500	1.000
Kapitalrücklage	1.263	950
Gewinnrücklage	909	750
Gewinn	410	290
Eigenkapital gesamt	4.082	2.990
Sonderposten mit Rücklageanteil		
Der Sonderposten wurde gebildet gemäß § 6 b EStG	311	73
Sonderposten mit Rücklageanteil	311	73
Rückstellungen		
Pensionsrückstellungen	1.744	890
Steuerrückstellungen	1.091	483
Sonstige Rückstellungen	9.948	4.904
Rückstellungen gesamt	12.783	6.277
Verbindlichkeiten		
Verbindlichkeiten gegenüber Kreditinstituten	6.572	6.156
Erhaltene Anzahlungen	3.017	2.766
Verbindlichkeiten aus Lieferungen und Leistungen	11.540	9.780
Verbindlichkeiten gegenüber Arbeitsgemeinschaften	13.465	12.940
Verbindlichkeiten gegenüber verbundenen Unternehmen und Unternehmen, mit denen ein Beteiligungsverhältnis besteht	1.287	863
Sonstige Verbindlichkeiten	5.241	3.965
— davon aus Steuern	(1.497)	(901)
— davon im Rahmen der sozialen Sicherheit	(964)	(450)
Verbindlichkeiten gesamt	41.122	36.470
Rechnungsabgrenzungsposten	3	2
Passiva gesamt	**58.301**	**45.812**
Haftungsverhältnisse		
Verbindlichkeiten aus der Begebung und Übertragung von Wechseln	32	8
Verbindlichkeiten aus Bürgschaften	3.202	2.337
Verbindlichkeiten aus Gewährleistungen	6.258	6.018
Haftungsverhältnisse gesamt	9.492	8.363

Der Jahresabschluß ist primär eine Erfolgsrechnung, und zwar die Erfolgsrechnung einer Kapitalinvestition. Dabei kommt es darauf an, daß das Ziel der optimalen Rentabilität mit der existentiellen Notwendigkeit der laufenden Zahlungsbereitschaft verbunden werden muß. Zahlungsbereitschaft ist mehr als die bloße Fähigkeit, den Zahlungsverpflichtungen des Unternehmens nachzukommen. Von Zahlungsbereitschaft spricht man, wenn das Unternehmen den finanziellen Spielraum besitzt, preissenkende Zahlungskonditionen wie Rabatte und Skonti durchzusetzen und zu nutzen.

Aus seiner doppelten Zielsetzung folgt, daß der Jahresabschluß eine Kombination von zwei Rechnungen ist, nämlich der Bilanz als stichtagsbezogene Auflistung des Vermögens und seiner Finanzierung und der Gewinn- und Verlustrechnung als zeitraumbezogene Aufzeichnung der Umsatzerlöse (+ ./. Bestandsänderungen) und der entsprechenden Aufwendungen. Aus diesen Zielsetzungen erklären sich auch die Bewertungsgrundsätze (vgl. Abschnitt C IV) und der Zusammenhang zwischen Jahresabschluß und der KLR (vgl. Abschnitt D).

2. Gewinn- und Verlustrechnung in TDM

	Berichtsjahr	Vorjahr
Umsatzerlöse	74.183	66.630
Erhöhung (Vorjahr Minderung) des Bestandes an nicht abgerechneten Bauten	23.713	− 637
Andere aktivierte Eigenleistungen	170	99
Gesamtleistung	98.066	66.092
Sonstige betriebliche Erträge		
Erträge aus dem Abgang von Gegenständen des Anlagevermögens	2.291	301
Erträge aus der Auflösung von Rückstellungen	646	901
Übrige Erträge	356	273
	3.293	1.475
Betriebliche Erträge gesamt	**101.359**	**67.567**
Materialaufwand		
Aufwendungen für Roh-, Hilfs- und Betriebsstoffe und für bezogene Waren	29.355	22.827
Aufwendungen für bezogene Leistungen	18.372	9.901
	47.727	32.728
Personalaufwand		
Löhne und Gehälter	34.924	20.748
Soziale Abgaben und Aufwendungen für Altersversorgung und Unterstützung	9.063	6.369
	43.987	27.117
Abschreibungen auf immaterielle Anlagen und Sachanlagen	4.974	4.162
Sonstige betriebliche Aufwendungen	4.031	3.039
	9.005	7.201
Betriebliche Aufwendungen gesamt	**100.719**	**67.046**
Betriebliches Ergebnis	**640**	**521**
Ergebnis Finanzanlagen	302	422
Zinsergebnis (Erträge ⁒ Aufwendungen)	50	− 180
Ergebnis der gewöhnlichen Geschäftstätigkeit	**992**	**763**
Außerordentliches Ergebnis (Erträge ⁒ Aufwendungen)	51	100
Steuern	− 474	− 373
Jahresüberschuß	**569**	**490**
Einstellungen in Gewinnrücklagen	− 159	− 200
Gewinn	**410**	**290**

In der Gewinn- und Verlustrechnung werden die von dem Unternehmen im Geschäftsjahr durch Nutzung und Umschlag des Vermögens erzielten Erträge und die Aufwendungen, die daraus gedeckt werden mußten, ausgewiesen.

II. Verpflichtung zur Aufstellung eines Jahresabschlusses

Der Jahresabschluß der wirtschaftlichen Unternehmungen besteht in seiner Struktur und seinen wesentlichen Positionen schon seit Jahrhunderten. Die Baufix GmbH ist aber nicht nur durch Sorgfalt und Zielstrebigkeit gehalten, eine Eröffnungsbilanz und einen Jahresabschluß aufzustellen, sondern auch durch das Gesetz dazu verpflichtet.

Die Vorschriften des Handelsrechts bestehen aus zwei Gruppen:

— allgemeine, d. h. für alle Kaufleute geltende Vorschriften der §§ 242 bis 261 HGB,

— ergänzende Vorschriften für Kapitalgesellschaften (§§ 264 ff).

Was sind nach dem Handelsgesetzbuch Kaufleute, und was sind — als Kaufleute — Kapitalgesellschaften?

Wer als Kaufmann gilt, wird in den §§ 1–7 HGB festgelegt. Dabei bestimmt das HGB die Kaufmannseigenschaft nach unterschiedlichen Merkmalen. § 1 HGB benennt den „Kaufmann kraft Art des Geschäfts". Hierunter fallen im wesentlichen Personen, die ein Grundhandelsgewerbe im Sinne des § 1 HGB betreiben, wie die Anschaffung und Veräußerung von Waren und deren Bearbeitung. Gerade letzteres ist auch für die Bauwirtschaft von Bedeutung. Kein Kaufmann nach § 1 HGB ist, wer das besagte Gewerbe handwerksmäßig betreibt.

§ 2 HGB bestimmt den „Kaufmann kraft Geschäftsumfang". Sofern das Gewerbe einen kaufmännischen Geschäftsbetrieb erfordert, ist der Unternehmer verpflichtet, sein Unternehmen zum Handelsregister — dem bei den Gerichten geführten Register der Kaufleute i. S. des HGb — anzumelden. Hierdurch wird er zum Kaufmann.

§ 6 HGB bestimmt die „Handelsgesellschaften" kraft ihrer Rechtsform zu Kaufleuten. Handelsgesellschaften sind die Offene Handelsgesellschaft, die Kommanditgesellschaft, die Gesellschaft mit beschränkter Haftung, die Aktiengesellschaft und die Kommanditgesellschaft auf Aktien. Die Gesellschaft bürgerlichen Rechts nach §§ 705 ff BGB hingegen ist kein Kaufmann im Sinne des HGB. Ebenso zählen Freiberufler, wie z. B. selbständige Architekten und Bauingenieure, nicht zu den Kaufleuten, im Sinne des HGB.

Die Rechtspraxis hat zur Unterscheidung dieser Tatbestände einfache Begriffe geschaffen: Wer eines der in § 1 HGB bezeichneten Grundhandelsgewerbe betreibt, ist ein Mußkaufmann. Wer zwar keines dieser Gewerbe betreibt, aber für sein Gewerbe einen nach Art und Umfang kaufmännischen Geschäftsbetrieb braucht, ist nach § 2 HGB ein Sollkaufmann. Jede Handelsgesellschaft ist nach § 6 HGB ein Formkaufmann. Kaufmann ist auch, wer sich, ohne hierzu verpflichtet zu sein, zum Handelsregister angemeldet hat. Minderkaufleute sind schließlich diejenigen, die nur einem Teil der handelsrechtlichen Vorschriften unterworfen sind im Gegensatz zu den Vollkaufleuten, für die sämtliche Vorschriften des HGB gelten.

Aktiengesellschaften, Kommanditgesellschaften auf Aktien und Gesellschaften mit beschränkter Haftung werden als Kapitalgesellschaften bezeichnet. Sie sind juristische Personen, das heißt, sie sind rechtsfähig und damit Träger von Rechten und Pflichten. Alle Kapitalgesellschaften haben das gemeinsame Merkmal, daß sie nur mit dem Gesellschaftsvermögen, d. h. nur beschränkt haften.

1. Handelsrechtliche Buchführungspflicht

In § 238 HGB verpflichtet der Gesetzgeber „jeden Kaufmann", „Bücher zu führen und in diesen seine Handelsgeschäfte und die Lage seines Vermögens nach den Grundsätzen ordnungsmäßiger Buchführung ersichtlich zu machen." Im Gesetzestext wird noch die traditionelle Bezeichnung „Buchführung" verwendet, die in der Praxis von dem Begriff „Rechnungswesen" abgelöst wurde.

Jedem Kaufmann ist durch § 240 auferlegt, zu Beginn seines Handelsgewerbes und danach für den Schluß jedes Geschäftsjahres ein „Inventar" aufzustellen. Der Kaufmann hat nach § 242 HGB zu Beginn seines Handelsgewerbes einen das Verhältnis seines Vermögens und seiner Schulden darstellenden Abschluß (Eröffnungsbilanz, Bilanz) aufzustellen. „Er hat für den Schluß eines jeden Geschäftsjahres eine Gegenüberstellung der Aufwendungen und Erträge des Geschäftsjahres (Gewinn- und Verlustrechnung) aufzustellen." „Die Bilanz und die Gewinn- und Verlustrechnung bilden den Jahresabschluß."

2. Steuerrechtliche Buchführungspflicht

Die Abgabenordnung — das Rahmengesetz des Steuerrechts — führt den Kreis der steuerlich zu Buchführung und Bilanzierung verpflichteten Unternehmen auf:

1. Unternehmen, denen handelsrechtliche Verpflichtungen auf dem Gebiet der Buchführung obliegen, haben diese Verpflichtungen „auch für die Besteuerung zu erfüllen". (§ 140 AO)

2. Der Kreis der steuerlich Bilanzpflichtigen geht über die vom Handelsrecht gezogenen Grenzen hinaus. Ein Jahresumsatz von mehr als 500.000,— DM, ein Betriebsvermögen von mehr als 125.000,— DM oder ein Gewinn aus einem Gewerbebetrieb von mehr als 35.000,— DM jährlich verpflichten nach § 141 Abs. 1 S. 1 jedes Unternehmen, also auch jedes Bauunternehmen, „Bücher zu führen und aufgrund jährlicher Bestandsaufnahmen Abschlüsse zu machen."

Diese Bestimmung begründet auch die Buchführungs- und Bilanzierungspflicht der Arbeitsgemeinschaft, die Aufträge nicht in der Rechtsform einer

Handelsgesellschaft, sondern als Gesellschaft bürgerlichen Rechts nach §§ 705 ff. BGB ausführt. Die Bilanzierungspflicht hat für die Mehrzahl der Arbeitsgemeinschaften allerdings keine steuerliche Bedeutung, da für sie aufgrund § 215 Abs. 5 AO keine einheitliche Gewinnfeststellung stattfindet.

3. Das Steuerrecht sieht bei der Buchführung und Bilanz ein Wahlrecht vor, und zwar wurden im § 4 EStG zwei Formen für die Errechnung des steuerpflichtigen Gewinns entwickelt. Unternehmen, die weder nach Handelsrecht noch nach § 141 AO bilanzpflichtig sind und auch keine Bilanz erstellen, können den steuerpflichtigen Gewinn als „Überschuß der Betriebseinnahmen über die Betriebsausgaben" nach § 4 Abs. 3 EStG ermitteln. Sie haben aber aufgrund des § 5 EStG auch das Recht, ihrer Steuererklärung einen den handelsrechtlichen Grundsätzen und Vorschriften entsprechenden Jahresabschluß zugrunde zu legen.

3. Verpflichtung zur ordnungsmäßigen Buchführung

Die den Kaufleuten i. S. des HGB durch das HGB vorgeschriebenen Sachbereiche Buchführung, Inventar und Jahresabschluß bilden nicht nur vom Gesetz her, sondern auch organisatorisch eine Einheit. Wie erwähnt, ist gemäß § 238 HGB jeder Kaufmann verpflichtet, Bücher zu führen und in diesen seine Handelsgeschäfte und die Lage seines Vermögens nach den Grundsätzen ordnungsmäßiger Buchführung (GoB) ersichtlich zu machen.

Die Grundsätze ordnungsmäßiger Buchführung sind, weiter als ihr Name es angibt, Grundsätze der Buchhaltung, der Inventur und des Jahresabschlusses. Ein Teil von ihnen hat Eingang in das kodifizierte Recht gefunden, ein anderer Teil wurde durch kodifiziertes Recht geändert. In geschlossener Form sind sie nie Bestandteil handelsrechtlicher oder steuerrechtlicher Gesetze geworden.

Die handelsrechtlichen Grundsätze ordnungsmäßiger Buchführung hat der Gesetzgeber auch den steuerrechtlichen Vorschriften für Buchführung und Bilanzzeichnung vorangestellt. Nach § 5 EStG ist bei Gewerbetreibenden, die „aufgrund gesetzlicher Vorschriften verpflichtet sind, Bücher zu führen und regelmäßig Abschlüsse zu machen, oder die ohne eine solche Verpflichtung Bücher führen und regelmäßig Abschlüsse machen", für ihre steuerliche Gewinnermittlung das Betriebsvermögen nach den genannten Grundsätzen auszuweisen.

Ordnungsvorschriften für die Buchhaltung enthalten das Handelsgesetzbuch (§§ 238 u. 239), die Abgabenordnung (§ 146) und die Einkommensteuerrichtlinien der Finanzverwaltung (Abschn. 29). Die Buchführungsform steht den Unternhemen nach Handels- und Steuerrecht frei. Sie können – der traditionellen „Buchhaltung" entsprechend – ihre Aufzeichnungen in gebundenen Büchern, aber auch auf losen Blättern führen. Die „Loseblatt-Buchführung" kann manuell oder maschinell, mit eigentlichen Buchungsmaschinen oder elektronischen Datenverarbeitungsanlagen bearbeitet werden. „Die Handelsbücher und die sonst erforderlichen Aufzeichnungen können auch . . . auf Datenträgern geführt werden." Das Handels- und das Steuerrecht stießen mit dieser gleichlautenden Erlaubnis (§ 239 Abs. 4 HGB und § 146 Abs. 5 AO) das Tor zu allen Methoden und Geräten der elektronischen Datenverarbeitung auf. Der Unternehmung ist weiter nicht vorgeschrieben, welche Bücher sie im einzelnen zu führen hat. Obligatorisch sind lediglich einige Nebenbücher, wie das Kassenbuch, das Wechselkopierbuch (wobei das Wort „Buch" auch hier nicht ein gebundenes Buch bedeutet). Bei doppelter Buchführung „ist in der Regel für die unbaren Geschäftsvorfälle ein Kontokorrentkonto" – möglichst unterteilt nach Schuldnern und Gläubigern – zu führen (EStR Abschn. 29). Die Offene-Posten-Buchhaltung ist als ordnungsmäßig anerkannt; Personenkonten können im Bereich des unbaren Geschäftsverkehrs durch eine geordnete systematische Ablage von Rechnungen oder Rechnungskopien ersetzt werden.

Zur Buchführungspflicht gehören auch die Aufbewahrung der Unterlagen und das Verbot, Aufzeichnungen so zu verändern, daß der ursprüngliche Inhalt nicht mehr zu erkennen ist.

Im Rahmen der formellen Ordnungsmäßigkeit wird Klarheit und Übersichtlichkeit verlangt. Es darf keine Buchung ohne Beleg erfolgen. Belege sind die Schriftstücke, in denen sich der Unternehmensprozeß mit seinen tausenden von Einzelhandlungen in Worten und Geldzahlen niederschlägt. Belege sind z. B. Rechnungen an Bauherren oder von Lieferern. Fehlt es an einem Beleg, z. B. bei der Bilanzabwertung eines unabgerechneten Bauauftrags, ist ein unternehmensinterner Beleg zu erstellen. Die Buchführung muß zudem auf der Grundlage eines Kontenrahmens, das heißt eines Organisations- und Gliederungsplanes, für das gesamte Rechnungswesen geordnet sein.

Wie muß eine Buchführung aufgebaut sein, damit sie den Grundsätzen ordnungsmäßiger Buchführung entspricht? § 238 HGB verlangt eine Buchführung, die so beschaffen sein muß, daß sie

– einem sachverständigen Dritten
– innerhalb angemessener Zeit
– einen Überblick über Geschäftsvorfälle und die Lage des Unternehmens vermittelt.

Die Geschäftsvorfälle müssen sich in ihrer Entstehung und Abwicklung verfolgen lassen. Weiterhin müssen die Eintragungen und Aufzeichnungen

– vollständig
– richtig
– zeitgerecht und
– geordnet

vorgenommen werden.

Meistens wendet man die doppelte Buchführung an, bei der sämtliche Geschäftsvorfälle auf jeweils zwei Konten gleichzeitig festgehalten werden. Ordnungsmäßige Buchführung bedeutet jedoch nicht notwendig doppelte Buchführung. Für keine Unternehmensform, auch nicht für die Aktiengesellschaft, ist ein bestimmtes Buchführungssystem vorgeschrieben. Auch einfache Buchführungssysteme sind zulässig, wenn sie den Grundsätzen ordnungsmäßiger Buchführung gerecht werden, was vor allem bedeutet, daß die Erfassung aller Geschäftsvorfälle und des Vermögens gewährleistet sein muß (EStR Abschn. 29). Die strenge, in sich geschlossene Systematik gibt der doppelten Buchführung „eine wesentliche höhere Beweiskraft"[1] als andere Buchführungssysteme.

3.1 Die Grundzüge der doppelten Buchführung

Rechnungswesen und Rechnungslegung entstehen aus der systematischen Erfassung aller Geschäftsvorfälle. Geschäftsvorfall ist dabei jeder Vorgang im Unternehmen, der
– in der Vergangenheit zu einem Zahlungsvorgang geführt hat,
– unmittelbar mit einem Zahlungsvorgang verbunden ist oder
– in der Zukunft zu einem Zahlungsvorgang führen wird.

Beispiele für Geschäftsvorfälle:
– Ausführung eines Bauauftrages führt zu späteren Zahlungen des Bauherrn,
– Vorauszahlung des Bauherrn führt zu späteren Bauleistungen des Unternehmens für den Bauherrn,
– Kauf von Baustoffen führt zu späteren Zahlungen an den Baustofflieferanten,
– Ausführung von Arbeitsleistungen für das Unternehmen führt zu späteren Zahlungen des Unternehmens an den Mitarbeiter.

Jeder Geschäftsvorfall hat, wie erkennbar, eine Doppelnatur: Der Kauf von Baustoffen bringt dem Unternehmen Vermögen in Form von Baustoffen, und er bringt dem Unternehmen Verpflichtungen in Form der Zahlungsverbindlichkeit.
Auch der erzielte Bilanzgewinn hat diese Doppelnatur. Er ist einerseits Mehrung des Reinvermögens, also des Rohvermögens abzüglich der Verbindlichkeiten; er ist andererseits Verbindlichkeit gegenüber dem Eigenkapitalgeber, dem dieser Gewinn letztlich zusteht.
Das Rechnungswesen erfaßt jeden Geschäftsvorfall mit seiner Doppelnatur, und dieser Doppelnatur entspricht auch die doppelte Buchführung.

Die Grundmerkmale der doppelten Buchführung sind:
– Jeder Geschäftsvorfall wird als Eingang und als Ausgang erfaßt; dabei werden Ansprüche und Verpflichtungen aus getätigten und erhaltenen Lieferungen und Leistungen bereits als künftige Eingänge und Ausgänge verbucht.

– Eingang und Ausgang von Gütern oder Leistungen und Ausgang und Eingang von Zahlungen werden dadurch gleich bewertet, daß grundsätzlich die Zahlungsseite auch den Wertansatz der Leistungsseite bestimmt.

Rechnungswesen und Rechnungslegung des Unternehmens sind daher ungeachtet anderslautender gesetzlicher Begriffe eine Verrechnung und Darstellung der Einnahmen und der Ausgaben des Unternehmens.
Die Produktionsmittel des Unternehmens und die durch Produktion gewonnenen Erzeugnisse werden zwar mit ihrer Sachbezeichnung, also als Betriebsgebäude, als Baugeräte, als Baustoffe und als in Ausführung begriffene Bauaufträge, von der Buchhaltung erfaßt. Für den Wertansatz in der Buchhaltung sind aber die in diese Gegenstände investierten Geldausgaben maßgeblich.
Die Ansprüche, die Forderungen, die das Unternehmen durch Bauleistung und Bauabrechnung erworben hat – im gesetzlichen Bilanzschema als „Forderungen aus Lieferungen und Leistungen" bezeichnet –, und die übrigen einem Marktertrag entstammenden Ansprüche, z. B. die Forderungen auf anteiligen Gewinn aus Kapitalbeteiligung, werden – als künftiges Geldkapital – mit der erwarteten Einnahme angesetzt.
Die Gewinn- und Verlustrechnung ist das Register der Markteinnahmen und -ausgaben des Unternehmens, die einem Geschäftsjahr zuzurechnen sind. Da der Jahresabschluß eine Jahreserfolgsrechnung eigener Konstruktion ist, sind es die nach Bilanzgrundsätzen, -vorschriften und gesetzlich anerkannten freien Entscheidungen erfolgswirksamen Einnahmen und Ausgaben.
Die laufende Buchhaltung des Jahres geht zum Jahresende unmittelbar in den Jahresabschluß ein. Der Jahresabschluß, die Rechnungslegung der Unternehmung nach Handels- und nach Steuerrecht, ist formal ausschließlich die zeitliche Abgrenzung der Einnahmen und der Ausgaben des Unternehmens. Als Differenz zwischen den dem Geschäftsjahr zuzurechnenden Einnahmen und Ausgaben ergibt sich der Bilanzgewinn oder Bilanzverlust des Unternehmens.

3.2 Inventur als Kontrolle und Korrektur der Verbuchungen

Zwar läßt sich verfahrenstechnisch – wie erwähnt – der Jahresabschluß – Bilanz und Gewinn- und Verlustrechnung unmittelbar aus den Konten der „Doppik", das heißt der doppelten Buchhaltung, gewinnen. Aber Handels- und Steuerrecht schreiben eine Kontrolle und erforderlichenfalls Korrektur der Verbuchungen durch eine körperliche Bestandaufnahme – die Inventur – vor.

Für die Inventur teilen sich Aktiva und Passiva des Bauunternehmens in folgende Gruppen:
– bewegliche Sachanlagen,
– Vorratsvermögen,

---

[1] Vgl. Adler, Düring, Schmaltz, Rechnungslegung und Prüfung der Aktiengesellschaft, S. 62

– Forderungen und Verbindlichkeiten,
– Guthaben und Verbindlichkeiten bei Kredit-
  instituten,
– Besitzwechsel und Schecks, Schuldwechsel,
– Bargeld.

Hiervon werden das Sachanlage- und das Vorratsvermögen als die Sachgegenstände des Unternehmens aus-
führlicher behandelt, da für ihre Bestandaufnahme
umfangreiche rechtliche Regelungen zu beachten sind.

Inventur der beweglichen Sachanlagen

Für die beweglichen Anlagengegenstände ist ein jährli-
ches Bestandsverzeichnis anzufertigen, das folgende
Daten enthalten muß:
– genaue Bezeichnung des Gegenstandes,
– Tag und Kosten der Anschaffung oder Herstellung,
– Tag des Abganges,
– Bilanzwert am Bilanzstichtag.

Dieses Verzeichnis braucht dann nicht aus einer körper-
lichen Bestandsaufnahme hervorzugehen, wenn jeder
Zugang und Abgang der Gegenstände laufend in das
Verzeichnis eingetragen wird.
Wenn dieses laufend geführte Bestandverzeichnis nach
Zugangsjahren und Abschreibungsätzen gegliedert
geführt wird, kann auf die Angabe der Bilanzwerte der
einzelnen Gegenstände verzichtet werden, falls sich die
Bilanzwerte der Gruppen aus diesen besonderen
Zusammenstellungen ergeben. Das Bestandsverzeich-
nis kann auch Karteiform haben (EStR Abschnitt 31).

Folgende Gegenstände brauchen nicht im Bestandsverzeichnis aufgeführt zu werden:
– geringwertige Wirtschaftsgüter
– Festwertgegenstände.

Dabei gilt, daß für geringwertige Wirtschaftsgüter, die
im Jahr der Anschaffung oder Herstellung voll abgeschrieben werden (nach EStR Abschnitt 31), kein
Bestandsverzeichnis erforderlich ist:
a) wenn ihre Anschaffungs- oder Herstellungskosten
   nicht mehr als 100 DM betrugen;
b) wenn – soweit diese Kosten höher lagen – die
   Zugänge auf einem besonderen Konto verbucht oder
   in einem besonderen Verzeichnis erfaßt werden.

Das Wesen und der Vorteil der Festwertmethode
besteht darin, daß ein für einen Bilanzstichtag aufge-
nommener Bestand mit seinem für diesen Tag ermittelten Bilanzwert in den Bilanzen mehrerer aufeinander-
folgender Jahre unverändert aktiviert wird. Sie erfordert
daher die Mengenfeststellung und die Bewertung nicht
jährlich, sondern in längeren Abständen. Sie ist nur für
einen Teil des Unternehmungsvermögens anerkannt,
und zwar für das bewegliche Sachanlagevermögen und
die Roh-, Hilfs- und Betriebsstoffe des Vorratsvermögens. Sie ist innerhalb dieser Gruppe auf Wirtschaftsgüter beschränkt, deren Bestand in Größe, Wert und
Zusammensetzung nur „geringen Veränderungen
unterliegt" (§ 240 Abs. 3 HGB). Die den Festwert kon-

trollierende und erforderlichenfalls ändernde Bestandaufnahme und Bewertung ist in festgelegten Abständen
vorzunehmen. Für Gegenstände des Anlagevermögens
ist sie mindestens an jedem dem Hauptfeststellungszeit-
punkt für die Ermittlung des Einheitswertes des
Betriebsvermögens vorangehenden Bilanzstichtag, spätestens aber an jedem 5. Bilanzstichtag (EStR 31 Abs. 5),
für Roh-, Hilfs- und Betriebsstoffe „in der Regel" an
jedem 3. Bilanzstichtag (EStR Abschnitt 36 Abs. 4)
durchzuführen.

Inventur des Vorratsvermögens

Die allgemeinen Anforderungen an eine Inventur des
Vorratsvermögens hat der Bundesfinanzhof wie folgt
gekennzeichnet: Das Bestandsverzeichnis, das Inventar, müsse „eine angemessene Kontrolle darüber
ermöglichen, ob die Warenbestände vollständig erfaßt
und bewertet sind." „Im übrigen sind an ein Inventar je
nach Branche und Betriebsgröße unterschiedliche
Anforderungen zu stellen" (BFH-VI 31385 v. 26. 3. 1966,
BSt Bl. 1966 III S. 437).
Die Stichtaginventur ist die hergebrachte körperliche
Bestandserfassung. Handels- und Steuerrecht verlangen, daß die Aufnahme „zeitnah" durchgeführt werden
müsse. Die Einkommensteuerrichtlinien (Abschnitt
30) verstehen darunter einen Zeitraum von „in der
Regel" 10 Tagen vor oder nach dem Bilanzstichtag. Der
aufgenommene Bestand muß dabei durch Erfassung
und Saldierung der Zu- und Abgänge in der Zeit zwischen Aufnahmetag und Bilanzstichtag auf den Bilanzbestand umgerechnet werden. An die Belege über die
Veränderung der Bestände zwischen Aufnahmetag und
Bilanzstichtag sind laut Einkommensteuerrichtlinien
„strenge Anforderungen" zu stellen, falls die Bestände
aus besonderen (z. B. klimatischen) Gründen nicht zeitnah aufgenommen werden können.

Bei der permanenten Inventur

Wird der Bilanzbestand „nach Art und Menge anhand
von Lagerbüchern (Lagerkarteien) festgestellt" (EStR
Abschnitt 30), die alle Zugänge und Abgänge mit
Datum und Belegnummer angeben. Während des Jahres ist der Buchbestand durch die Inventur zu kontrollieren und – bei Differenz zwischen beiden – richtigzu-
stellen. Der Tag der körperlichen Aufnahme ist im
Lagerbuch oder in der Lagerkartei zu vermerken.

Inventurvereinfachungsverfahren

Neben der Festwertmethode ist auch ein Stichproben-
verfahren „mit Hilfe anerkannter mathematisch-statisti-
scher Methoden" als Inventurvereinfachungsverfahren
(§ 241 HGB) zugelassen. Der Aussagewert muß aber
dem „eines auf Grund körperlicher Bestandsaufnahme
aufgestellten Inventars gleichkommen." Das Wertnach-
weisverfahren (vor- oder nachverlegte Stichtagsinven-
tur) wurde für Vermögensgegenstände geschaffen, „die
geringen Preisschwankungen unterliegen, oder bei

denen die zur Beachtung des Niederstwertprinzips erforderlichen Wertkorrekturen auf den Bilanzstichtag sicher genug geschätzt werden können." Die Einschränkung gegenüber der permanenten Inventur liegt darin, daß nicht das ganze Jahr für die Aufnahme zur Verfügung steht, sondern nur ein Zeitraum von fünf Monaten, und zwar drei Monate vor und zwei Monate nach dem Bilanzstichtag. Der körperlich aufgenommene Bestand ist nach Art und Menge in einem besonderen Inventar zu verzeichnen" (Begründung zu HGB-Änderungsgesetz, Bundestagsdrucksache IV 2.865).

Sonstige Aktiva und Passiva

Der Bestand an Forderungen und Verbindlichkeiten wird aus den Kontokorrentkonten gewonnen und — soweit nicht bis zur Bilanzaufstellung ausgeglichen — durch eingeholte Saldenbestätigungen kontrolliert. Guthaben und Verbindlichkeiten bei Kreditinstituten werden gleichfalls aus Konten gewonnen und durch Tagesauszüge nachgewiesen. Besitzwechsel und Schecks werden durch Aufnahme festgestellt und durch Kopierbücher für die bereits zum Bankeinzug gegebenen Papiere ergänzt. Schuldwechsel werden anhand des Wechselkopierbuches ermittelt. Der Kassenbestand wird durch Aufnahme (Kassensturz) festgestellt. Unabgerechnete Bauaufträge werden im Vorratsvermögen bilanziert, wenn sie auch — auf oder im Grund und Boden des Bauherrn errichtet — nicht Sachen, sondern Forderungen sind. Für sie kommen die Inventurregeln der Stoffe und Erzeugnisse nicht in Betracht; sie werden mit dem Bauvertrag und dem Baukonto nachgewiesen. Für weitere Einzelheiten zu diesem Problem vgl. Abschnitt D.

III. Erläuterung des Jahresabschlusses und der übrigen Rechnungslegung

1. Der „Inhalt der Bilanz" der Kaufleute

Die Gliederungsvorschriften für die Bilanz der Einzelfirmen und der Personengesellschaften sind bemerkenswert allgemein gehalten. Das Anlage- und das Umlaufvermögen, das Eigenkapital, die Schulden und schließlich die Rechnungsabgrenzungsposten sind „gesondert auszuweisen und hinreichend zu gliedern." (§ 247 Abs. 1 HGB).

Bei einer Einzelfirma und bei Personengesellschaften hat der Jahresabschluß als Informationsinstrument für die Gläubiger und die übrige Öffentlichkeit keine so wichtige Bedeutung wie bei den Kapitalgesellschaften. Das liegt daran, daß bei Einzelfirmen und den Personengesellschaften neben dem Firmenvermögen auch das Privatvermögen der Einzelunternehmer bzw. Gesellschafter haftet.

Die Bilanz einer Einzelfirma oder einer Personengesellschaft, soweit es sich nicht um ein dem Publizitätsgesetz unterliegendes Großunternehmen handelt, kann sich daher mit einer relativ geringen Unterteilung begnügen. Da diese Unternehmen keine Offenlegungspflicht für ihren Jahresabschluß kennen, wird die Gliederung praktisch vom Unternehmen selbst festgelegt. Das gilt auch für die Gewinn- und Verlustrechnung, über deren Gliederung das Gesetz erstaunlicherweise kein Wort verliert.

2. Zusätzliche Vorschriften für Kapitalgesellschaften und Großunternehmen aller Rechtsformen

Da bei Kapitalgesellschaften nur das Firmenvermögen haftet, muß die Bilanz das gesamte Haftungspotential und die Ertragslage der Gesellschaft deutlicher offenlegen. Darin sah der Gesetzgeber Veranlassung, den Kapitalgesellschaften zusätzliche Verpflichtungen für ihre Rechnungslegung aufzuerlegen.

Der Gesetzgeber hat seine Anforderungen an die Rechnungslegung nach drei Größenklassen abgestuft. Damit trägt er der Tatsache Rechnung, daß mit der Unternehmensgröße regelmäßig der Kreis der Personen und Unternehmen wächst, die als Bauherren wie als Lieferer, als ARGE-Partner und, von besonderer Bedeutung, als Arbeitnehmer mit dem Unternehmen wirtschaftlich verbunden sind.

Aus den gleichen Gründen sind Großunternehmen in der Form der Einzelfirma oder der Personengesellschaft gleichfalls zusätzlichen Anforderungen an ihre Rechnungslegung unterworfen. Die Kriterien sind ein Jahresumsatz von mehr als DM Mio. 250, eine Beschäftigtenzahl von mehr als 5000 und eine Bilanzsumme von mehr als DM Mio. 125. Die Kriterien, von denen zwei gegeben sein müssen, zeigen, daß der Kreis der hiervon betroffenen Unternehmen von erheblichem wirtschaftlichen Gewicht, aber zahlenmäßig klein ist.

Die Abstufung der gesetzlichen Anforderungen an den Jahresabschluß der Kapitalgesellschaften nach Größenklassen der Unternehmen gilt auch für Gliederungsvorschriften. Die Gesellschaften haben außerdem eine weite Entscheidungsfreiheit, Untergliederungen in der Bilanz bzw. der Gewinn- und Verlustrechnung oder in dem gleichfalls vorgeschriebenen Anhang zu bringen. Unsere Beispielgesellschaft gehört mit einer Bilanzsumme von TDM 58.301 und Umsatzerlösen von TDM 74.183 zu den nach § 267 HGB großen und darum zur weitestgehenden Rechnungslegung verpflichteten Gesellschaften. Sie hat sich, wie unser Beispiel zeigt, entschieden, Bilanz und Gewinn- und Verlustrechnung weiter aufzugliedern, als es den Mindestanforderungen des Gesetzes entspricht. Sie hat aber andererseits auch die Möglichkeit, den Anhang zu Detailgliederungen zu verwenden, genutzt. Die Gesellschaft hat sich, für ihre Gewinn- und Verlustrechnung durch § 275 HGB vor die Wahl zwischen dem Umsatzkosten- und dem Gesamtkostenverfahren gestellt, wie in der Bauindustrie üblich, für das letztgenannte Verfahren entschieden.

3. Die wichtigsten Positionen der Bilanz

Die Bilanz stellt Anlagevermögen und Eigenkapital, Umlaufvermögen und Fremdkapital einander gegenüber. Damit ordnet sie Vermögen und Kapital nach dem ersten Grundsatz der Unternehmensfinanzierung, dem der Fristenkongruenz. Was Anlage- und Umlaufvermögen sind, soll im folgenden erläutert werden.

3.1 Vermögensausstattung

Wie aus der Eröffnungsbilanz und aus der Jahresschlußbilanz für das 10. Jahr erkennbar ist, unterscheidet das Bilanzschema Anlage- und Umlaufvermögen.

Das Anlagevermögen dient dem Betrieb des Unternehmens dauerhaft, das Umlaufvermögen dagegen ist zum unmittelbaren Umsatz bestimmt bzw. entsteht aus dem Umsatz (z. B. Forderungen aus Bauleistungen). Entscheidend für die Bilanzierung im Anlage- oder Umlaufvermögen ist also nicht die Art des Vermögensgegenstands, sondern seine Zweckbestimmung.

Ein Beispiel hierfür soll dies erläutern. Bauunternehmen kaufen und errichten im Rahmen ihres Bauträgergeschäfts Grundstücke und Gebäude, die entweder zur Vermietung oder zum Verkauf bestimmt sind. Während bei der Vermietung ein langfristiger Nutzen erzielt werden soll, ist beim Verkauf ein kurzfristiger Umsatz beabsichtigt. Dadurch ist die unterschiedliche Bilanzierung — im Anlagevermögen oder im Umlaufvermögen — zweifelsfrei. Allerdings kann das Unternehmen im Laufe der Zeit seine Absicht ändern; dementsprechend müßte dann die Bilanz geändert werden.

3.1.1 Anlagevermögen

Das Anlagevermögen des Bauunternehmens macht regelmäßig 20 bis 30 % des bilanziellen Gesamtvermögens aus. Es setzt sich zusammen aus:
— immaterielle Anlagen, aus erworbenen Patenten, Lizenzen und dergleichen (bei den meisten Bauunternehmen von geringem Umfang),
— Sachanlagevermögen,
— Finanzanlagen.

Sachanlagen bilden regelmäßig den Schwerpunkt des Anlagevermögens, haben aber in der Bauwirtschaft im Vergleich zu den stationären Unternehmen in anderen Industriezweigen einen geringeren Anteil an der Bilanzsumme.

Innerhalb der Immobilien gibt es einen relativ hohen Anteil an Geschäfts- und Bauhofsgebäuden. Durch gesteigerte Industrialisierung im Bereich der vorgefer-

tigten Bauweise spielen auch Fabrikationsgebäude und damit die im beweglichen Anlagevermögen zu bilanzierenden Betriebsvorrichtungen eine zunehmende Rolle.

Beim beweglichen Anlagevermögen sind vor allem zwei Gruppen von ausschlaggebender Bedeutung, nämlich die mobilen Baugeräte und die sonstigen Baustellenausstattungen wie Gerüst- und Schalungsmaterial.

Finanzanlagen sind langfristige Investitionen, die aus zwei Gruppen bestehen:
— Kapitalbeteiligungen an anderen Unternehmen.

Eine Mehrheitsbeteiligung schafft den Tatbestand der „verbundenen Unternehmen" und der Urform eines Konzerns aus herrschenden und beherrschten Unternehmen.
— Kapitalforderungen, das sind Ausleihungen und andere langfristige Forderungen.

3.1.2 Umlaufvermögen

Das Umlaufvermögen des Bauunternehmens, das rund 70 bis 80 % des Gesamtvermögens ausmacht, besteht aus zwei Hauptgruppen:
— dem Vorratsvermögen und
— dem monetären Umlaufvermögen.

Das Vorratsvermögen ist das zum Umsatz bestimmte Sachvermögen des Bauunternehmens. Es besteht aus Produktionsmitteln (Roh-, Hilfs- und Betriebsstoffe und Ersatzteile) und aus Produkten (Unfertige und fertige Erzeugnisse, z. B. Betonfertigteile, zum Verkauf bestimmte Immobilien).

Den Kern des Vorratsvermögens bilden die am Bilanzstichtag noch in Ausführung begriffenen, unabgerechneten Bauleistungen. Soweit Bauaufträge auf oder in fremden Grund und Boden — dies ist regelmäßig der Grund und Boden des Bauherrn — ausgeführt werden, sind sie rechtlich für das ausführende Bauunternehmen nicht Sachgegenstände, sondern Forderungen. Diese Forderungen rechnen aber — als erbrachte Bauleistungen — wirtschaftlich ebenso wie Fertigerzeugnisse oder zum Verkauf bestimmte Immobilien zum Vorratsvermögen. Im Gegensatz dazu gehören die Forderungen aus abgerechneten Aufträgen zum monetären Umlaufvermögen.

Bauaufträge bilden bis zur Abnahme des erstellten Bauwerks schwebende Geschäfte, was bedeutet, daß aus ihnen noch keine Gewinne realisiert, also bilanziert werden dürfen. Unabgerechnete Bauaufträge, soweit sie Fremdaufträge sind, werden also als Forderungen, aber mit ihren Herstellungskosten oder ihren „niedrigeren beizulegenden Werten" (näheres hierzu im Rahmen der Bilanzbewertung) bilanziert. Erhaltene Abschlagzahlungen werden in Vorspalte von den bilanzierten Werten abgesetzt; erhaltene Vorauszahlungen sind dagegen als Verbindlichkeiten auf der Passivseite auszuweisen.

Das monetäre Umlaufvermögen führt die Gruppen
— Forderungen,
— sonstige Vermögensgegenstände,
— flüssige Mittel.

Bei der ersten Gruppe des monetären Umlaufvermögens unterscheidet man zwischen Forderungen aus abgerechneten eigenen Aufträgen und solchen an Arbeitsgemeinschaften.

Forderungen aus abgerechneten eigenen Aufträgen, ergänzt durch Forderungen aus dem Absatz fertiger Erzeugnisse und von Immobilien, (Gesetzestext: „Forderungen aus Lieferungen und Leistungen") bilden die Fortsetzung des Vorratsvermögens. Die Forderungen stellen also im wesentlichen ausstehende Schlußzahlungen für abgerechnete Aufträge dar.

Forderungen (bzw. Verbindlichkeiten) gegenüber Arbeitsgemeinschaften entstehen aus Bareinlagen (z. B. für Anfangsfinanzierung der ARGE oder zur anteiligen Verlustabrechnung), aus Gerätevermietung an die ARGE und anderen Lieferungen und Leistungen sowie aus Anspruch auf anteilige Ergebnisse nach Abschluß der Arbeitsgemeinschaften.

Verbindlichkeiten gegenüber der ARGE entstehen beispielsweise dann, wenn die ARGE den ARGE-Partner Geldmittel zur Verfügung stellt, die in der ARGE zeitweilig nicht benötigt werden. Auch bei Weihnachts- bzw. Urlaubsgeldern, die die ARGE zunächst bezahlt hat und die von den Gesellschaftern zurückerstattet werden, entstehen Verbindlichkeiten gegenüber der ARGE. Schließt eine ARGE mit Verlust ab, ergibt sich für alle ARGE-Partner die Verpflichtung zur anteiligen Verlustdeckung.

Sonstige Vermögensgegenstände erfassen als Sammelposten alle Gegenstände, die nicht unter anderen konkret bezeichneten Titeln auszuweisen sind. Hier sind also beispielsweise gegebene, nicht langfristige Darlehen, gegebene Reisekosten- und andere Vorschüsse, Steuererstattungsansprüche, Ansprüche auf Investitionszulagen oder - zuschüsse zusammenzufassen. Sonstige Vermögensgegenstände unterliegen, weil dem Umlaufvermögen zugehörig, dem strengen Niederstwertprinzip.

Flüssige Mittel sind Vermögensgegenstände, die Geldform besitzen oder kurzfristig „zu Geld gemacht" werden können. Hierher gehören also Bank- und Postgiroguthaben, Barmittel, Schecks und jederzeit liquidierbare Wertpapiere.

3.2 Kapitalausstattung und Kapitalgruppen

Die der Kapitalausstattung des Unternehmens gewidmete Bilanzseite hat ebenso wie die Vermögensseite eine Vielfalt von Einzelpositionen, die sich jedoch zwei Gruppen zuordnen lassen, nämlich dem Eigenkapital und dem Fremdkapital.

3.2.1 Eigenkapital

Eigenkapital unterscheidet sich vom Fremdkapital darin, daß es der Unternehmung in aller Regel zeitlich unbegrenzt zur Verfügung steht. Die dauerhafte Verfügbarkeit ist bei Einzelfirmen, Offenen Handelsgesell-

schaften und beim Komplementärkapital von Kommanditgesellschaften rechtsformbedingt nicht gesichert; die Satzung kann eine Sicherungsklausel enthalten.

Eigenkapital hat bei den für die Industrie entwickelten Unternehmensformen im Gegensatz zum Fremdkapital keinen Anspruch auf Verzinsung und Rückzahlung bestimmter Beträge zu bestimmten Terminen. Eigenkapital ist gewinnberechtigt. Gewinn kann allerdings erst entstehen, wenn alle Kosten des Unternehmens gedeckt sind. Eigenkapital ist außerdem erlösberechtigt. Wenn also bei der Auflösung eines Unternehmens nach Erfüllung der Verpflichtungen aus Fremdfinanzierung ein Erlös verbleibt, steht dieser Betrag als Rückvergütung für das Eigenkapital zur Verfügung. Die Bauwirtschaft kennt solche Auflösungen bei Arbeitsgemeinschaften, die als rechtlich selbständige Gesellschaften für einzelne Auftragsausführungen gebildet werden.

Während des Bestehens des Unternehmens können Teile des Eigenkapitals an den oder die Inhaber zurückgezahlt werden. Wenn das Unternehmen eine Kapitalgesellschaft ist, die den Gläubigern nur mit dem Eigenkapital des Unternehmens haftet, dann muß die Rückzahlung gezeichneten Kapitals so rechtzeitig angekündigt werden, daß die Gläubiger sich vorher noch absichern können.

Eigenkapital gibt das Recht zur — alleinigen oder anteiligen — Geschäftsführung oder zur Mitwirkung bei der Geschäftsführung. Dieses Recht ist nicht nur nach dem — anteiligen — Umfang des Eigenkapitals unterschiedlich, sondern auch nach der Rechtsform des Unternehmens. Dem Recht zur Geschäftsführung steht die Haftung für die Verbindlichkeiten des Unternehmens gegenüber. Dies kann so weit gehen, daß der Kapitaleigner mit seinem gesamten Vermögen haften muß (z. B. als Komplementär bei der Kommanditgesellschaft).

Nach dem Fristigkeitsprinzip hat die Bilanzgliederung auf der Passivseite mit dem Eigenkapital zu beginnen. Eigenkapital kennt folgende Grundformen:
— gezeichnetes Kapital,
— Rücklagen (Kapital- und Gewinnrücklagen),
— Gewinn.

Gezeichnetes Kapital ist nach § 272 HGB „das Kapital, auf das die Haftung der Gesellschafter der Kapitalgesellschaft gegenüber den Gläubigern beschränkt ist." Bei der GmbH ist es das satzungsmäßige Stammkapital.

Kapitalrücklagen entstehen aus Zuführungen von Eigenkapital durch den oder die Inhaber des Unternehmens. Zuführungen beginnen, wie wir sahen, bei der Gründung eines Unternehmens. Außerdem können sie danach jederzeit durch Gesellschafterbeschluß im Zuge einer Kapitalerhöhung erfolgen.

Gewinnrücklagen werden dagegen aus erzielten und bilanzierten, aber nicht ausgeschütteten Gewinnen des Unternehmens gebildet. Von der Ausschüttung ausgeschlossene, einbehaltene Gewinne können vorgetragen, sie können einer Gewinnrücklage zugeführt werden; dies läßt erkennen, daß die Mittel nicht zu einer baldigen Ausschüttung vorgesehen sind.

Die Aktiengesellschaft muß aus erzielten Gewinnen eine „gesetzliche Rücklage" bilden, die zusammen mit der Kapitalrücklage mindestens 10 % des Grundkapitals (gezeichneten Kapitals) ausmachen muß. Für unsere GmbH gibt es eine solche Verpflichtung nicht. Ihre Gewinnverwendung steht in der freien Entscheidung der Herren Baumann und Kaufmann.

3.2.2 Sonderposten mit Rücklageanteil

Sonderposten mit Rücklagenanteil sind die einzigen Bilanzposten, die Fremd- und Eigenkapital enthalten. Die Posten werden aus erzielten Gewinnen gebildet. Die bilanzielle Gewinnrealisierung führt generell zur Gewinnbesteuerung; der ausgewiesene Gewinn ist ein „Gewinn nach Steuern". Der Gesetzgeber hat jedoch Gewinne aus bestimmten Geschäften durch Hinausschieben der Gewinnbesteuerung begünstigt. Diese „Gewinne vor Steuer" sind als Sonderposten zu passivieren.

Das Gesetz spricht im § 247 Abs. 3 ein Ansatzwahlrecht aus für Passivposten, die für Zwecke der Steuern vom Einkommen und vom Ertrag zulässig sind: „Sie sind als Sonderposten mit Rücklagenanteil auszuweisen und nach Maßgabe des Steuerrechts aufzulösen." Solche Posten sind, da steueraufschiebend, für die Innenfinanzierung interessant (vgl. Abschnitt F).

Die folgenden Erträge sind „sonderpostenfähig":
– Gewinn aus der Veräußerung bestimmter Anlagenbestände (§ 6b EStG),
– Zuschüsse zur Anschaffung oder Herstellung von Anlagegütern (§ 34 EStR),
– Rücklage für Ersatzbeschaffung,
– Rücklage für Ersatzbeschaffung für Anlagen, die „infolge höherer Gewalt oder zur Vermeidung eines behördlichen Eingriffs" aus dem Betriebsvermögen ausscheiden (Abschn. 35 EStR).

3.2.3 Fremdkapital

Kennzeichen der Fremdfinanzierung – der Finanzierung durch Kredite – sind vertragliche und damit rechtsverbindlich vereinbarte Verpflichtungen des Kreditnehmers. Er muß zu bestimmten Terminen Rückzahlungen und Zinszahlungen oder Bauleistungen mit bestimmten Beträgen erbringen. Diese Verpflichtung gilt auch da, wo dies nicht ohne weiteres sichtbar ist, wie z. B. bei Rückstellungen für drohende Verluste.
Die Zahlungsverpflichtungen des Kreditnehmers – Tilgung und Zinsen oder die Leistungsverpflichtungen – bestehen unabhängig von der Zahlungsfähigkeit des Verpflichteten. Sie geben dem Kreditgeber Vollstreckungsrechte. Die Unternehmen als Kreditnehmer haften mit ihrem Vermögen. Je nach Rechtsform haftet der Inhaber auch mit seinem Privatvermögen, selbst, wenn dies im Haftungsfall die wirtschaftliche Existenz kostet. Fremdkapital verschafft jedoch nicht das Recht zur Geschäftsführung (außer bei Zwangsverwaltung) und auch nicht eine Mitwirkung oder einen Anteil an der Geschäftsführung.

Das Fremdkapital läßt sich wie folgt unterteilen:
1. Rückstellungen, das sind Verbindlichkeiten, die dem Grund, aber nicht der Höhe nach bekannt sind;
2. Verbindlichkeiten, deren Höhe bekannt ist. Sie lassen sich nach folgenden Gesichtspunkten gruppieren:
   – Langfristige und kurzfristige Verbindlichkeiten,
   – Verbindlichkeiten gegenüber verbundenen Unternehmen und gegenüber anderen Unternehmen,
   – Zahlungs- und Leistungsverbindlichkeiten,
   – Waren- und Finanzierungsverbindlichkeiten.

Das Bilanzrecht äußert sich in § 249 HGB ausführlich zu den Rückstellungen, die in der Tat nicht nur verfahrenstechnisch unentbehrlich, sondern auch für den Ergebnisausweis von entscheidender Bedeutung sind. Sie sind zu bilden für ungewisse, das heißt dem Grunde, aber nicht der Höhe nach bekannte Verbindlichkeiten wie Gewährleistungsverpflichtungen und – gleichfalls in ihrer Höhe nur zu schätzende – drohende Verluste aus schwebenden Geschäften, bei Bauunternehmen also vor allem drohende Auftragsverluste.
Rückstellungen müssen auch für im Geschäftsjahr unterlassene, im 1. Quartal des Folgejahres aber durchgeführte Gerätereparaturen gebildet werden. Ferner sind Rückstellungen für die sogenannte „Kulanzgewährleistung" zu bilden. Erlaubt sind Instandhaltungsrückstellungen für Arbeiten, die im Folgejahr nach dem ersten Quartal nachgeholt werden und – dies ist eine Neuerung des Gesetzgebers – Aufwandrückstellungen, mit denen die Mittel angesammelt werden, damit größere Arbeiten wie Generalreparaturen, die in mehrjährigen Abständen anfallen, durchgeführt werden können. Die Fortschrittlichkeit des Gesetzgebers ist für die Unternehmen allerdings nur von begrenztem Wert, denn diese Rückstellung hat bis heute keine steuerliche Anerkennung gefunden.
Verbindlichkeiten sind Verpflichtungen des Unternehmens, die in ihrer Höhe feststehen und die in der Regel Zahlungsverpflichtungen sind. Nur bei erhaltenen Anzahlungen (Vorauszahlungen) liegen Verpflichtungen des Unternehmens zu Lieferungen oder Leistungen zugrunde; sie stehen mit dem Auszahlungsbetrag in der Bilanz. Soweit Zahlungsverpflichtungen unverzinslich sind, zeigt die Bilanz die geschuldete Summe; soweit sie verzinslich sind, die Summe der geschuldeten Tilgungsbeträge.
„Rechnungsabgrenzungsposten", zu denen sich § 250 äußert, sind auf der Aktivseite Ausgaben, auf der Passivseite Einnahmen, die Aufwand bzw. Ertrag einer bestimmten Zeit nach dem Bilanzstichtag darstellen; – Beispiel: geleistete oder erhaltene Mietvorauszahlungen. Zur Bilanz und ihrer Gliederung gehören auch die Bilanzvermerke, die auf der Passivseite „unter dem Strich" anzusetzen sind. Sie sind nicht in der Summe der Passiva und damit der Bilanz enthalten. Auch unser Beispiel enthält solche Eventualverbindlichkeiten, und zwar:

das Wechselobligo	TDM 32
Verbindlichkeiten aus Bürgschaften	TDM 3.202
Verbindlichkeiten aus Gewährleistungen	TDM 6.258

Das Wechselobligo bringt zum Ausdruck, daß und in welchem Umfang die Gesellschaft als Wechselaussteller oder Wechselnehmer haftet. Verbindlichkeiten aus Bürgschaften und aus Gewährleistungen entstehen aus der Haftungsübernahme für Verbindlichkeiten anderer Unternehmen, z. B. solcher, die der Gesellschaft gehören oder an denen sie beteiligt ist.

Wie erkennbar, handelt es sich hier um Verpflichtungen, die weder mit Sicherheit noch mit großer Wahrscheinlichkeit zu Zahlungen führen – dann wären sie zu bilanzieren –, sondern die lediglich aus Haftungsverhältnissen heraus rechtlich gegeben sind und so ein nicht auszuschließendes Risiko darstellen.

4. Die wichtigsten Positionen der Gewinn- und Verlustrechnung

Die Bilanz als Zeitpunktdarstellung wird ergänzt durch eine Zeitraumdarstellung, die die wenig glückliche traditionelle Bezeichnung „Gewinn- und Verlustrechnung" trägt.

Für die Gliederung der Gewinn- und Verlustrechnung der Kaufleute, die nicht Kapitalgesellschaft sind, bringt das Gesetz erstaunlicherweise keine Vorschrift.

Durch den § 275 HGB ist die Kapitalgesellschaft vor die Wahl gestellt, für ihre Gewinn- und Verlustrechnung das Umsatzkosten- oder das Gesamtkostenverfahren zu wählen. In der Bauwirtschaft wird üblicherweise das Gesamtkostenverfahren angewandt.

Es zeigt ein Gesamtbild des Unternehmensprozesses im jeweiligen Geschäftsjahr. Eröffnet wird die Gewinn- und Verlustrechnung durch die Bauleistung, bestehend aus den Umsatzerlösen, der Bestandveränderung der unabgerechneten Aufträge und den selbsterstellten Anlagegegenständen. Es folgen die übrigen dem Jahr zuzurechnenden Erträge. Dem stehen die „Gesamtkosten" – exakter ausgedrückt: die gesamten Aufwendungen des Jahres, und zwar nach Aufwandarten gegliedert – gegenüber.

Das Umsatzkostenverfahren bringt als Erträge nicht die Bauleistung, sondern die Bauabrechnung, also die Umsatzerlöse. Dementsprechend enthält die Rechnung nicht alle im Jahr angefallenen Aufwendungen, sondern nur die, die für die abgerechneten Aufträge entstanden sind.

Da das jährliche Abrechnungsvolumen der Bauunternehmen nicht der Bauleistung des Jahres entspricht, haben sich die Bauunternehmen – soweit bekannt – durchweg für das Gesamtkostenverfahren entschieden. Die Gewinn- und Verlustrechnung ist nicht – wie die KLR – eine betriebliche Erfolgsrechnung. Sie beinhaltet die gesamte Tätigkeit des Unternehmens in einem Jahr. Aber der Kern dieser Tätigkeit ist der Baubetrieb, sind die Bauaufträge. Die Bauleistung und die Baukosten des Jahres bilden daher den wesentlichen Inhalt der Gewinn- und Verlustrechnung.

4.1 Erträge

Die Bauleistung findet sich in den folgenden Positionen:

a) Umsatzerlöse = Auftragswerte abgerechneter Auftrag;

b) + Bestandsveränderung (+ = Erhöhung; ⁒ = Verminderung) der unabgerechneten Bauaufträge und der noch nicht abgesetzten Erzeugnisse z. B. der zum Verkauf bestimmten Grundstücke und Gebäude;

c) + andere aktivierte Eigenleistungen.

Die Summe aus a, b und c ergibt die Gesamtleistung des Unternehmens.

Die Umsatzerlöse sind nicht die Bauleistungen, sondern in diesen Umsatzerlösen sind nur die Bauaufträge enthalten, die im Geschäftsjahr abgerechnet wurden, diese aber mit vollen Auftragswerten, auch soweit sie aus Bauleistungen von Vorjahren stammen. Nur soweit Aufträge in einem Jahr begonnen und beendet wurden, sind beide Rechnungsgrößen identisch. Ansonsten sind die Bauleistungen in der Position „Bestandsveränderung" enthalten.

Die Beteiligung des Unternehmens an Arbeitsgemeinschaften schlägt sich gleichfalls in den Umsatzerlösen und den Bauaufwendungen nieder, allerdings nicht mit den anteiligen Bauleistungen und Baukosten. Vielmehr enthalten die Umsatzerlöse die Leistungen des Unternehmens für ARGEN und die Ergebnisübernahmen von ARGEN; die Aufwendungen enthalten innerhalb der einzelnen Aufwandarten nur die Baukosten der Leistungen für ARGEN (vgl. Abschnitt C II 3.).

Die Position „Bestandsveränderung" der Gewinn- und Verlustrechnung enthält die Erhöhungen oder Minderungen der betreffenden Bilanzpositionen gegenüber dem Vorjahr. Umsatzerlöse und Bestandsveränderungen werden nicht gleich bewertet. Bei den Umsatzerlösen werden die Bauleistungen zu ihren vertraglichen Werten angesetzt; die Bestandsveränderungen dagegen werden mit den entsprechenden Herstellungskosten oder mit dem „niedrigeren beizulegenden Wert" bewertet.

Bei der Position „andere aktivierte Eigenleistungen" handelt es sich vor allem um selbsterstellte immobile Anlagegegenstände, die mit Herstellungskosten zu bewerten sind.

Erträge aus Auflösungen von Wertberichtigungen, Rückstellungen und Sonderposten mit Rücklageanteil fallen in der Bauwirtschaft vor allem aus der Auflösung von Rückstellungen an. Der Grund liegt darin, daß die Vielfalt und die Langfristigkeit der Bauproduktion schwer bezifferbare Risiken in sich trägt, welche – bedingt durch das Vorsichtsprinzip – durch relativ hohe Rückstellungen abgedeckt werden. Soweit sie nicht, z. B. für Gewährleistungsarbeiten, gebraucht werden, sind sie zu Gunsten des nächsten Bilanzergebnisses aufzulösen.

4.2 Aufwendungen

Zu den Aufwendungen gehören:

Materialaufwendungen
- Aufwendungen für Roh-, Hilfs- und Betriebsstoffe
- Aufwendungen für bezogene Leistungen.

Personalaufwendungen
- Löhne und Gehälter,
- Soziale Aufgaben und Aufwendungen für Altersversorgung und für Unterstützung.

Anlage-Abschreibungen auf immaterielle Vermögensgegenstände des Anlagevermögens und Sachanlagen. Die Bauleistung und die aufgeführten Aufwendungen bilden auch den wesentlichen Inhalt des Baukontos. Die Gewinn- und Verlustrechnung ist bei diesen Positionen nichts anderes als die Quersumme der Baukonten des Unternehmens. Die Bauleistung ist beim Baukonto allerdings anders bewertet als in der Gewinn- und Verlustrechnung.

4.3 Die gewöhnliche Geschäftstätigkeit und die außerordentlichen Aufwendungen und Erträge

Das neue Bilanzrecht hat für die Gliederung der Gewinn- und Verlustrechnung den Begriff der „gewöhnlichen Geschäftstätigkeit" geschaffen. Sie geht erheblich weiter als die betriebliche Leistung, die inhalts-, aber nicht wertgleich Gegenstand der KLR und Hauptgegenstand des Jahresabschlusses sind. Die folgenden Erträge und Aufwendungen gelten als aus gewöhnlicher Geschäftstätigkeit erzielt:

- Sonstige betriebliche Erträge und Aufwendungen. Beispiele sind: Sachkosten der Verwaltung und der Sozialbereiche, Patent- und Lizenzgebühren, Gewinne und Verluste aus Anlageabgängen, Abschreibungen auf Forderungen und Erträge aus abgeschriebenen Forderungen, die Auflösung von und die Zuführung zu Rückstellungen und Sonderposten mit Rücklageanteil.
- Gewinne und Verluste aus Beteiligungen.
- Zinserträge und Zinsaufwendungen. Auch hier treten an die Stelle kalkulatorischer Größen der KLR tatsächliche Zahlungen, und auch sie in anderer Gebietsabgrenzung. Während kalkulatorisch das betriebsbedingte Vermögen verzinst wird, sind in der Gewinn- und Verlustrechnung alle Zinserträge und -aufwendungen auszuweisen, die für die gewöhnliche Geschäftstätigkeit anfielen.

Außerordentliche Erträge und Aufwendungen haben, da sie nur außerhalb des breiten Bereichs der gewöhnlichen Geschäftstätigkeit entstehen können, den Charakter seltener Ausnahmeposten bekommen; das belegen inzwischen die ersten Jahrgänge der nach neuem Recht aufgestellten Gewinn- und Verlustrechnungen. In Anlehnung an angelsächsische Abgrenzungen werden ihnen die Kriterien „ungewöhnlich" und „selten anfallend" gegeben.

Als außergewöhnlicher Ertrag ist ein Buchgewinn aus Veräußerung eines Bauhofs oder eines Fertigteilwerks auszuweisen. Als außerordentlichen Aufwand bilanzierte eine Gesellschaft den Mehrpreis, den sie über den gutachterlich ermittelten Wert hinaus für eine im Bilanzjahr erworbene Kapitalbeteiligung bezahlt hat, da „marktstrategische Gründe" zwar den Erwerb, nicht aber die Aktivierung des vollen Kaufpreises rechtfertigten.

5. Der Anhang

Zum Jahresabschluß der Kapitalgesellschaften gehört nach § 264 HGB ein Anhang. Sie müssen außerdem noch nach § 269 HGB einen Lagebericht erstatten. Jahresabschluß und Lagebericht bilden die jährliche Rechnungslegung.

Die vorgeschriebene Ergänzung der Bilanz und der Gewinn- und Verlustrechnung um einen Anhang besteht aus zwei Teilen:
- Erläuterung der Bilanz und der Gewinn- und Verlustrechnung (§ 284 HGB),
- Sonstige Pflichtangaben (285 HGB).

5.1 Erläuterung der Bilanz und der Gewinn- und Verlustrechnung (§ 284 HGB)

Die Erläuterung ist ihrerseits zweiteilig:
- Der Gesetzgeber hat den Unternehmen freigestellt, Bilanz und Gewinn- und Verlustrechnung mit relativ wenigen zu Gruppen zusammengefaßten Positionen „offenzulegen". Die weitere Detaillierung ist dann im Anhang zu bringen.
- Pflichtangaben betreffen die vom Unternehmen angewandten Bilanzierungs- und Bewertungsmethoden. Hierzu gehören auch die Grundlagen der Umrechnung von Beträgen in Fremdwährung.

5.2 Sonstige Pflichtangaben (§ 285 HGB)

Sonstige Pflichtangaben bilden nach dem Gesetz einen umfangreichen Bericht; die wichtigsten Angaben sind (die Numerierung entspricht dem Gesetzestext):

1. Angaben zu den bilanzierten Verbindlichkeiten.
1.1 Wieviele haben eine Laufzeit von mehr als 5 Jahren?
1.2 Welche dinglichen Belastungen bestehen?

3. „Sonstige finanzielle Verpflichtungen", die weder zu bilanzieren noch in der Bilanz zu vermerken sind, z. B. Verpflichtungen aus langjährigen Mietverträgen.

4. Aufgliederung der Umsatzerlöse nach Tätigkeitsbereichen sowie nach geographisch bestimmten Märkten. Da die Umsatzerlöse nicht die Bautätigkeit, sondern die Bauabrechnung des Jahres zeigen, hat sich

die Bauwirtschaft entschieden, hier die Bauleistung des Jahres aufzugliedern.

7. Die durchschnittliche Zahl der Arbeitnehmer der Gesellschaft.

11. Name und Sitz der Unternehmen, an denen die Gesellschaft mindestens 20 % der Anteile besitzt. Zu nennen sind der Anteilsbesitz in Prozent, das Eigenkapital und das letzte Jahresergebnis des Beteiligungsunternehmens.

Der umfangreiche Katalog vom Gesetzgeber vorgeschriebener Erläuterungen wird durch § 288 HGB für mittlere und vor allem für kleiner Kapitalgesellschaften eingeschränkt.

6. Der Lagebericht

§ 289 Abs. 1 HGB verpflichtet Kapitalgesellschaften, einen Lagebericht zu erstellen, in dem zumindest der Geschäftsverlauf und die Lage der Gesellschaft so darzustellen sind, daß ein den tatsächlichen Verhältnissen entsprechendes Bild vermittelt wird.

Hierzu gehören:

— Absatzlage (Auftragseingang, Umsatzentwicklung, Wettbewerbspositionen etc.),

— Produktionsverhältnisse (Rationalisierungsmaßnahmen, Schließung oder Erweiterung von Anlagen, Produktionsstätten),

— Rentabilitätsverhältnisse (Einkaufs- und Verkaufspreise, Kosten, Erlöse),

— Mitarbeiter (Zahl, Ausbildung, Krankenstand),

— Investitionen, Liquidität und Finanzierung (Kapitalflußrechnung, Kennziffern etc.),

— Vorgänge von besonderer Bedeutung nach Schluß des Geschäftsjahres,

— Die voraussichtliche Entwicklung der Kapitalgesellschaft,

— Der Bereich Forschung und Entwicklung.

7. Verpflichtung zu zusätzlicher Konzernrechnungslegung

Die Konzernrechnungslegung ist eine zusätzliche Rechnungslegung. Das Gesetz verpflichtet Unternehmen, neben der Rechnungslegung für ihren eigenen Firmenbereich auch zur Rechnungslegung für den von ihnen geführten Konzern, wenn folgende Vorausetzungen gegeben sind:

— Einheitliche Leitung
  In dem Konzern müssen die einzelnen Unternehmen unter der einheitlichen Leitung eines Unternehmens mit Sitz im Inland stehen. Die einheitliche Leitung wird vom Gesetz angenommen, wenn dem leitenden Unternehmen die Mehrheit der Stimmrechte an einem oder mehreren Unternehmen zusteht. Regelmäßig — aber nicht notwendig — ist die Stimmenmehrheit durch eine Mehrheitsbeteiligung am gezeichneten Kapital gegeben (§ 290 HGB, § 11 Publizitätsgesetz).

— „Größenabhängige" Bedingungen
  Die Verpflichtung zur Konzernrechnungslegung gilt für Unternehmen, für deren Konzernverbund zwei der folgenden drei Mindestgrößen gegeben sind:
  a) Kapitalgesellschaften: Eine Konzernbilanzsumme von mehr als DM Mio. 39, Umsatzerlöse in der Konzern-Gewinn- und -Verlustrechnung von mehr als DM Mio. 80 und eine Konzernbelegschaft von — im Jahresdurchschnitt — mehr als 500 Mitarbeitern (§ 293 HGB).

  b) Großunternehmen in der Form der Einzelfirma oder der Personengesellschaft: Bilanzsumme mehr als DM Mio. 125, Umsatzerlöse mehr als DM Mio. 250 und Beschäftigte mehr als 5.000 (§ 11 Publizitätsgesetz).

Wir werden die Konzernrechnungslegung im folgenden kurz erörtern, da die Baufix GmbH nach dem Handelsrecht und dem Publizitätsgesetz der Rechnungslegung für große Kapitalgesellschaften unterliegt und zukünftig eventuell mit Beteiligungsunternehmen einen Konzern bilden wird.

Der Konzernabschluß, speziell die Konzernbilanz und die Konzern-Gewinn- und -Verlustrechnung, würde dann praktisch durch Queraddition von entsprechenden Firmen-Rechnungen gewonnen. Dabei gehen gegenseitige Forderungen und Verbindlichkeiten, Erträge und Aufwendung unter. In der Konzernbilanz treten an die Stelle der bilanzierten Beteiligungen am verbundenen Unternehmen deren Aktiva und Passiva.

Zusammenfassend zum Konzernabschluß kann man festhalten, daß diese Rechnungslegung durch folgende entscheidende Merkmale charakterisiert ist:

1. Er ist ein Weltabschluß, der das leitende und die von ihm geleiteten Unternehmen vollständig zusammenfaßt. Zeigt der Firmenabschluß die rechtliche Einheit des Unternehmens, so zeigt der Konzernabschluß das Unternehmen als Wirtschaftseinheit.

2. Der Konzernabschluß kann eine eigenständige Bewertung vornehmen. Zwar gelten für ihn — wie erwähnt — die Bestimmungen des Gesetzes, denen speziell Kapitalgesellschaften unterliegen. Insofern bei der Bewertung Wahlrechte gegeben sind, können diese für den Konzernabschluß gesondert genutzt werden, das heißt, einzelne Bewertungen können dadurch im Konzernabschluß von den Firmenabschlüssen abweichen.

IV. Unternehmerische Entscheidungen zum Bilanzergebnis — Bilanzansätze und Bilanzbewertung

Am Anfang der Bilanzierungsvorschriften bringt § 243 HGB den Aufstellungsgrundsatz: „Der Jahresabschluß ist nach den Grundsätzen ordnungsmäßiger Buchführung aufzustellen".

Diese Generalklausel konkretisiert sich in zwei Gruppen von Vorschriften:

a) den Ansatzvorschriften (§§ 246–251) und den

b) Bewertungsvorschriften (§§ 252–261).

Die Ansatzvorschriften entscheiden, was als Vermögensgegenstände oder als Fremd- oder Eigenkapital bilanziert werden muß oder werden kann. In der Fachsprache des Jahresabschlußes ausgedrückt, entscheiden sie, was „aktiviert" oder „passiviert" werden kann, werden muß oder nicht werden darf. „Aktivieren" heißt, einen Betrag auf der Aktivseite der Bilanz, „Passivieren", einen Betrag auf der Passivseite der Bilanz auszuweisen.

In ihrer Wirkung auf das Bilanzergebnis bilden die Ansatz- mit den Bewertungsvorschriften eine Einheit. Beispielsweise ist die Aktivierung der Herstellungskosten eines im eigenen Unternehmen entwickelten Patents untersagt, diese Kosten werden daher sofort zu Aufwendungen des Jahres. Die gleiche Wirkung hat die Sofortabschreibung geringwertiger Anlagegegenstände; diese werden zwar zunächst mit ihren Anschaffungskosten aktiviert, aber dann sofort wieder in den Aufwand des Jahres hereingenommen. Daß das Bilanzergebnis durch solche Festlegungen beeinflußt werden kann und soll, hängt mit den traditionellen Zielvorstellungen der handelsrechtlichen Rechnungslegung zusammen.

1. Bilanzansatz- und Bewertungsvorschriften

1.1 Die allgemeinen Bewertungsgrundsätze

Der Jahresabschluß entstand als Rechnungslegung, als Rechenschaftlegung der Unternehmen. Mit ihm hatte das Unternehmen seine Kapitalaufnahme und seine Kapitalverwendung nachzuweisen, um den Interessen der beiden Gruppen gerecht zu werden, die dem Unternehmen Kapital zur Verfügung stellen, nämlich den Gesellschaftern und den Gläubigern.

Damit wurde der Jahresabschluß zu einem Instrument, das den Gesellschaftern darlegt, mit welchem Erfolg ihr Kapital eingesetzt wird. Der Ausweis eines Gewinnes zeigt den Gläubigern, daß ihre Ansprüche auf Kapitalrückzahlung und gegebenenfalls Kapitalverzinsung nicht gefährdet sind.

Der Nachweis der erfolgreichen und ausreichend sicheren Verwendung des eingesetzten Kapitals darf nur einen als realisiert anzusehenden Bilanzerfolg aufführen. Die Bilanz weist daher z. B. nicht den Gewinn aus, der im Jahr durch Bauleistung erzielt wurde, sondern nur den Teil des Gewinnes, der durch Bauabnahme und Auftragsabrechnung „realisiert" wurde.

Die Bilanzbewertung muß weiter der Tatsache Rechnung tragen, daß der Bilanzgewinn als der im Jahr erzielte Zuwachs an Geldkapital regelmäßig ganz oder teilweise ausgeschüttet wird. Aus der Sicht des Unternehmens ist er also ein Betrag, der dem Unternehmensvermögen entzogen wird. Er steht dann nicht zur Deckung von Auftrags- oder anderen Verlusten zur Verfügung, die ihren wirtschaftlichen Ursprung zwar im Bilanzjahr haben, die aber erst im neuen Jahr offen zu Tage treten.

Die Sicherung des Unternehmens gebietet daher, auch solche Verluste bei der Gewinnermittlung zu berücksichtigen. Gewinn ist Zuwachs an Geldkapital aus dem Umsatz des Jahres, vermindert nicht nur um im Bilanzjahr erlittene Verluste, sondern auch künftig zu erwartende Verluste, die ihren Ursprung in der Bauleistung oder in dem Auftragsbestand des Bilanzjahres haben.

Die imparitätische Bewertung der Gewinne und der Verluste ist die Maxime der gesamten Bilanzbewertung. Alle Grundsätze ordnungsmäßiger Buchführung und die handels- und steuerrechtlichen Bewertungsvorschriften, die ihrerseits auf diese Grundsätze verweisen, gehen auf dieses Imparitätsprinzip zurück. Für das Handelsrecht ist dabei bestimmend, daß das Imparitätsprinzip der Bewertung nach dem Gesetz der Sicherung des Unternehmens zum Schutz seiner Gläubiger diente. Diese Ausrichtung öffnet der vorsichtigen, den ausgewiesenen Gewinn mindernden bzw. hinausschiebenden Bewertung einen weiten Raum. Sie wird für Kapitalgesellschaften begrenzt durch gesetzliche Einzelbestimmungen. Außerdem wird sie begrenzt durch die Generalklausel des § 264 Abs. 2 HGB, die besagt, daß der Jahresabschluß „unter Beachtung der Grundsätze ordnungsmäßiger Buchführung ein den tatsächlichen Verhältnissen entsprechendes Bild der Vermögens-, Finanz- und Ertragslage der Kapitalgesellschaft zu vermitteln" habe.

Heute gibt es neben den Gesellschaftern und den Gläubigern noch eine ganze Reihe anderer Interessenten — das Management, die Kunden und Lieferanten, die Konkurrenten, die Arbeitnehmer, die Finanzverwaltung und nicht zuletzt auch die Öffentlichkeit —, die Informationen über das Unternehmen haben wollen. Dabei sind die Interessen oftmals gegensätzlich.

Von besonderer Bedeutung ist dabei das Interesse des Staates. Er hat die von der Wirtschaft entwickelten Grundsätze der Bilanzierung und der Bilanzbewertung nicht nur anerkannt, sondern zum Gesetz erhoben. Dabei zieht das Bilanzsteuerrecht die Grenze vorsichtiger Bilanzierung enger als das Handelsrecht. Neben den realisierten Gewinnen und Verlusten sind ausschließlich die nach strengen Maßstäben als drohend ermittelten Verluste zu bilanzieren.

Der Sicherung der Unternehmung und ihrer Gläubiger stellt das Steuerrecht die (auch terminliche) Sicherung der Steuereinnahmen und die Steuergerechtigkeit gegenüber. Die absolute und terminliche Sicherung der Steuereinnahmen tritt nur dort zurück, wo andere staats-, sozial- oder wirtschaftspolitische Ziele es verlangen. Für sie durchbricht das Bilanzsteuerrecht die allgemeinen Bewertungsvorschriften mit einzelnen Wahlrechten.

1.2 Die Ansatzvorschriften

Vollständigkeitsgebot (§ 246 Abs. 1 HGB) und Ansatzwahlrechte (§§ 247, 249 und 250 HGB).
§ 246 HGB spricht ein Vollständigkeitsgebot aus: „Der Jahresabschluß hat sämtliche Vermögensgegenstände, Schulden, Rechnungsabgrenzungsposten, Aufwendungen und Erträge zu enthalten, soweit gesetzlich nichts anderes bestimmt ist."
Die Gliederungsvorschriften für die Bilanz der Einzelfirmen und der Personengesellschaften sind bemerkenswert allgemein gehalten. Das Anlage- und das Umlaufvermögen, das Eigenkapital, die Schulden und schließlich die Rechnungsabgrenzungsposten sind „gesondert auszuweisen und hinreichend zu gliedern."
Nach § 252 Abs. 1 Nr. 3 HGB müssen alle Vermögensgegenstände und Schulden einzeln bewertet werden. Durch diese Vorschrift wird verhindert, daß Wertminderungen und -erhöhungen gegeneinander aufgerechnet werden und der Aussagegehalt der Bilanz abnimmt. Vom Grundsatz der Einzelbewertung existieren einige genau geregelte Ausnahmen in Fällen, in denen eine Zuordnung von Anschaffungs- oder Herstellungskosten überhaupt nicht oder nur mit nicht vertretbarem Aufwand möglich ist. Als Beispiele seien die noch zu erläuternden Festwertverfahren, Gruppenbewertungen oder Verbrauchsfolgen erwähnt. Durchbrochen wird der Grundsatz der Einzelbewertung auch bei Verbindlichkeiten, die in ihrem Gesamtumfang nur geschätzt werden können, wie die Verpflichtung aus Gewährleistung.

Vorsichtsprinzip

Das in § 252 Abs. 1 Nr. 4 HGB niedergelegte Vorsichtsprinzip besagt kurz gefaßt, daß sich der Kaufmann nie reicher, sondern eher ärmer rechnen soll, als er ist. Dies darf allerdings nicht willkürlich geschehen. Die Grenzen des Ermessensspielraums werden dadurch gezogen, daß ein sachkundiger Dritter die Wertober- und Wertuntergrenzen nicht als willkürlich ansieht.

Prinzip der Aufwands- und Ertragsperiodisierung

Nach § 252 Abs. 1 Nr. 5 HGB sind Aufwendungen und Erträge des Geschäftsjahres unabhängig von dem Zeitpunkt der entsprechenden Zahlungen im Jahresabschluß zu berücksichtigen. Beispielsweise wird in der Bauindustrie ein Ertrag bereits nach Abnahme und Rechnungserstellung erfolgswirksam, auch wenn die Zahlung erst im nächsten Geschäftsjahr eingeht. Umgekehrt vermindern Verbindlichkeiten den Unternehmenserfolg bereits vor der Begleichung der Schuld.

Stetigkeitsprinzip

Das letzte in § 252 Abs. 1 Nr. 6 HGB niedergelegte Bewertungsprinzip fordert die Beibehaltung der Bewertungsmethode in den aufeinander folgenden Geschäftsjahren, um diese vergleichbar zu machen. Man spricht in diesem Zusammenhang von materieller Bilanzkontinuität. Eine Durchbrechung dieses Prinzips liegt beispielsweise vor, wenn in die Herstellungskosten andere Bestandteile als zuvor einbezogen werden oder eine andere Abschreibungsmethode gewählt wird. Eine Abweichung von der Stetigkeit, die wegen § 252 Abs. 2 HGB nur in begründeten Ausnahmefällen gestattet wird, muß bei Kapitalgesellschaften im Anhang erläutert werden.

Von diesen allgemeinen Bewertungsgrundsätzen darf nach § 252 Abs. 2 „nur in begründeten Ausnahmefällen abgewichen werden". Was begründete Ausnahmefälle sind, sagt das Gesetz nicht. Das gibt dem Unternehmen die Möglichkeit, im Rahmen der Grunsätze ordnungsmäßiger Buchführung einer veränderten Geschäftsoder Interessenslage durch Änderung der Bilanzierung Rechnung zu tragen.

2. Wertbegriffe, Bewertungsmaßstäbe

Zu den Bewertungsmaßstäben äußern sich:
— für die Handelsbilanz das HGB mit den §§ 253 bis 256,
— für die „Steuerbilanz" das Einkommensteuergesetz mit § 6 und den Richtlinien in den Abschnitten 33 bis 40.

2.1 Anschaffungs- und Herstellungskosten

Es gibt im Prinzip keinen Unterschied zwischen dem handelsrechtlichen und dem steuerrechtlichen Begriff der Anschaffungs- und der Herstellungskosten. Die Steuerbilanz ist nach dem Willen des Gesetzgebers ein kaufmännischer Jahresabschluß, der nach § 5 EStG den „handelsrechtlichen Grundsätzen ordnungsmäßiger Buchführung" gerecht werden muß. Trotzdem unterscheidet sich der Bewertungsspielraum von Handelsbilanz und Steuerbilanz erheblich.
Das HGB verlangt eine Bewertung „höchstens zu", das EStG eine Bewertung zu diesen Kosten. Aber nicht nur die Handels-, auch die Steuerbilanz kennt bei Anschaffungs- und Herstellungskosten eine Unter- und eine Obergrenze des Wertansatzes und damit einen Bewertungsspielraum zwischen aktivierungspflichtigen und aktivierungsfähigen Kosten; nur ist die Spanne in beiden Bilanzrechten sehr unterschiedlich.

In § 255 Abs. 1 HGB ist der Begriff der Anschaffungskosten festgelegt. Er besagt: „Anschaffungskosten sind die Aufwendungen, die geleistet werden, um einen Vermögensgegenstand zu erwerben und ihn in einen betriebsbereiten Zustand zu versetzen, soweit sie dem Vermögensgegenstand einzeln zugeordnet werden können. Zu den Anschaffungskosten gehören auch die Nebenkosten sowie die nachträglichen Anschaffungskosten. Anschaffungspreisminderungen sind abzusetzen."

Damit sind die Anschaffungskosten — aktivierungsfähig nach Handelsrecht, aktivierungspflichtig nach Steuerrecht — die Einzelkosten der Anschaffung. Das sind der Anschaffungspreis (abzügl. Rabatt und Skonto) und die unmittelbar für die Anschaffung und Betriebsbereitschaft des einzelnen Gegenstandes angefallenen Nebenkosten. Nicht aktivierungsfähig sind die Gemeinkosten der Anschaffung.

Die Herstellungskosten sind in § 255 Abs. 2 HGB definiert und zwar als „Aufwendungen, die durch den Verbrauch von Gütern und die Inanspruchnahme von Diensten für die Herstellung eines Vermögensgegenstands, seine Erweiterung oder für eine über seinen ursprünglichen Zustand hinausgehende wesentliche Verbesserung entstehen."

Der Bewertungsspielraum der Handelsbilanz für selbsterstellte Gegenstände ist also wie folgt abgesteckt:

1. Mit der Formel „höchstens mit Herstellungskosten" kennt die Handelsbilanz aktivierungsfähige, nicht aber aktivierungspflichtige Kosten; als — verpflichtender — Grundsatz ordnungsmäßiger Bilanzierung gilt aber, daß mindestens die Einzelkosten der Herstellung aktiviert werden.

2. Aktivierungsfähig sind neben den Einzelkosten der Herstellung auch „angemessene" Gemeinkosten der Herstellung und der Verwaltung.

3. Nicht aktivierungsfähig sind allgemeine Vertriebskosten sowie Zinsen für Kredite, die nicht ausdrücklich für die Herstellung des Vermögengegenstandes gezahlt wurden.

4. Auch die begriffliche Abgrenzung dieser Kostengruppen voneinander ergibt sich aus den Grundsätzen ordnungsmäßiger Buchführung.

Für den Bewertungsspielraum der Steuerbilanz bringen die Einkommensteuerrichtlinien ausführliche Bestimmungen. Der bilanzpolitische Spielraum wird durch den Unterschied zwischen aktivierungspflichtigen und aktivierungsfähigen Kosten deutlich.

Der steuerliche Jahresabschluß kennt:

1. aktivierungspflichtige Herstellungskosten, z. B. Fertigungslöhne;

2. aktivierungsfähige Herstellungskosten, z. B. freiwillige Sozialaufwendungen;

3. nicht aktivierungsfähige Herstellungskosten, z. B. Kosten der Unterbeschäftigung;

4. aktivierungspflichtige Verwaltungskosten (Kosten der Fertigungsverwaltung);

5. aktivierungsfähige Verwaltungskosten (Kosten der allgemeinen Verwaltung);

6. nicht aktivierungsfähige Vertriebskosten (grundsätzlich alle Vertriebskosten mit Ausnahme der Umsatzsteuer);

7. nicht aktivierungsfähige neutrale Aufwendungen (z. B. Körperschaftssteuer).

Diese Spanne kennzeichnet den Spielraum der Bilanzbewertung von unabgerechneten Bauten. Der Spielraum erscheint zunächst nicht sehr bedeutend; wenn jedoch beispielsweise eine halbe Jahresbauleistung unabgerechnet bilanziert wird, ist hier eine durchaus interessante Bewertungsreserve erreichbar.

Nach Bauabnahme wird der Auftragsgewinn dadurch bilanziert, daß an Stelle des mit seinen Herstellungskosten aktivierten Auftrags die Forderung an den Bauherrn tritt. Sind Forderungen durch Anzeichen wie ungünstige Auskünfte, erfolglose Mahnungen, Einstellung von Zahlungen, Einleitung des Vergleichs- oder Konkursverfahrens erkennbar zweifelhaft, so ist eine Abwertung obligatorisch. Ihr Ausmaß unterliegt oft der Schätzung, wobei dem Vorsichtsprinzip der Bilanz Rechnung zu tragen ist.

Außerdem kann der Ansatz der einzelnen Gesamtpositionen von Forderungen noch um eine pauschale Wertberichtigung zur Abdeckung des allgemeinen Kreditrisikos gekürzt werden. Hiermit ist eine Risikoabdeckung gegeben, deren notwendiger Umfang stets geschätzt werden muß. Erfahrungen des Ausfallrisikos der Vergangenheit sind zu berücksichtigen. Werden davon abweichende Sätze zugrunde gelegt, hat das Unternehmen triftige Gründe dafür darzulegen.

Den Dispositionsspielraum der Unternehmung bilden für den steuerlichen Jahresabschluß also Teile der Herstellungs- sowie der Verwaltungskosten. Allerdings gilt auch hier: Die im Rahmen des Herstellungskostenprinzips einmal gewählte Bewertungsmethode bindet die Unternehmung zwar nicht für alle Zeit, wohl aber bis zum Nachweis eines sachlich gerechtfertigten Methodenwechsels.

2.2 Börsen- und Marktpreise; beizulegender Wert und Teilwert

Zu den bisher behandelten Wertbegriffen treten der Börsen- oder der Marktpreis sowie der beizulegende Wert, die angesetzt werden, wenn sie die Anschaffungs- oder Herstellungskosten ggf. abzüglich der Abschreibungen unterschreiten.

Der Börsenpreis bestimmt sich nach dem an der Börse oder im Freiverkehr festgestellten Kurs unter der Voraussetzung, daß tatsächlich Umsätze stattgefunden haben.

Unter Marktpreis wird derjenige Preis verstanden, der an einem Handelsplatz für Waren einer bestimmten

Den Bewertungsspielraum der Handelsbilanz und der Steuerbilanz soll folgende Übersicht zeigen:

Kostenarten	Handelsrecht	Steuerrecht
Materialeinzelkosten	Pflicht	Pflicht
Fertigungseinzelkosten	Pflicht	Pflicht
Sonderkosten der Fertigung	Pflicht	Pflicht
Wertuntergrenze Handelsrecht		
angemessene Teile notwendiger:		
Materialgemeinkosten	Wahlrecht	Pflicht
Fertigungsgemeinkosten		
– grundsätzlich	Wahlrecht	Pflicht
– jedoch gilt bei nachstehenden Kostenarten, soweit sie auf die Fertigung entfallen, folgendes:		
– Gewerbekapitalsteuer	Wahlrecht	Pflicht
– Abschreibungen	Wahlrecht, weitreichende Gestaltungsmöglichkeiten	Pflicht grundsätzlich lineare und degressive Abschreibung
Wertuntergrenze Steuerrecht		
– Vermögenssteuer	Wahlrecht	Verbot
– Gewerbeertragssteuer	Verbot	Wahlrecht
Aufwendungen für betriebliche Altersversorgung	Wahlrecht	Wahlrecht
Aufwendungen für soziale Einrichtungen	Wahlrecht	Wahlrecht
freiwillige soziale Leistungen	Wahlrecht	Wahlrecht
Kosten der allgemeinen Verwaltung	Wahlrecht	Wahlrecht
Fremdkapitalzinsen	Wahlrecht nur soweit § 255 Abs. 3 Satz 2 HGB zutrifft	Wahlrecht nur soweit Abschn. 33 Abs. 7 Satz 3 ff. EStR zutrifft
Wertobergrenze Handels- und Steuerrecht		
Vertriebskosten	Verbot	Verbot

Entnommen aus: Die Baubilanz nach neuem Recht, Darmstadt 1987.

Gattung von durchschnittlicher Art und Güte zu einem bestimmten Zeitunkt im Durchschnitt gewährt wurde. Hierbei wird in unterschiedlichem Maße der Beschaffungs- oder Absatzmarkt zugrunde gelegt:

Roh-, Hilfs- und Betriebsstoffe	Beschaffungsmarkt
unfertige, fertige Erzeugnisse	Absatzmarkt
Handelswaren	Beschaffungs- und Absatzmarkt
nicht börsengehandelte Wertpapiere	meist Beschaffungs- markt

Vermögensgegenstände, für die es an einer Börse und einem Markt fehlt, sind mit dem — gegenüber den Anschaffungs- oder Herstellungskosten — niedrigeren beizulegenden Wert in der Handelsbilanz und dem niedrigeren Teilwert in der Steuerbilanz anzusetzen. In diesen — nur in Begriffen unterschiedlichen — Vorschriften des Handels- und des Steuerrechts findet das Imparitätsprinzip seinen gesetzlichen Ausdruck.

Der beizulegende Wert ist vom Gesetzgeber nicht definiert, was bedeutet, daß die Grundsätze ordnungsmäßiger Buchführung hierfür auszulegen sind. Der Teilwert hat seine Definition bereits durch den Reichsfinanzhof erhalten. Sie ist unverändert in § 6 des für die Gewinnbesteuerung maßgebenden Einkommensteuergesetzes und in § 10 des für die Vermögensbesteuerung maßgebenden Bewertungsgesetzes übernommen. Teilwert ist danach der Betrag, den ein Erwerber eines Unternehmens im Rahmen seiner Gesamtzahlung für ein bestimmtes Wirtschaftsgut anzulegen bereit ist unter der Voraussetzung, daß er das erworbene Unternehmen weiterführen wird.

Beide Wertbegriffe, der handels- wie der steuerrechtliche, geben wenig Anleitung für die praktische Bewertung. Es steht z. B. bei der Erstellung des Jahresabschlusses kaum je ein Erwerber des Unternehmens im Hintergrund, der für die einzelnen Vermögensgegenstände Einzelgebote abgibt.

Es gibt keine Anleitung, wie man zu dem beizulegenden Wert gelangt, sondern nur ein Prinzip, das Imparitätsprinzip. Dieses Prinzip verlangt eine Bilanzierung der — unrealisierten — Wertverluste, die zu Lasten des Bilanzjahres das Folgejahr bzw. die Folgejahre von weiteren Verlusten freihalten sollen. Besonderes Gewicht hat diese Bilanzierung für unabgerechnete Verlustbauten; sie sollen uns als Demonstrationsobjekte dienen (vgl. hierzu Abschnitt C III).

3. Bewertung des Anlage- und des Umlaufvermögens und der Passiva

Grundsätzlich gibt es bei der Bewertung des Anlage- und des Umlaufvermögens Unterschiede. Diese Bewertungsunterschiede leiten sich von den verschiedenen Zweckbestimmungen der bilanzierten Vermögensgegenstände her.

Das Anlagevermögen ist bestimmt, dem Betrieb des Unternehmens dauerhaft zu dienen. Die Bewertung erfolgt nach dem „gemilderten" Niederstwertprinzip, das heißt, ein Wertverlust muß nur dann bilanziert werden, wenn er als nachhaltig anzusehen ist. Für das unmittelbar umsatzbedingte Umlaufvermögen ist nach dem strengen Niederstwertprinzip jeder Wertverlust bilanzierungspflichtig.

3.1 Bewertung des Anlagevermögens

Vermögensgegenstände des Anlagevermögens, deren Nutzung zeitlich begrenzt ist, sind nach § 253 Abs. 2 HGB um planmäßige Abschreibungen zu vermindern. Hierbei werden die Anschaffungs- und Herstellungskosten auf die Geschäftsjahre verteilt, in denen der Vermögensgegenstand genutzt werden kann. Die Schätzung der Nutzungsdauer bereitet Schwierigkeiten. Als Richtschnur können z. B. für die Bauwirtschaft die in der Baugeräteliste aufgeführten Jahre gelten.

Im folgenden sollen die heute praktizierten Verfahren am Beispiel eines Baugeräts mit Anschaffungskosten von DM 100.000,— und einer betriebsgewöhnlichen Nutzungsdauer von 5 Jahren dargestellt werden.

Lineare Abschreibung

Das Baugerät wird abgeschrieben mit gleichbleibenden Jahresraten

Jahr	Anschaffungswert	Abschreibung	Restwert
1.	100.000,—	20.000,—	80.000,—
2.		20.000,—	60.000,—
3.		20.000,—	40.000,—
4.		20.000,—	20.000,—
5.		20.000,—	—,—

Geometrisch-degressive Abschreibung

Die Abschreibung erfolgt mit gleichbleibendem Prozentsatz vom letzten Bilanzansatz; der angenommene Abschreibungsprozentsatz beträgt 30 %. Handels und Steuerrecht lassen einen Verfahrenswechsel zur linearen Abschreibung zu; das Unternehmen wird diesen Verfahrenswechsel vornehmen, sobald sich dadurch die Abschreibungsrate erhöht.

Jahr	Anschaffungswert	Abschreibung	Restwert
1.	100.000,—	30.000,—	70.000,—
2.		21.000,—	49.000,—
3.		16.334,—	32.666,—
4.		16.333,—	16.333,—
5.		16.333,—	—,—

Arithmetisch-degressive Abschreibung

Die arithmetisch-degressive Abschreibung findet Anwendung für Gebäude aller Art. Der Abschreibungssatz in % der Anschaffungs- oder Herstellungskosten verringert sich jährlich oder im Abstand mehrerer Jahre; dadurch verringern sich die Abschreibungsraten um feste DM-Beträge.

Jahr	Anschaffungswert	Abschreibung	Restwert
1.	100.000,—	50.000,—	50.000,—
2.		12.500,—	37.500,—
3.		12.500,—	25.000,—
4.		12.500,—	12.500,—
5.		12.500,—	—,—

Abschreibung nach Leistung

Läßt sich die Leistung eines Gegenstandes exakt messen und ist das gesamte Leistungsvolumen abschätzbar, so kann auch hiernach abgeschrieben werden. Nimmt man die voraussichtliche Nutzung eines PKW mit 100.000 km an und fährt nun im ersten Jahr davon 25 000 km, so ergibt dies eine Abschreibung um 25 %.

Neben diesen planmäßigen Abschreibungen müssen bei dauernder Wertminderung für abnutzbare und nicht abnutzbare Vermögensgegenstände außerplanmäßige Abschreibungen auf den niedrigeren beizulegenden Wert — steuerlich den niedrigeren Teilwert — vorgenommen werden.

Zusätzlich zu den planmäßigen und außerplanmäßigen Abschreibungen können auch Abschreibungen durchgeführt werden, die ihre Ursache in steuerlichen Wahlrechten haben. Dies sind z. B. Sonderabschreibungen zur Förderung kleiner und mittlerer Betriebe nach § 7g EStG, erhöhte Absetzungen bei Gebäuden in Sanierungsgebieten und städtebaulichen Entwicklungsbereichen nach § 7h EStG, ferner erhöhte Absetzungen für Wohnungen mit Sozialbindungen nach § 7k EStG.

Bewertungsvereinfachungen

Im Rahmen der Erstellung des Inventars sowie der Bilanz hat das Unternehmen eine sehr große Zahl von Vermögensgegenständen zu erfassen und wegen des Grundsatzes der Einzelbewertung getrennt zu bewerten. Um ihm jedoch unangemessenen Aufwand zu ersparen, sind einige Bewertungsvereinfachungen möglich. Im folgenden sollen die Gruppenbewertung, der Festwert und die Bewertung geringwertiger Wirtschaftsgüter erläutert werden.

Sofortabschreibung „geringwertiger Wirtschaftsgüter"

Anlagegegenstände mit zeitlich begrenzter Nutzung und Anschaffungs- oder Herstellungskosten bis zur Zeit DM 800,— dürfen nach § 6 EStG in der Steuerbilanz im Jahr des Zugangs abgeschrieben werden. Die steuerliche Höchstgrenze kann auch für das Handelsrecht als

Richtschnur gelten. Es kommen jedoch lediglich Vermögensgegenstände in Betracht, die selbständig aktivier- und bewertbar sind, z. B. Flachpaletten, Möbel, Schreibmaschinen etc.

Festbewertung

Aufgrund von § 240 Abs. 3 HGB dürfen bestimmte Vermögensgegenstände des Sachanlagevermögens sowie Roh-, Hilfs- und Betriebsstoffe mit einem Festwert angesetzt werden, wenn sich der Verbrauch und die Neuzugänge in etwa ausgleichen. Anwendungsfälle für das Festwertverfahren sind Gerüst- und Schalungsteile im Baugewerbe. Voraussetzung ist allerdings, daß
— nur geringe Veränderungen in Größe, Wert und Zusammensetzung des Bestandes stattfinden,
— der Gesamtwert von nachrangiger Bedeutung ist,
— alle drei Jahre eine körperliche Bestandsaufnahme durchgeführt wird.

Gruppenbewertung

§ 240 Abs. 4 HGB bestimmt, daß gleichartige Vermögensgegenstände des Vorratsvermögens sowie andere gleichartige oder annähernd gleichwertige bewegliche Vermögensgegenstände jeweils zu einer Gruppe zusammengefaßt und mit dem gewogenen Durchschnittswert angesetzt werden können.
Gleichartigkeit liegt vor, wenn die Einzelpreise wenig voneinander abweichen, die Vermögensgegenstände einen verhältnismäßig geringen Wert besitzen, eine Warengattung vorliegt (z. B. Baustoffe, Baucontainer, Kleingeräte) oder Funktionsgleichheit angenommen wird (z. B. Schalung, Verbaumaterial).

3.2 Bewertung des Umlaufvermögens

Den Ausgangspunkt der Bewertung bilden gemäß § 253 Abs. 3 HGB die Anschaffungs- oder Herstellungskosten. Liegt der Börsen- oder Marktpreis niedriger, ist dieser anzusetzen. Ist ein Börsen- oder Marktpreis nicht feststellbar und übersteigen die Anschaffungs- oder Herstellungskosten den beizulegenden Wert, so muß auf diesen — steuerlich den Teilwert — abgeschrieben werden.
Als handelsrechtliches Wahlrecht steht die Möglichkeit offen, Abschreibungen vorzunehmen, um zukünftige Wertschwankungen auszuschalten. Personengesellschaften und Einzelkaufleute dürfen außerdem noch Abschreibungen im Rahmen vernünftiger kaufmännischer Beurteilung vornehmen, falls dabei nicht willkürlich vorgegangen wird.
Neben den auch im Anlagevermögen zum Zuge kommenden Bewertungsvereinfachungen wie Fest- und Gruppenbewertung existiert im Umlaufvermögen das Sammelbewertungsverfahren.
§ 256 HGB erlaubt für Vermögensgegenstände des Vorratsvermögens — soweit sie gleichartig sind — Sammel-

bewertungen, für die bestimmte Verbrauchsfolgen unterstellt werden. Bei der FIFO-Methode wird angenommen, daß die zuerst erworbenen Güter auch als erste veräußert werden. Der Endbestand wird somit mit den Anschaffungskosten der zuletzt beschafften Güter bewertet. Weitere Beispiele für Sammelbewertungsmethoden, die jeweils bei Nachweis einer entsprechenden Verbrauchsfolge angewendet werden dürfen, sind:

LIFO-Methode: Die zuletzt gekauften Güter werden zuerst verbraucht (last in – first out).

HIFO-Methode: Die Güter mit den höchsten Beschaffungspreisen werden zuerst verbraucht (highest in — first out).

Durchschnittsmethode: Es wird ein Durchschnittspreis als gewogenes arithmetisches Mittel aus allen Einkäufen ermittelt.

Dem Vorsichtsprinzip der Bilanzbewertung entspricht jedes Verfahren, das den Wert des verbleibenden Bestandes vorsichtig bemißt. Bei der seit Jahrzehnten zu beobachtenden und auch für die Zukunft zu erwartenden Tendenz zu — im ganzen — steigenden Preisen entspricht die HIFO-Methode den Bilanzgrundsätzen. Sie findet jedoch steuerlich keine Anerkennung; in der Praxis herrscht daher die Durchschnittsmethode vor.
Angeschaffte Forderungen, das sind geleistete Anzahlungen und gegebene kurz- und langfristige Ausleihungen, werden mit ihren Anschaffungskosten oder ihren niedrigeren beizulegenden Werten angesetzt. Die Zugehörigkeit der Forderungen zum Anlage- oder zum Umlaufvermögen bestimmt auch hier die Anwendung des gemilderten oder des strengen Niederstwertprinzips.
Forderungen aus Umsätzen, bei Bauunternehmen also vor allem aus abgerechneten Bauaufträgen, werden mit dem Nennbetrag bilanziert. Für diese Forderungen gilt das strenge Niederstwertprinzip. Zweifelhafte Forderungen sind mit ihrem wahrscheinlichen Wert zu erfassen; uneinbringliche Forderungen müssen völlig abgeschrieben werden. Unverzinsliche oder besonders niedrig verzinsliche Forderungen mit einer Laufzeit von mehr als einem Jahr werden abgezinst.

Bewertung der Bauleistungen

In unserem Unternehmensbeispiel machen die abgerechneten Aufträge TDM 74.183 aus, die unabgerechneten Aufträge sind mit TDM 46.943 bilanziert. Beide Positionen beherrschen mit großem Abstand den Jahresabschluß. Die Bilanzierung der Bauabrechnung und die Bewertung der unabgerechneten Aufträge sind daher für das Bilanzergebnis von ausschlaggebender Bedeutung. Sie werden im nächsten Abschnitt D detailliert dargestellt; daher soll im folgenden nur kurz das Wesentliche gesagt werden.

Der unabgerechnete Bau

a) gehört zum Anlagevermögen, soweit er bestimmt ist,

„dauernd den Geschäftsbetrieb des Unternehmens zu dienen", soweit er also zur Eigennutzung durch Vermietung oder für den eigenen Baubetrieb bestimmt ist;

b) gehört zum Umlaufvermögen – Vorratsvermögen –, soweit er zum Verkauf als fertiges Gebäude oder – das gilt für den größten Teil der Bauaufträge – im Auftrag eines Bauherrn ausgeführt wird.

Bauten, die voraussichtlich Gewinn bringen, werden mit ihren Herstellungskosten aktiviert. Dabei besteht die von uns geschilderte Bewertungsspanne mit den Polen aktivierungspflichtige und aktivierungsfähige Herstellungskosten. Ein Beispiel soll dies erläutern:

Ein Bauobjekt hat folgende Struktur:

aktivierungspflichtige Herstellungskosten	1.400.000,– DM
nicht aktivierungspflichtige (aktivierungsfähige) Kosten	100.000,– DM

Bauleistung	1.700.000,– DM

Die Firma A bewertet das Bauobjekt mit den aktivierungspflichtigen und den aktivierungsfähigen Kosten; als unabgerechnete Bauten 1.500.000,– DM

Die Firma B dagegen bewertet die noch nicht abgenommene Bauleistung nur mit den aktivierungspflichtigen Herstellungskosten; also unabgerechnete Bauten 1.400.000,– DM

Im ersten Fall weist die Firma in der Gewinn- und Verlustrechnung auf der Ertragsseite unter der Position 2 „Erhöhung (oder Verminderung) des Bestandes an nicht abgerechneten Bauten" einen Betrag in Höhe von 1.500.000,– DM, die Firma B hingegen in dieser Position nur einen Betrag von 1.400.000,– DM aus.

Aufwendungen		Firma A		Erträge
Herstellungskosten:	1.500.000 DM		Bestandserhöhung:	1.500.000 DM

Aufwendungen		Firma B		Erträge
Herstellungskosten:	1.500.000 DM		Bestandserhöhung:	1.400.000 DM
			Verlust	100.000 DM

Wenn im darauffolgenden Jahr die Bauleistung abgenommen wird, führt dies für beide Firmen zu einem Umsatzerlös in Höhe von 1.700.000,– DM. Aus Vereinfachungsgründen wird davon ausgegangen, daß im Jahr der Abnahme keine Kosten mehr angefallen sind.

Dann hat Firma A auf der Ertragsseite eine „Verminde-

rung des Bestandes an nicht abgerechneten Bauten (und gleichzeitig in der Bilanz eine Minderung der unabgerechneten Bauten) um DM 1.500.000,– DM. Die Firma B hingegen hat für diese beiden Positionen des Jahresabschlusses nur den Betrag von 1.400.000,– DM zu berücksichtigen.

Es ergibt sich folgendes Bild:

Firma A

Umsatzerlös:	1.700.000,– DM
./. Bestandsminderung	1.500.000,– DM
Gewinn	200.000,– DM

Firma B

Umsatzerlös:	1.700.000,– DM
./. Bestandsminderung	1.400.000,– DM
Gewinn	300.000,– DM

Durch die Anwendung der Wahlrechte bei der Bewertung der unabgerechneten Bauten in der Bilanz (bzw. der Bestände in der Gewinn- und Verlust-Rechnung) hat die Firma B im 1. Geschäftsjahr zunächst einen Verlust ausgewiesen, dafür muß diese Firma allerdings im Jahr der Abnahme der Bauleistung einen höheren Gewinn als die Firma A „realisieren". Vor allem auch aus Gründen der Innenfinanzierung kann die Bilanzierungspolitik der Firma B von Vorteil sein.

Bewertung – voraussichtlicher – Verlustbauten

Ein Bewertungswahlrecht, wie beim Gewinnauftrag, gibt es beim voraussichtlichen Verlustauftrag nicht. Er

ist stets mit seinem niedrigeren beizulegenden Wert – steuerlich dem niedrigeren Teilwert – anzusetzen. Durch die zusätzliche Abwertung der Herstellungskosten mit dem voraussichtlichen Verlust per Bauende und unter Einrechnung der Gewährleistungsrückstellung soll nur das Bilanzjahr den Auftragsverlust tragen. Es soll also vermieden werden, daß die Folgejahre und vor allem das Jahr der Auftragsabrechnung den Auftragsverlust tragen müssen.

Bauten, die im Anlagevermögen aktiviert werden, unterliegen dabei dem gemilderten Niederstwertprinzip (vgl. Abschnitt C IV 3.). Bauten, die im Umlaufvermögen aktiviert werden, müssen nach dem strengen Niederstwertprinzip bewertet werden.

Auftragsabrechnung und Erlösverbuchung

Bislang wurde davon ausgegangen, daß zum Zeitpunkt der Abnahme der Bauleistung die beiden Zahlen „Bauleistung in der KLR" und „Umsatzerlös in der Gewinn- und Verlustrechnung" gleich sind. Dies ist in der Regel auch so. Und dennoch muß folgendes berücksichtigt werden:

Droht ein Rechnungsabstrich durch den Auftraggeber, so ist diese angedrohte Zahlungskürzung, ob sie nun mündlich oder schriftlich erfolgte, bei den Umsatzerlösen als Erlösminderung abzusetzen. Ein Nachtrag, der vom Bauleiter als „bombensicher" beurteilt wird, kann dagegen in der Gewinn- und Verlustrechnung nur dann beim Umsatzerlös verbucht werden, wenn vom Auftraggeber eine schriftliche Bestätigung des Nachtrages vorliegt.

Außerdem ist das Unternehmen verpflichtet, bei Verbuchung des abgerechneten Gewinnauftrags Rückstellungen zu bilden, und zwar für noch zu erwartende Kosten wie Baustellenräumung und für Risiken aus sonstigen Verpflichtungen, z.B. das Gewährleistungsrisiko. Diese Rückstellungen vermindern den ausgewiesenen Gewinn des Bilanzjahres.

Bei Verlustbaustellen müssen diese Kosten und Risiken bereits bei Bewertung des unabgerechneten Auftrages wertmindernd berücksichtigt werden.

3.3 Bewertung der Passiva

Hier stimmen die Bewertungsvorschriften des Handels- und die des Steuerrechts erfreulich überein, auch in den Bezeichnungen. Bar-Verbindlichkeiten sind mit dem Rückzahlungsbetrag anzusetzen, Rentenverbindlichkeiten mit ihrem Barwert, Rückstellungen nur in Höhe des Betrages, der „nach vernünftiger kaufmännischer Beurteilung notwendig ist". Die Bewertung im einzelnen:

Rückstellungen

Die zitierte Formulierung des § 253 Abs. 1 HGB läßt einen gewissen Ermessensspielraum offen. Jedoch muß die Entscheidung innerhalb der Bandbreite einer möglichen Inanspruchnahme liegen. Im Zweifelsfalle ist nach dem Vorsichtsprinzip eher eine höhere Rückstellung zu bilden. Als Bewertungsmaßstab kann der Betrag angesehen werden, den das Unternehmen als Schuldner aufbringen muß, um seine Verpflichtung zu erfüllen.

Verbindlichkeiten

Verbindlichkeiten sind nach § 253 Abs. 1 HGB mit dem Rückzahlungsbetrag zu bilanzieren. Dieser stimmt in der Regel mit dem Betrag überein, den der Schuldner aufbringen muß, um die Verpflichtung zu erfüllen. Bei Darlehensverbindlichkeiten ist der Betrag, den der Schuldner effektiv erhalten hat, gleichgültig. Übersteigt der Rückzahlungsbetrag den Auszahlungsbetrag, so darf dies Disagio — wie schon erwähnt — unter die Rechnungsabgrenzungsposten aufgenommen werden. Die Schuld selbst ist mit dem höheren Rückzahlungsbetrag anzusetzen.

Teil D: Der Zusammenhang zwischen der KLR und dem Jahresabschluß, gezeigt am Beispiel der GmbH

I. Die Zahlen des kaufmännischen Rechnungswesens als Grundlage der KLR und des Jahresabschlusses

Sowohl die KLR als auch der Jahresabschluß gehen — wie wir sahen — aus dem gleichen Zahlenwerk, dem kaufmännischen Rechnungswesen eines Unternehmens, hervor. Sie haben noch eine weitere Gemeinsamkeit: Beide Rechnungen sind primär Erfolgsrechnungen, wenngleich sie — bedingt durch die unterschiedlichen Zwecksetzungen — unterschiedliche Ergebnisse ermitteln:

- Die KLR ermittelt den in einem Zeitraum erzielten Gewinn oder Verlust aus der Betriebsleistung des Unternehmens, und zwar sowohl in Summe als auch getrennt nach verschiedenen Bereichen.

- Der Jahresabschluß ermittelt den nicht nur erzielten, sondern am Markt realisierten Gewinn und berücksichtigt bei dieser Ermittlung auch den noch zu erwartenden Verlust. Gewinne und Verluste stammen aber nicht nur aus der betrieblichen Leistungserstellung, sondern aus der gesamten Tätigkeit des Unternehmens. Auch kann das Unternehmensergebnis durch gesetzlich anerkannte Maßnahmen der Bilanzpolitik beeinflußt sein.

Durch diese unterschiedliche Ergebnisermittlung ist es aber auch notwendig, periodisch eine Abstimmung zwischen den beiden Rechenergebnissen herzustellen. Dabei führt der Weg von der KLR zur Gewinn- und Verlustrechnung des Jahresabschlusses. Dieser Weg wird in Abschnitt III beschrieben.

Die KLR ist eine rein interne Rechnung, eine Information der Unternehmensleitung; nur ausnahmsweise werden ihre Zahlen für externe Nachweise verwendet. Die Gestaltung ist daher im Prinzip völlig frei und im Belieben eines jeden Unternehmens. Praktisch ist allerdings jedes Unternehmen bestrebt, die Bewertungen der KLR mit den Bewertungen in der Bilanz zu kombinieren, soweit die unterschiedlichen Rechnungszwecke das zulassen.

Da die beiden Rechnungen unterschiedliche Ergebnisse ausweisen, hat sich auch folgende Begriffseinteilung als zweckmäßig erwiesen:

Unternehmenserfolg (Gewinn oder Verlust)	= Erträge	./. Aufwendungen
Betriebsergebnis (Gewinn oder Verlust)	= Leistungen	./. Kosten

Leistungen und Erträge sowie Kosten und Aufwendungen sind für den gleichen Zeitraum teilweise inhalt- und größengleich, und somit sind die Zahlen aus den gleichen Urdaten, wie z. B. aus Rechnungen von Lieferern, zu entnehmen. Sie unterscheiden sich aber vor allem

dann, wenn bestimmte Vorgänge, wie z. B. die Bewertung der Bauleistung, im Jahresabschluß anders vorgenommen werden als in der KLR.

1. Der Baukontenrahmen als Organisationsschema beider Erfolgsrechnungen

Ein für alle Wirtschaftszweige geltender Kontenrahmen ist bereits in den zwanziger Jahren von Schmalenbach geschaffen worden. Heute besteht für jeden Wirtschaftszweig ein eigener Kontenrahmen, der den Besonderheiten des jeweiligen Wirtschaftszweiges Rechnung trägt. Die Bauwirtschaft hat sich für ihre Anforderungen den „Baukontenrahmen (BKR)" geschaffen. Die Neugestaltung des Bilanzrechts war 1987 Veranlassung, ihm eine neue Form zu geben. Der Baukontenrahmen '87 folgt, wie unsere Darstellung erkennen läßt, der Gliederung des Jahresabschlusses:

0 Sachanlagen und immaterielle Vermögensgegenstände
1 Finanzvermögen
2 Vorräte, Forderungen und aktive Rechnungsabgrenzung
3 Eigenkapital, Wertberichtigungen und Rückstellungen
4 Verbindlichkeiten und passive Rechnungsabgrenzung
5 Erträge
6 Betriebliche Aufwendungen - Kostenarten
7 Sonstige Aufwendungen
8 Abgrenzungen und Abschluß
9 Frei für Kosten- und Leistungsrechnung.

Die Klassen 0 – 4 sind der Bilanz, die Klassen 5 – 8 der Gewinn- und Verlustrechnung zugeordnet. Aber eben diese Klassen enthalten in ihrer Untergliederung die Weichenstellungen für beide Rechnungen, die KLR und den Jahresabschluß.

1.1 Die gemeinsamen Konten der KLR und des Jahresabschlusses

Diese Konten betreffen den betrieblichen Bereich, der den Raum der KLR und den Kernraum der Gewinn- und Verlustrechnung bildet.

Die KLR und die bilanzielle Behandlung abgerechneter und unabgerechneter Aufträge gehen aus den gleichen Verbuchungen auf gleichen Konten hervor, den Baukonten und Kostenstellenkonten des betrieblichen

Rechnungswesens. Erst bei der Bewertung der Bauleistungen und der Abgrenzung einiger Kosten trennen sich die Wege beider Rechnungen.

a) Die Erträge der Klasse 5 enthalten:
 − die Umsatzerlöse aus Bauleistungen und anderen betrieblichen Leistungen (Kontengruppen 50, 51, 52),
 − die Bestandveränderungen der Leistungen (Kontengruppe 53),
 − die anderen aktivierten Leistungen (Kontengruppe 54).

b) Die betrieblichen Aufwendungen der Klasse 6 enthalten:
 − Personalaufwendungen für gewerbliche sowie technische und kaufmännische Mitarbeiter (Kontengruppen 60, 61),
 − Materialaufwendungen (Kontengruppe 62),
 − Aufwendungen für Rüst- und Schalmaterial (Kontengruppe 63),
 − Aufwendungen für Baugeräte (Kontengruppe 64),
 − Aufwendungen für Baustellen-, Betriebs- und Geschäftsausstattung (Kontengruppe 65),
 − bezogene Leistungen (Kontengruppe 66),
 − verschiedene (vor allem Verwaltungs-)Aufwendungen (Kontengruppe 67).

Die Summen der hier genannten Kontengruppen bilden die Bausteine der Kosten- und Leistungsrechnung. Diese und eine in der Form der Gesamtkostenrechnung aufgestellte Gewinn- und Verlustrechnung unterscheiden sich wie folgt:

1. Andere inhaltliche Abgrenzung der Bauleistung

Die Bauleistung der KLR umfaßt die Leistung an eigenen und − anteilig − an ARGE-Aufträgen. Diese letzteren werden nicht aus dem eigenen Rechnungswesen, sondern dem der ARGEN gewonnen. Die Gewinn- und Verlustrechnung enthält die eigene Bauleistung, zu der auch Leistungen an ARGEN gehören, ferner anteilige ARGE-Ergebnisse.

2. Andere Bewertung der Bauleistungen

Die KLR bewertet die bis zum Ende des Geschäftsjahres und damit bis zum Bilanzstichtag erbrachte Bauleistung anhand des Aufmaßes mit den Vertragspreisen. Zu erwartende Rechnungsabstriche des Bauherrn und als sicher anzusehende Nachforderungen werden nach bestem fachlichen Wissen berücksichtigt. Die Gewinn- und Verlustrechnung unterscheidet für ihre Bewertung grundsätzlich zwischen abgerechneten und unabgerechneten Aufträgen. Die Unterscheidung bestimmt bereits ihre Zuordnung zu Positionen der Gewinn- und Verlustrechnung.

Abgerechnete Aufträge werden mit ihren vertraglichen Auftragswerten bei den Umsatzerlösen erfaßt. Zu erwartende Rechnungsabstriche werden abgesetzt; dagegen werden Nachforderungen nur dann berücksichtigt, wenn sie vom Bauherrn schriftlich anerkannt wurden. Aufträge, die in der Vorjahresbilanz bei der

Position „unabgerechnete Bauten" aktiviert und in der Gewinn- und Verlustrechnung bei der „Bestandserhöhung" erfaßt waren, führen im Jahr der Abrechnung zur Ausbuchung des unabgerechneten Baues aus der Bilanz und zu einer Bestandsminderung in der Gewinn- und Verlustrechnung.

Die − eigene − Bauleistung des Jahres findet sich also stets vollständig in der Gewinn- und Verlustrechnung. Soweit die Leistung abgerechnet wurde, wird sie mit den Abrechnungsbeträgen bei den Umsatzerlösen ausgewiesen. Soweit sie unabgerechnet blieb, wird sie mit den bilanzierten Herstellungskosten bzw. niedrigeren beizulegenden Werten bei der Bestanderhöhung unabgerechneter Aufträge ausgewiesen.

1.2 Die Konten nur des Jahresabschlusses

Diese Konten betreffen Erträge und Aufwendungen, die nicht die KLR berühren.

Die Kontenklasse 5 „Erträge" enthält in den Kontengruppen 55–59 folgende, nur den Jahresabschluß berührende Erträge:
 − Erträge aus Beteiligungen und anderen Finanzanlagen (Kontengruppe 55),
 − sonstige Zinsen und ähnliche Erträge (Kontengruppe 56),
 − Erträge aus Anlageabgängen (Kontengruppe 57),
 − Erträge aus Auflösungen von Rückstellungen und von Sonderposten mit Rücklageanteil (Kontengruppe 58),
 − sonstige und außerordentliche Erträge (Kontengruppe 59).

Die Kontenklasse 7 „Sonstige Aufwendungen" ist ausschließlich der Gewinn- und Verlustrechnung vorgeschaltet. Die hier verbuchten Aufwendungen sind:
 − Bilanzabschreibungen auf Sach- und immaterielle Anlagen (Kontengruppe 70),
 − Abschreibungen auf Finanzanlagen und Wertpapiere (Kontengruppe 71),
 − Verluste im Vorratsvermögen (Kontengruppe 72),
 − Verluste im übrigen Umlaufvermögen (Kontengruppe 73),
 − Verluste aus Anlage- und sonstigen Abgängen (Kontengruppe 74 und 75),
 − Zinsen und ähnliche Aufwendungen (Kontengruppe 76),
 − Steuern (Kontengruppe 77),
 − andere und außerordentliche Aufwendungen (Kontengruppe 79).

2. Die Bewertung der Bauaufträge als wichtigstes Bindeglied zwischen KLR und Jahresabschluß

Die Leistung eines Bauunternehmens besteht im wesentlichen aus Bauleistungen in Form von Bauaufträgen. Bei den zu bilanzierenden Bauaufträgen handelt es sich grundsätzlich um zwei Gruppen von Bauaufträgen:
 − unabgerechnete und abgerechnete Gewinnaufträge,
 − unabgerechnete und abgerechnete Verlustaufträge.

Alle Zahlen der Aufträge des Bauunternehmens schlagen sich sowohl in der KLR als auch im Jahresabschluß nieder. Damit haben formal die KLR und der Jahresabschluß die gleichen Elemente, nämlich die auf Auftragskonten als Leistung erfaßten Bauaufträge und deren Kosten. Entsprechend ihrer speziellen Zielsetzung verwenden aber beide Rechnungen unterschiedliche Begriffe. Dies soll im folgenden erläutert werden.

Die Erbringung von Bauleistungen verursacht Kosten. In der KLR werden diese Kosten entsprechend dem Kalkulationsschema unterteilt in:

> Einzelkosten der Teilleistungen
> \+ Gemeinkosten der Baustelle
>
> = Herstellkosten
> \+ Allgemeine Geschäftskosten
>
> = Selbstkosten

Die Unternehmensrechnung verwendet zwar das gleiche Zahlenmaterial, aber die Zahlen werden etwas anders gruppiert und auch anders benannt.

Dies gilt vor allem für den Begriff „Herstellkosten" in der KLR, dem der Begriff „Herstellungskosten" in der Unternehmensrechnung gegenübersteht. Deren Inhalte sind nicht identisch. Darin liegt auch die Hauptschwierigkeit der Abstimmung zwischen der KLR und der Unternehmensrechnung.

In der Unternehmensrechnung wird unterschieden zwischen
- aktivierungspflichtigen Herstellungskosten und
- nicht aktivierungspflichtigen (aktivierungsfähigen) Kosten.

Zu den aktivierungspflichtigen Herstellungskosten gehören
- Materialeinzelkosten,
- Fertigungseinzelkosten,
- Sonderkosten der Fertigung.

Diese Kosten entsprechen bis auf die kalkulatorischen Zinsen bei den Vorhaltekosten der Baugeräte weitgehend den Herstellkosten der KLR; diese Kostenart gibt es nur in der KLR.

Bei den nicht aktivierungspflichtigen (aktivierungsfähigen) Kosten handelt es sich um
- Verwaltungskosten, die in der Betriebsabrechnung den Baustellen belastet werden,
- den Unterschiedsbetrag zwischen der bilanziellen Abschreibung und der Abschreibung, die in der KLR gewählt wurde,
- Aufwendungen für betriebliche Altersversorgung,
- Aufwendungen für soziale Einrichtungen,
- freiwillige soziale Leistungen,
- Kosten der Grundlagenforschung und Neuentwicklung von Erzeugnissen oder Herstellungsverfahren.

Der in der KLR verwendete Begriff „Bauleistung", den es in der Unternehmensrechnung nicht gibt, setzt sich folgendermaßen zusammen:

> Selbstkosten
> \+ Gewinn und Wagnis
>
> = Angebotssumme der zu erbringenden Bauleistung

Die dem Begriff „Bauleistung" entsprechenden Begriffe in der Unternehmensrechnung sind:

a) in der Gewinn- und Verlustrechnung:
- Umsatzerlöse für abgerechnete Bauten;
- Bestandsveränderungen der unabgerechneten Bauten; die Position 2 der Gliederung der Gewinn und Verlustrechnung lautet: „Erhöhung oder Verminderung des Bestandes an nicht abgerechneten Bauleistungen gegenüber dem Vorjahr." (Im folgenden werden diese entweder als Bestandserhöhung oder als Bestandsminderung bezeichnet.)

b) in der Bilanz:
- nicht abgerechnete (unfertige) Bauleistungen; (im folgenden als „unabgerechnete Bauten" bezeichnet.)

Dabei bestehen folgende Zusammenhänge: Die Kosten einer Bauleistung werden in der Gewinn- und Verlustrechnung verbucht. Wird diese Bauleistung im Geschäftsjahr vom Bauherrn nicht abgenommen, wird sie als unabgerechneter Bau bilanziert, und zwar bei Gewinnaufträgen zu Herstellungskosten und bei Verlustaufträgen zu dem niedrigeren beizulegenden Wert (steuerlich: Teilwert). Dieser Bilanz-Position „unabgerechnete Bauten" steht in der Gewinn- und Verlustrechnung die Ertragsposition „Bestandserhöhung" gegenüber.

Bei Abnahme der Bauleistung durch den Auftraggeber wird der Rechnungsbetrag der gesamten Bauleistung in der Gewinn- und Verlustrechnung als Umsatzerlös eingebucht.

Gleichzeitig vermindern sich
- in der Bilanz die Position „unabgerechnete Bauten",
- in der Gewinn- und Verlustrechnung die Position „Erhöhung oder Verminderung des Bestandes an nicht abgerechneten Bauten",

um den Betrag, der bislang — das heißt in den Vorjahren — für diese Bauleistung als unabgerechneter Bau ausgewiesen war.

Die Bewertung der unabgerechneten Bauten ist also das wichtigste Bindeglied zwischen KLR und Baubilanz, zumal die entsprechenden Zahlen für die Bilanz aus der KLR entnommen werden. Wie dies verfahrenstechnisch geschieht, soll im folgenden gezeigt werden.

II. Schematisches Beispiel

Im folgenden soll die Systematik der Bilanzierung mittels einfacher Beispiele erläutert werden. Allen Beispielen sollen dieselben Fakten zugrunde liegen. Das ist zwar nicht realistisch, jedoch verdeutlicht diese Vorgehensweise die Prinzipien der Bewertung und der Bilanzierung.

Dabei wird folgende Vorgehensweise angewandt: Zunächst werden die Auftragstypen A bis H gewählt, die sich durch ihre Gewinn- bzw. Verlustsituation unterscheiden. Diese Aufträge werden im Übersichtsblatt „Zeitliche Struktur der Auftragsabwicklung (Bau-

leistung in TDM) schematisch dargestellt (Abschnitt 1.1).

In Abschnitt 1.2 werden die Aufträge A bis H charakterisiert. Anschließend werden auftragsspezifische Angaben gemacht und dabei für einzelne Aufträge mit Hilfe der Werte aus der KLR die Werte der unabgerechneten Bauten und die Werte der Bestandsveränderungen errechnet. Im Übersichtsblatt zum Jahresabschluß im Abschnitt 2.2 werden die Werte für den Jahresabschluß gewonnen.

1. Annahmen zu den Bauaufträgen

1.1 Zeitliche Struktur der Auftragsabwicklung

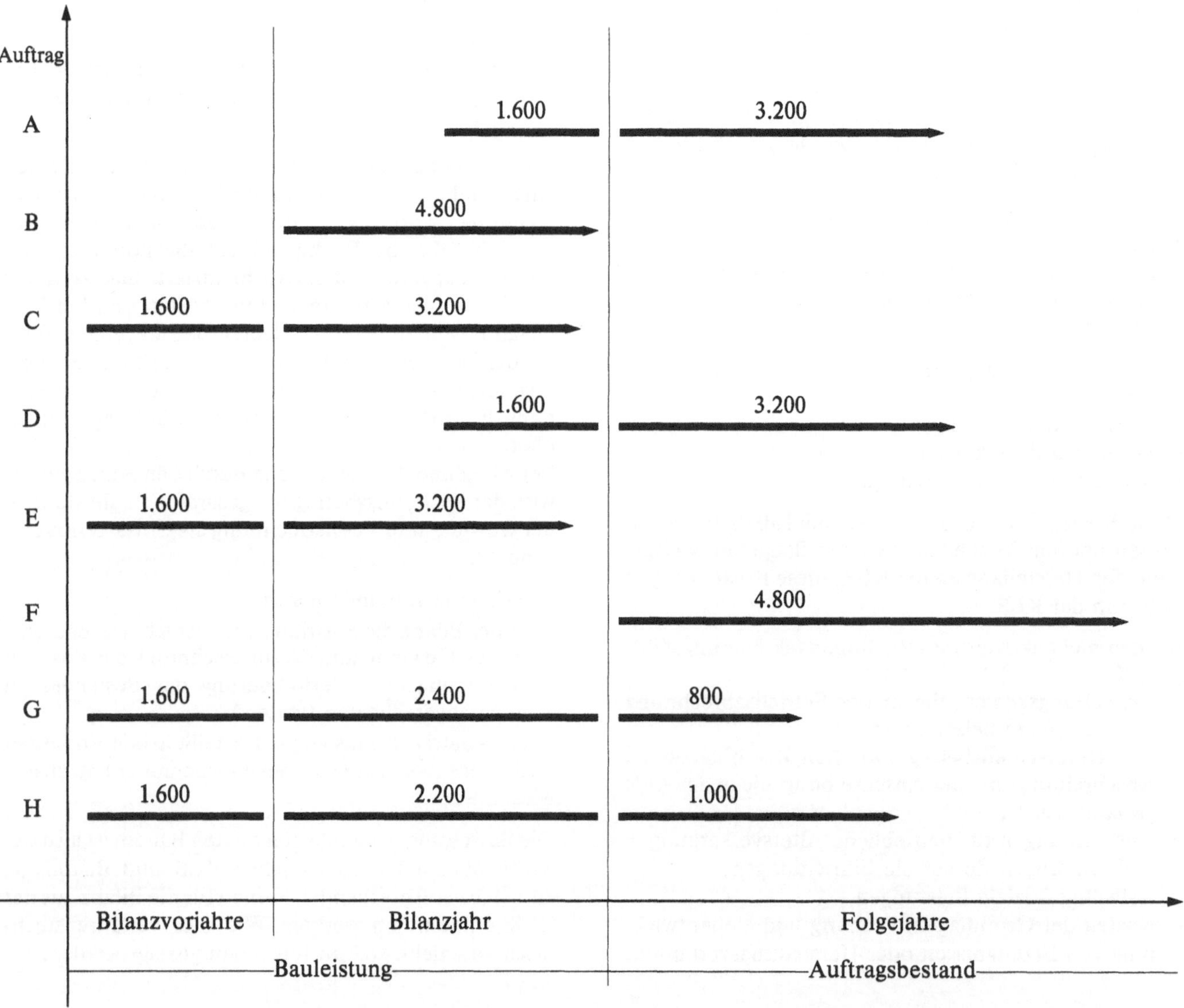

1.2 Leistungs- und Kostenstruktur

Den Bauaufträgen liegen folgende allgemeine Angaben zugrunde:

- Eine vertragliche und tatsächliche erbrachte Bauleistung von 4.800 TDM.
- Bei den Gewinnaufträgen fallen Gesamtkosten an in Höhe von 4.500 TDM

aktivierungspflichtige Herstellungskosten	4.100 TDM
nicht aktivierungspflichtige Kosten	400 TDM

- Bei den Verlustaufträgen fallen Gesamtkosten an in Höhe von 5.300 TDM

aktivierungspflichtige Herstellungskosten	4.700 TDM
nicht aktivierungspflichtige Kosten	600 TDM

Im Gegensatz zum Gewinnauftrag sind die nicht aktivierungspflichtigen Kosten um 200 TDM höher (600 TDM anstelle 400 TDM). Das liegt daran,

- daß bei Verlustbaustellen in aller Regel noch zusätzliche Verwaltungskosten anfallen, bedingt z. B. durch zusätzliche Leistungen der Arbeitsvorbereitung oder des Konstruktionsbüros;
- daß auch Verwaltungskosten, die speziell an die Baustellen verrechnet werden, wie z. B. Kosten der Baubetriebsabteilung oder des Konstruktionsbüros, bei Verlustaufträgen in der Regel höher als bei Gewinnaufträgen sind;
- daß nach Bauabnahme noch Kosten und Risiken aus Gewährleistung, Baustellenräumung und dgl. in Höhe von 2 % der Auftragssumme, d. h. 2 % von 4.800 TDM = 96 TDM, erwartet werden.

Im einzelnen haben die Aufträge folgende Besonderheiten, welche, soweit sie die KLR betreffen, aus dem folgenden Übersichtsblatt entnommen werden können.

Nr.	Auftrag	Leistung			Kosten						Ergebnis			Voraussichtliche Gesamt-Bauleistung
		Vorjahre	Berichtsjahr	seit Baubeginn	Vorjahre		Berichtsjahr		seit Baubeginn		Vorjahre	Berichtsjahr	seit Baubeginn	
					Herstellkosten	Verwaltungskosten	Herstellkosten	Verwaltungskosten	Herstellkosten	Verwaltungskosten*				
		(1)	(2)	(3=1+2)	(4)	(5)	(6)	(7)	(8=4+6)	(9=5+7)	(10=1−4−5)	(11=2−6−7)	(12=3−8−9)	
A	Gewinnbaustelle	0	1.600	1.600	0	0	1.400	128	1.400	128	0	72	72	4.800
B	Gewinnbaustelle	0	4.800	4.800	0	0	4.100	384	4.100	384	0	316	316	4.800
C	Gewinnbaustelle	1.600	3.200	4.800	1.300	128	2.800	256	4.100	384	172	144	316	4.800
D	Verlustbaustelle (V) interne Verrechnung**	0	1.600	1.600	0	0 0 0	1.700	128 50 178	1.700	128 50 178	0 0 0	− 228 − 50 −278	− 228 − 50 −278	4.800
E	Verlustbaustelle (V) interne Verrechnung**	1.600	3.200	4.800	1.450	128 100 228	3.250	256 100 356	4.700	384 200 584	22 −100 −78	− 306 −100 −406	− 284 −200 −484	4.800
F	Verlustbaustelle (V) interne Verrechnung** (noch nicht begonnen)													
G	Vorjahr Verlust Berichtsjahr Gewinn (V) interne Verrechnung**	1.600	2.400	4.000	2.000	128 50 178	1.400	192 50 242	3.400	320 100 420	−528 − 50 −578	808 − 50 758	280 −100 180	4.800
H	Vorjahr Gewinn Berichtsjahr Verlust (V) interne Verrechnung**	1.600	2.200	3.800	1.400	128 50 178	2.250	176 100 276	3.650	304 150 454	72 − 50 22	− 226 −100 −326	− 154 −150 −304	4.800
		6.400	19.000	25.400	6.150	712	16.900	1.820	23.050	2.532	−462	280	−182	38.400

* Verwaltungskosten. Der Zuschlag beträgt 8 % auf die Bauleistung.

** Bei Verlustbaustellen sind noch interne Verrechnungen erfolgt, die durch besondere Leistungen z. B. des Konstruktionsbüros bedingt sind.

In dem schematischen Beispiel ist aus Vereinfachungsgründen folgendes festgelegt:
- die Herstellkosten der KLR sind zugleich die aktivierungspflichtigen Herstellungskosten des Jahresabschlusses. Die Zusatzkosten der KLR (z. B. kalkulatorische Zinsen) bleiben bei diesem Schema zunächst unberücksichtigt. Im Zahlenbeispiel der GmbH wird der Unterschied zwischen den Herstellkosten der KLR und den Herstellungskosten des Jahresabschlusses berücksichtigt.
- Die Verwaltungskosten der KLR sind zugleich die nicht aktivierungspflichtigen Kosten des Jahresabschlusses. Die zusätzlichen Aufwendungen des Jahresabschlusses gegenüber den Verwaltungskosten der KLR (z. B. Altersversorgung und Differenzbetrag zwischen bilanzieller und kalkulatorischer Afa) bleiben in diesem Schema zunächst unberücksichtigt. Im Zahlenbeispiel der GmbH wird dieser Unterschied zwischen den Verwaltungskosten der KLR und den nicht aktivierungspflichtigen Kosten des Jahresabschlusses berücksichtigt.

Damit können die Zahlen des „Übersichtsblattes der KLR" unmittelbar beim nächsten Schritt, nämlich der „Ermittlung der Werte aus der KLR", übernommen werden.

Wir sehen davon ab, daß die VOB Abschlagzahlungen während der Bauzeit vorsieht, die bei der Bilanzierung unabgerechneter Aufträge in Vorspalte von den bilanzierten Auftragswerten abgesetzt werden. Unsere Bilanzierung in diesem schematischen Beispiel kennt also nur:

1. Bei unabgerechneten Aufträgen aktivierungspflichtige Herstellungskosten oder niedrigerer beizulegender Wert
2. Bei abgerechneten Aufträgen Forderung an den Bauherrn in Höhe des Auftragswertes (Umsatzerlös)
3. Da der Forderungsbetrag in allen Zahlenbeispielen der gleiche ist, haben wir aus Vereinfachungsgründen davon abgesehen, in unseren Tabellen (S. 70 ff) eine Rubrik „Forderungen" aufzuführen.

2. Ermittlung der Werte für den Jahresabschluß aus der KLR

2.1 Ermittlungen pro Auftrag

A Unabgerechneter Gewinnauftrag

Im Bilanzjahr begonnen, aber nicht beendet.

a) Zahlen der KLR

Bauleistung	1.600 TDM
Kosten	1.528 TDM
Gewinn	72 TDM

Die Zahlen der KLR ergeben, daß es sich um einen Gewinnauftrag handelt. Dabei muß auch die Schätzung per Bauende hinzugezogen werden. Im vorliegenden Fall ist auch per Bauende mit einem Gewinn zu rechnen, das heißt der Auftrag A wird als unabgerechneter Gewinnauftrag behandelt. Es wird von dem Wahlrecht Gebrauch gemacht, also erfolgt die Bewertung des unabgerechneten Baues zu aktivierungspflichtigen Herstellungskosten.[1]

b) Zahlen des Jahresabschlusses

akt. pfl. H. Ko.	1.400 TDM
n. akt. pfl. Ko.	128 TDM
Summe Aufwendungen	1.528 TDM

c) Damit ergeben sich folgende Werte:

in Bilanz:
unabgerechneter Bau	1.400 TDM

in Gewinn- und Verlustrechnung:
Bestandserhöhung:	1.400 TDM
Aufwendungen:	1.528 TDM
Verlust:	./. 128 TDM

In dem Übersichtsblatt (S. 70) werden für den Auftrag A die Werte der Bilanz (Sp. 1 + Sp. 2) und die Werte der Gewinn- und Verlustrechnung (Sp. 3 − Sp. 11) eingetragen.

B Abgerechneter Gewinnauftrag

Im Bilanzjahr begonnen, beendet und abgerechnet.

a) Zahlen der KLR

Bauleistung:	4.800 TDM
Kosten:	4.484 TDM
Gewinn	316 TDM

Die Abschlußzahlen der KLR ergeben, daß es sich um einen Gewinnauftrag handelt.

b) Zahlen des Jahresabschlusses

akt. pfl. H. Ko.	4.100 TDM
n. akt. pfl. Ko.	384 TDM
Summe der Aufwendungen	4.484 TDM

Da der Auftrag im Bilanzjahr abgerechnet wird, muß sowohl in der Bilanz als auch in der Gewinn- und Verlustrechnung eine Rückstellung für Gewährleistung etc. berücksichtigt werden.

c) Damit ergeben sich folgende Werte:

in Bilanz:
Forderungen an den Bauherrn:	4.484 TDM
(dieser Wert ist in der Übersicht nicht eingetragen)	

---

[1] Im weiteren werden folgende Abkürzungen benutzt:
aktivierungspflichtige Herstellungskosten = akt. pfl. H. Ko.
nicht aktivierungspflichtige Kosten = n. akt. pfl. Ko.
abgerechneter Bau = abger. Bau/unabgerechneter Bau = unabger. Bau

Rückstellungen:	96 TDM	sonstige Aufwendungen Rückstellung: 2 % von 4.800 TDM	96 TDM
in Gewinn- und Verlustrechnung:		Gewinn	220 TDM
Umsatzerlöse	4.800 TDM		
Aufwendungen	4.484 TDM		

Die entsprechenden Werte werden wieder in dem Übersichtsblatt S. 70 eingetragen.

C Abgerechneter Gewinnauftrag

Im Vorjahr begonnen und im Bilanzjahr beendet.

a) Zahlen der KLR

	im Vorjahr	im Berichtsjahr	seit Baubeginn
Leistung	1.600 TDM	3.200 TDM	4.800 TDM
Kosten	1.428 TDM	3.056 TDM	4.484 TDM
Ergebnis	+ 172 TDM	+ 144 TDM	+ 316 TDM

Die Zahlen der KLR zeigen hier eindeutig einen Gewinnauftrag.

b) Zahlen des Jahresabschlusses

	im Vorjahr	im Bilanzjahr
akt. pfl. H. Ko.	1.300 TDM	2.800 TDM
n. akt. pfl. Ko.	128 TDM	256 TDM
Summe der Aufwendungen:	1.428 TDM	3.056 TDM

c) Im Vorjahr wurden die unabgerechneten Bauten zu den akt. pfl. H. Ko. bewertet. Im Bilanzjahr muß in der Bilanz der Wert des unabgerechneten Baues zurückgenommen werden und entsprechend in der Gewinn- und Verlustrechnung eine Bestandsminderung gebucht werden, da der Bauauftrag im Bilanzjahr abgerechnet wird. Außerdem muß eine Rückstellung gebildet werden. Damit ergeben sich folgende Zahlen, die wiederum im Übersichtsblatt, S. 70, eingetragen sind.

in Bilanz	Ende Vorjahr	im Bilanzjahr	Ende Bilanzjahr
unabger. Bauten	1.300 TDM	∕. 1.300 TDM	0 TDM
Rückstellungen 2 % von 4.800 TDM		96 TDM	96 TDM

in Gewinn- u. Verlustrechnung	im Vorjahr	im Bilanzjahr	Ende Bilanzjahr
Bestandserhöhung	1.300 TDM		1.300 TDM
Umsatzerlöse		4.800 TDM	4.800 TDM
Bestandsminderung		∕. 1.300 TDM	∕. 1.300 TDM
Aufwendungen	∕. 1.428 TDM	∕. 3.056 TDM	∕. 4.484 TDM
sonst. Aufwendungen Rückstellung 2 % von 4.800 TDM		∕. 96 TDM	∕. 96 TDM
Gewinn/Verlust	∕. 128 TDM	+ 348 TDM	+ 220 TDM

D Unabgerechneter Verlustauftrag

Im Bilanzjahr begonnen, aber nicht beendet.

a) Zahlen der KLR

	im Berichtsjahr
Leistung	1.600 TDM
Kosten	∕. 1.878 TDM
Verlust	∕. 278 TDM
zusätzlich zu erwartender Verlust per Bauende:	200 TDM

b) Zahlen des Jahresabschlusses

	im Bilanzjahr
akt. pfl. H. Ko.	1.700 TDM
n. akt. pfl. Ko.	178 TDM
Summe der Aufwendungen	1.878 TDM

c) Bei dem vorliegenden Auftrag handelt es sich eindeutig um einen Verlustauftrag. Dieser unabgerechnete Bau muß mit dem niedrigeren beizulegenden Wert bewertet werden, der sich wie folgt ergibt:

Errechnung des beizulegenden Wertes:

akt. pfl. H. Ko.	1.700 TDM
n. akt. pfl. Ko.	178 TDM
./. Verlust aus KLR	./. 278 TDM
./. zu erwartender Verlust per Bauende	./. 200 TDM
./. Rückstellung (2 % v. Bauleistung per Bauende)	./. 96 TDM
beizulegender Wert	1.304 TDM

d) Damit ergeben sich folgende Werte:

in Bilanz:

unabger. Bau:	1.304 TDM

in Gewinn- und Verlustrechnung:

Bestandserhöhung:	1.304 TDM
Aufwendungen:	1.878 TDM
Verlust:	./. 574 TDM

E Abgerechneter Verlustauftrag

Im Vorjahr begonnen und im Bilanzjahr beendet.

a) Zahlen der KLR

	im Vorjahr	im Berichtsjahr	seit Baubeginn
Leistung	1.600 TDM	3.200 TDM	4.800 TDM
Kosten	1.678 TDM	3.606 TDM	5.284 TDM
Verlust	./. 78 TDM	./. 406 TDM	./. 484 TDM

zusätzlich zu erwartender Verlust per Bauende: 300 TDM

b) Zahlen des Jahresabschlusses

	im Vorjahr	im Bilanzjahr	Ende Bilanzjahr
akt. pfl. H. Ko.	1.450 TDM	3.250 TDM	4.700 TDM
n. akt. pfl. Ko.	228 TDM	356 TDM	584 TDM
Summe der Aufwendungen:	1.678 TDM	3.606 TDM	5.284 TDM

c) Dieser Auftrag hat sich im Vorjahr und unter Beachtung der Ergebnisprognose per Bauende eindeutig als Verlustauftrag gezeigt und mußte als unabgerechneter Bau mit dem niedrigeren beizulegenden Wert bewertet werden. Dieser ergab sich wie folgt:

Errechnung des beizulegenden Wertes:

akt. pfl. H. Ko.	1.450 TDM
+ n. akt. pfl. Ko.	228 TDM
./. Verlust aus KLR	./. 78 TDM
./. zusätzliche Verlusterwartung	./. 300 TDM
./. Rückstellung (2 % von Bauleistung per Bauende)	./. 96 TDM
beizulegender Wert	1.204 TDM

d) Damit ergaben sich im Vorjahr folgende Werte:

in Bilanz:

unabgerechneter Bau:	1.204 TDM

in Gewinn- und Verlustrechnung:

Bestandserhöhung:	1.204 TDM
Summe der Aufwendungen:	1.678 TDM
Verlust:	./. 474 TDM

e) Im Bilanzjahr wurde dieser Auftrag abgenommen und abgerechnet. Damit wird in der Bilanz der unabgerechnete Bau zurückgenommen und ebenso in der Gewinn- und Verlustrechnung eine Bestandsminderung gebucht. Somit ergeben sich einschließlich der Aufwendungen folgende Werte:

in Bilanz:	Ende Vorjahr	im Bilanzjahr	Ende Bilanzjahr
unabger. Bau	1.204 TDM		1.204 TDM
Rücknahme unabger. Bau		./. 1.204 TDM	./. 1.204 TDM
			0 TDM

Gewinn- u. Verlustrechnung:	im Vorjahr	im Bilanzjahr	Ende Bilanzjahr
Umsatzerlöse		4.800 TDM	4.800 TDM
Bestandsveränderung	1.204 TDM	./. 1.204 TDM	0 TDM
Aufwendungen	./. 1.678 TDM	./. 3.606 TDM	./. 5.284 TDM
	./. 474 TDM	./. 10 TDM	./. 484 TDM

F Verlustauftrag

Bis zum Bilanzstichtag ist noch nicht mit der Ausführung begonnen worden. Es wird jedoch bei diesem Auftrag mit einem Verlust in Höhe von 600 TDM gerechnet. Dieser erwartete Verlust ist durch eine Rückstellung in der Bilanz und in der Gewinn- und Verlustrechnung bei den sonstigen Aufwendungen zu berücksichtigen.

a) Zahlen der KLR:
   liegen nicht vor, da noch nicht angefallen.
b) Zahlen des Jahresabschlusses
   in Bilanz:
   Rückstellungen   696 TDM

in Gewinn- und Verlustrechnung:
sonstige Aufwendungen wegen
erwarteter Verluste   600 TDM

sonstige Aufwendungen
(Rückstellungen: 2 % von 4.800 TDM)   96 TDM

G unabgerechneter Verlustauftrag im Vorjahr wird unabgerechneter Gewinnauftrag im Bilanzjahr

Der Auftrag, der im Vorjahr ein Verlustauftrag war und bei welchem auch zum Bauende noch ein zusätzlicher Verlust erwartet wurde, hat sich im Bilanzjahr zum Gewinnauftrag entwickelt. Der Auftrag wurde auch im laufenden Bilanzjahr noch nicht abgenommen.

a) Zahlen der KLR

	im Vorjahr	im Berichtsjahr	seit Baubeginn
Leistung	1.600 TDM	2.400 TDM	4.000 TDM
Kosten	2.178 TDM	1.642 TDM	3.820 TDM
Verlust/Gewinn	./. 578 TDM	+ 758 TDM	+ 180 TDM

zusätzliche Verlusterwartung per Bauende ./. 250 TDM

b) Zahlen des Jahresabschlusses

	im Vorjahr	im Bilanzjahr	Ende Bilanzjahr
akt. pfl. H. Ko.	2.000 TDM	1.400 TDM	3.400 TDM
n. akt. pfl. Ko.	178 TDM	242 TDM	420 TDM
Summe der Aufwendungen:	2.178 TDM	1.642 TDM	3.820 TDM

c) Errechnung
   des beizulegenden Wertes im Vorjahr

akt. pfl. H. Ko.	2.000 TDM
+ n. akt. pfl. Ko.	178 TDM
./. Verlust aus KLR	./. 578 TDM
./. zu erwartender Verlust per Bauende	./. 250 TDM
./. Rückstellung (2 % von Bauleistung per Bauende)	./. 96 TDM
beizulegender Wert	1.254 TDM

d) Errechnung des im Bilanzjahr einzubuchenden Wertes für den unabgerechneten Bau:

akt. pfl. H. Ko.	Vorjahr:	2.000 TDM
akt. pfl. H. Ko.	Bilanzjahr:	1.400 TDM
Summe akt. pfl. H. Ko.	Ende Bilanzjahr:	3.400 TDM
./. beizulegender Wert d. Vorjahres		./. 1.254 TDM
im Bilanzjahr einzubuchender Wert (als Bestandserhöhung und als unabgerechneter Bau)		2.146 TDM

e) Damit ergeben sich folgende Werte für den unabgerechneten Gewinnauftrag:

in Bilanz:	Ende Vorjahr	im Bilanzjahr	Ende Bilanzjahr
unabger. Bau als Verlustauftrag (Bewertung „beizulegender Wert")	1.254 TDM		1.254 TDM
unabger. Gewinnbau (Bewertung zu akt. pfl. H. Ko.)		2.146 TDM	2.146 TDM
unabger. Bau zum Bilanzstichtag:			3.400 TDM

Gewinn- u. Verlustrechnung:	im Vorjahr	im Bilanzjahr	Ende Bilanzjahr
Bestandserhöhung	1.254 TDM	2.146 TDM	3.400 TDM
Aufwendungen	./. 2.178 TDM	./. 1.642 TDM	./. 3.820 TDM
Verlust	− 924 TDM	504 TDM	− 420 TDM

H Unabgerechneter Gewinnauftrag im Vorjahr wird Verlustauftrag im Bilanzjahr

a) Zahlen der KLR

	im Vorjahr	im Berichtsjahr	seit Baubeginn
Leistung	1.600 TDM	2.200 TDM	3.800 TDM
Kosten	1.578 TDM	2.526 TDM	4.104 TDM
Ergebnis	22 TDM	∕. 326 TDM	∕. 304 TDM

zusätzliche Verlusterwartung per Bauende: 150 TDM

b) Zahlen des Jahresabschlusses

	im Vorjahr	im Bilanzjahr	Ende Bilanzjahr
akt. pfl. H. Ko.	1.400 TDM	2.250 TDM	3.650 TDM
n. akt. pfl. Ko.	178 TDM	276 TDM	454 TDM
Summe der Aufwendungen	1.578 TDM	2.526 TDM	4.104 TDM

c) Errechnung des im Bilanzjahr einzubuchenden Wertes für den unabgerechneten Bau

akt. pfl. H. Ko.	Vorjahr:	1.400 TDM
akt. pfl. H. Ko.	Bilanzjahr:	2.250 TDM
		3.650 TDM

akt. pfl. H. Ko. per Stichtag:		3.650 TDM
+ n. akt. pfl. Ko. per Stichtag		454 TDM
∕. Verlust aus KLR	∕.	304 TDM
∕. zusätzlicher Verlusterwartung per Bauende	∕.	150 TDM
∕. Rückstellung	∕.	96 TDM
gesamter „beizulegender Wert"		3.554 TDM
bereits im Vorjahr eingebucht:		1.400 TDM
beizulegender Wert für den unabgerechneten Bau im Bilanzjahr		2.154 TDM

e) Damit ergeben sich im Bilanzjahr folgende Werte für den unabgerechneten Verlustauftrag:

in Bilanz:

unabgerechneter Bau:	2.154 TDM
Bestandserhöhung:	2.154 TDM

in Gewinn- und Verlustrechnung:

Gesamtaufwendungen	2.526 TDM

2.2. Ermittlung der Gesamtwerte (Übersichtsblatt zum Jahresabschluß)

Das Übersichtsblatt ist wie folgt aufgebaut:

a) Trennung der Aufträge nach folgenden Gruppen:
   - unabgerechnete Gewinnbaustellen
   - abgerechnete Gewinnbaustellen
   - unabgerechnete Verlustbaustellen
   - abgerechnete Verlustbaustellen
   - Sonderfälle

b) Pro Auftrag werden folgende Daten ermittelt:
Bilanz:
Wert der unabgerechneten Bauten
Rückstellungen

Gewinn- und Verlustrechnung:
Erträge: Umsatzerlöse
          Bestandsveränderung
Aufwendungen: aktivierungspflichtige
               Herstellungskosten
               nicht aktivierungspflichtige
               Kosten
               sonstige Aufwendungen.

Die aktivierungspflichtigen und nicht aktivierungspflichtigen Kosten werden dem Übersichtsblatt der KLR entnommen. Sie sind im schematischen Beispiel identisch mit den Herstell- bzw. Verwaltungskosten. Im praktischen Gewinn- bzw. Verlust-Beispiel werden hier noch die Zusatzkosten und die zusätzlichen Aufwendungen berücksichtigt (vgl. Abschnitt III).

c) Wertermittlung
   - unabgerechnete Gewinnbaustellen
     Wert des unabgerechneten Baues
     bzw. Bestandserhöhung
     = aktivierungspflichtige Herstellungskosten
   - Wert der unabgerechneten Verlustbaustellen
     = niedrigerer beizulegender Wert (dieser
     Wert wurde in dem Abschnitt II. 1.2 ermittelt).

d) Im letzten Abschnitt „Ermittlung der Werte für den Jahresabschluß" werden die folgenden Werte aufsummiert:
   - Bestand der unabgerechneten Bauten Ende Bilanzjahr
   - Rückstellungen „Bestand Ende Bilanzjahr"
   - Umsatzerlöse im Bilanzjahr
   - Bestandsveränderung im Bilanzjahr
   - Summe Erträge im Bilanzjahr
   - Summe Aufwendungen im Bilanzjahr
   - Ergebnis im Bilanzjahr

Auftrag	Buchungen am Jahresende	Aktiva unabgerechnete Bauten (1)	Passiva Rückstellung (2)	Umsatzerlöse (3)	Bestandsveränderung (4)	sonstige Erträge (5)	Summe Erträge (6 =3+4+5)	aktivier.-pflichtige Herst.-Kosten (7)	nicht aktiv.-pflichtige Kosten (8)	sonst. Aufwendungen (9)	Summe Aufwendungen (10 =7+8+9)	Gewinn (+) Verlust (−) (11 =6./.10)
	Unabgerechnete Gewinnbaustellen											
A (G)	Vorjahre — unabgerechneter Bau/ Herstellungskosten											
	Vorjahre	0	0	0	0	0	0	0	0	0	0	0
	Bilanzjahr — unabgerechneter Bau/ Herstellungskosten	1.400			1.400		1.400	1.400	128		1.528	1.400 − 1.528
	im Bilanzjahr	1.400	0	0	1.400	0	1.400	1.400	128	0	1.528	− 128
	Bestand Ende Bilanzjahr	1.400	0									
	Erträge und Aufwendungen seit Baubeginn			0	1.400	0	1.400	1.400	128	0	1.528	− 128
	Abgerechnete Gewinnbaustellen											
B (G)	Vorjahre — unabgerechneter Bau/ Herstellungskosten											
	Vorjahre	0	0	0	0	0	0	0	0	0	0	0
	Bilanzjahr — Umsatzerlös/ Herstellungskosten — Rückstellungen		96	4.800			4.800 0	4.100	384	 96	4.484 96	4.800 − 4.484 − 96
	im Bilanzjahr	0	96	4.800	0	0	4.800	4.100	384	96	4.580	220
	Bestand Ende Bilanzjahr	0	96									
	Erträge und Aufwendungen seit Baubeginn			4.800	0	0	4.800	4.100	384	96	4.580	220
C (G)	Vorjahre — unabgerechneter Bau/ Herstellungskosten	1.300			1.300		1.300	1.300	128		1.428	1.300 − 1.428
	Vorjahre	1.300	0	0	1.300	0	1.300	1.300	128	0	1.428	− 128
	Bilanzjahr — Umsatzerlös/ Herstellungskosten — Rücknahme unabgerechn. Bau/ bzw. Bestandsminderung — Rückstellungen	 − 1.300	 96	4.800	 − 1.300		4.800 − 1.300 0	 2.800	 256	 96	 3.056 96	4.800 − 3.056 − 1.300 − 96
	im Bilanzjahr	− 1.300	96	4.800	− 1.300	0	3.500	2.800	256	96	3.152	348
	Bestand Ende Bilanzjahr	0	96									
	Erträge und Aufwendungen seit Baubeginn			4.800	0	0	4.800	4.100	384	96	4.580	220
	Unabgerechnete Verlustbaustellen											
D (G)	Vorjahre — unabgerechneter Bau/ Herstellungskosten — zusätzl. Verlusterw. Bauende — Gewährleistungsrückstellung					0 0 0					0 0 0 0	0 0 0 0
	Vorjahre	0	0	0	0	0	0	0	0	0	0	0
	Bilanzjahr — unabgerechneter Bau/ Herstellungskosten	1.304			1.304		1.304	1.700	178		1.878	1.304 − 1.878
	im Bilanzjahr	1.304	0	0	1.304	0	1.304	1.700	178	0	1.878	− 574
	Bestand Ende Bilanzjahr	1.304	0									
	Erträge und Aufwendungen seit Baubeginn			0	1.304	0	1.304	1.700	178	0	1.878	− 574

Auftrag	Buchungen am Jahresende	Bilanz: Aktiva — unabgerechnete Bauten (1)	Bilanz: Passiva — Rückstellung (2)	Erträge: Umsatzerlöse (3)	Erträge: Bestandsveränderung (4)	Erträge: sonstige Erträge (5)	Erträge: Summe Erträge (6) =3+4+5	Aufwendungen: aktivierpflichtige Herst.-Kosten (7)	Aufwendungen: nicht aktiv.-pflichtige Kosten (8)	Aufwendungen: sonst. Aufwendungen (9)	Aufwendungen: Summe Aufwendungen (10) =7+8+9	Gewinn (+) Verlust (−) (11) =6./.10
	Abgerechnete Verlustbaustellen											
E (G)	Vorjahre — unabgerechneter Bau	1.204			1.204		1.204					1.204
	Herstellungskosten							1.450	228		1.678	− 1.678
	Vorjahre	1.204	0	0	1.204	0	1.204	1.450	228	0	1.678	− 474
	Bilanzjahr — Umsatzerlöse			4.800			4.800					4.800
	Herstellungskosten							3.250	356		3.606	− 3.606
	— Rücknahme unabgerechn. Bau bzw. Bestandsminderung	− 1.204			− 1.204		− 1.204					− 1.204
	im Bilanzjahr	− 1.204	0	4.800	− 1.204	0	3.596	3.250	356	0	3.606	− 10
	Bestand Ende Bilanzjahr	0	0									
	Erträge und Aufwendungen seit Baubeginn			4.800	0	0	4.800	4.700	584	0	5.284	− 484
	Verlustbaustelle bei Auftragshereinnahme											
F (G)	Rückstellung ‚erwarteter Verlust'		600							600	600	− 600
	Gewährleistungsrückstellung		− 96							96	96	− 96
	im Bilanzjahr	0	696	0	0	0	0	0	0	696	696	− 696
	Bestand Ende Bilanzjahr	0	696									
	Erträge und Aufwendungen seit Baubeginn			0	0	0	0	0	0	696	696	− 696
	Unabgerechneter Verlustauftrag im Vorjahr wird Gewinnauftrag im Bilanzjahr bei Abrechnung dieser Baustelle, z. B. im nächsten Jahr, siehe ‚abgerechnete Gewinnbaustelle C G'											
G (G)	Vorjahre — unabgerechneter Bau	1.254			1.254		1.254					1.254
	Herstellungskosten							2.000	178		2.178	− 2.178
	Vorjahre	1.254	0	0	1.254	0	1.254	2.000	178	0	2.178	− 924
	Bilanzjahr — unabgerechneter Bau	2.146			2.146		2.146					− 2.146
	Herstellungskosten							1.400	242		1.642	− 1.642
	im Bilanzjahr	2.146	0	0	2.146	0	2.146	1.400	242	0	1.642	504
	Bestand Ende Bilanzjahr	3.400	0									
	Erträge und Aufwendungen seit Baubeginn			0	3.400	0	3.400	3.400	420	0	3.820	− 420
	Unabgerechneter Gewinnauftrag im Vorjahr wird Verlustauftrag im Bilanzjahr bei Abrechnung dieser Baustelle, z. B. im neuen Jahr, siehe ‚abgerechnete Verlustbaustelle E'											
H (G)	Vorjahre — unabgerechneter Bau	1.400			1.400		1.400					1.400
	Herstellungskosten							1.400	178		1.578	− 1.578
	Vorjahre	1.400	0	0	1.400	0	1.400	1.400	178	0	1.578	− 178
	Bilanzjahr — unabgerechneter Bau	2.154			2.154		2.154					2.154
	Herstellungskosten							2.250	276		2.526	− 2.526
	im Bilanzjahr	2.154	0	0	2.154	0	2.154	2.250	276	0	2.526	− 372
	Bestand Ende Bilanzjahr	3.554	0									
	Erträge und Aufwendungen seit Baubeginn			0	3.554	0	3.554	3.650	454	0	4.104	− 550
	Ermittlung der Werte für den Jahresabschluß (Summenbildung aus den einzelnen Auftragsgruppen)											
	Vorjahr	5.158	0									
	im Bilanzjahr	4.500	888	14.400	4.500	0	18.900	16.900	1.820	888	19.608	− 708
	Bestand Ende Bilanzjahr	9.658	888									

3. Abstimmung zwischen KLR und Gewinn- und Verlustrechnung für das Berichtsjahr

a) Ergebnisermittlung

Leistungen laut KLR:	19.000 TDM	Umsatzerlöse laut G+V-Rechnung:	14.400 TDM
		Bestandserhöhung	4.500 TDM
		= Erträge aus Bauleistungen	18.900 TDM
./. Kosten laut KLR:	18.720 TDM	./. Aufwendungen lt. G+V-Rechnung:	19.608 TDM
= Ergebnis	+ 280 TDM		./. 708 TDM

b) Vergleich: Leistungen KLR und Erträge aus Bauleistungen G+V-Rechnung

Die Leistungen der KLR sind mit der Position „Erträge aus Bauleistungen in der G+V-Rechnung" nicht unmittelbar zu vergleichen.

In der KLR werden die erbrachten Bauleistungen des Berichtsjahres ausgewiesen. In der Gewinn- und Verlustrechnung handelt es sich dagegen um:

abgerechnete Bauleistungen seit Baubeginn

./. Bestandsminderungen, das sind die Beträge, die für die nunmehr abgerechneten Bauleistungen in den Vorjahren als unabgerechnete Bauten ausgewiesen waren

+ Bestandserhöhungen, das sind unabgerechnete Bauleistungen, die im Bilanzjahr neu erstellt werden.

c) Abstimmung zwischen Kosten und Aufwendungen

Kosten laut KLR:	18.720 TDM	Aufwendungen laut G+V-Rechnung:	19.608 TDM
./. Zusatzkosten[2]	0 TDM	./. Differenz zwischen bil. Afa und kalk. Afa[2]	0 TDM
(z. B. kalkulatorische Zinsen)		./. Altersversorgung und sonst. n. akt. pfl. H. KO.[2]	0 TDM
		./. Rückstellungen	./. 888 TDM
	18.720 TDM		18.720 TDM

d) Abstimmung der Ergebnisse

Baustellen	KLR	G+V-Rechnung
A	72	./. 128
B	316	220
C	144	348
D	./. 278	./. 574
E	./. 406	10
F	—	./. 696
G	758	504
H	./. 326	./. 372
	280	./. 708

Die unterschiedlichen Gewinnausweise ergeben sich wie folgt:

Die KLR weist den Gewinn aus:

Leistung im Berichtszeitraum
./. Kosten im Berichtszeitraum

Gewinn im Berichtszeitraum

Bei der Gewinn- und Verlustrechnung werden dagegen ausgewiesen:

— unabgerechnete Gewinnbaustellen:
kein Gewinn

— abgerechnete Gewinnbaustellen:
Gewinn seit Baubeginn
./. Rückstellung für Baustellenräumung und Gewährleistungen.

Das heißt, der gesamte Gewinn wird erst bei Bauabnahme „realisiert".

— unabgerechnete Verlustbaustellen:
bereits angefallener Verlust laut KLR
+ zusätzlich zu erwartender Verlust per Bauende
+ Rückstellungen für Baustellenräumung und und Gewährleistungen.

Das heißt, die Folgejahre werden von Verlusten zu Lasten des Bilanzjahres freigehalten.

— Abgerechnete Verlustaufträge: Differenz zwischen dem bereits in den Vorjahren ausgewiesenen Verlust und dem tatsächlich am Ende der Baustelle eingetretenen Verlust. Es wird keine Rückstellung mehr gebildet, da diese bereits bei der ersten Verlustrechnung berücksichtigt ist.

---

[2] Diese Kosten bzw. Aufwendungen fallen in der Praxis an, sind jedoch in dieser Systematik aus Vereinfachungsgründen vernachlässigt, das heißt gleich Null gesetzt worden. In den folgenden Beispielen für die Jahre 1988–90 sind diese Kosten bzw. Aufwandsbestandteile berücksichtigt.

III. Praktisches Beispiel (GmbH)

1. Für das Jahr 1988

Für das Jahr 1988 werden nur die unabgerechneten Bauten gezeigt, damit man für die Jahre 1989 und 1990 die Werte des Jahresabschlusses „Bestandsveränderungen" und „unabgerechnete Bauten" nachvollziehen kann.

1.1 Darstellung der Bauaufträge

1.1.1 Zeitliche Struktur der Auftragsabwicklung

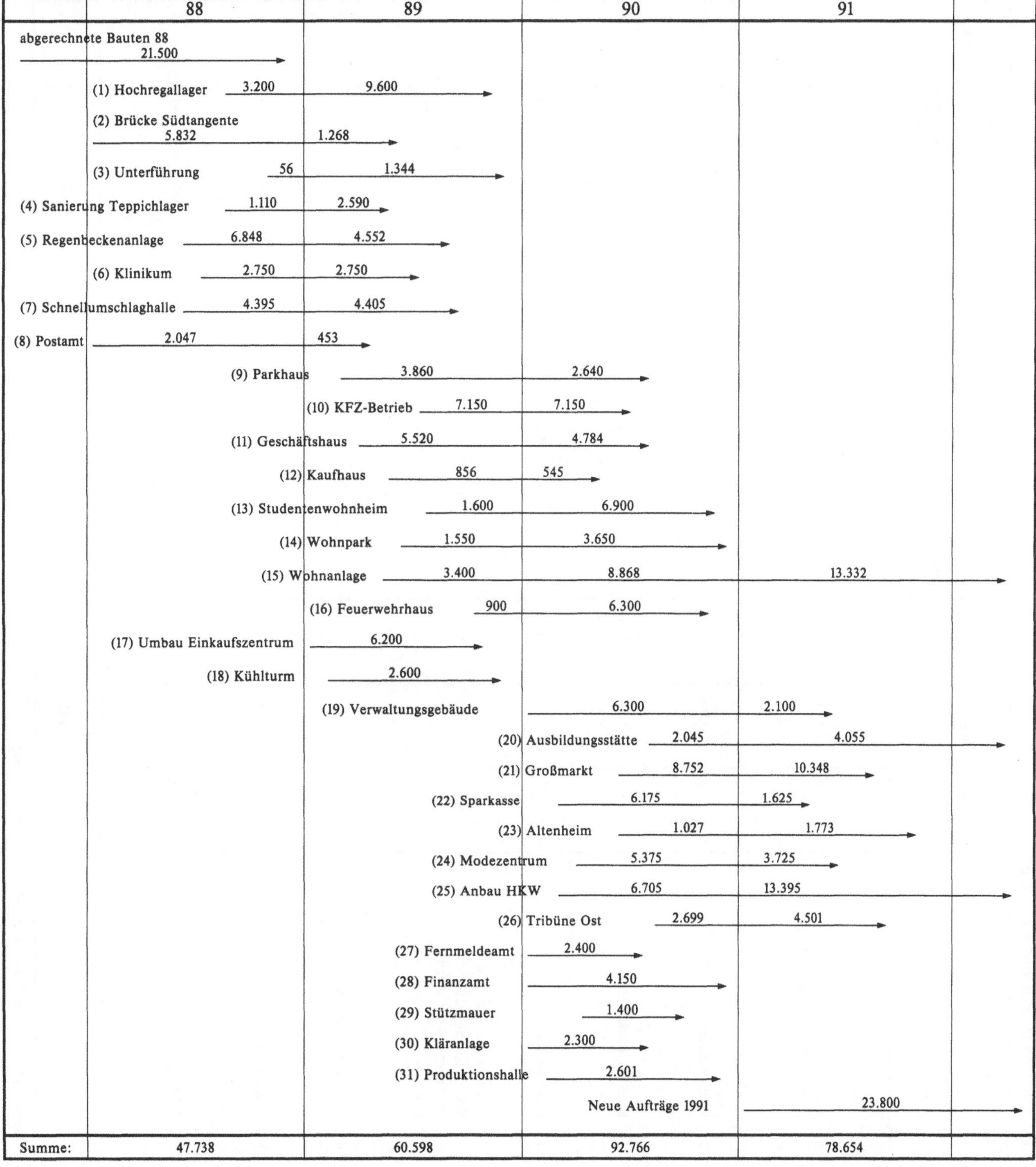

1.1.2 Übersichtsblatt der KLR 1988

Nr.	Auftrag	Leistung			Kosten						Ergebnis			Voraus-sichtliche Gesamt-Bauleistung per Bauende
		Vorjahre	Berichtsjahr	seit Baubeginn	Vorjahre		Berichtsjahr		seit Baubeginn		Vorjahre	Berichtsjahr	seit Baubeginn	
					Herstell-kosten	Verwaltungs-kosten	Herstell-kosten	Verwaltungs-kosten*	Herstell-kosten	Verwaltungs-kosten*				
		(1)	(2)	(3=1+2)	(4)	(5)	(6)	(7)	(8=4+6)	(9=5+7)	(10=1-4-5)	(11=2-6-7)	(12=3-8-9)	
6	Klinikum (V) interne Verrechnung**	0	2.750	2.750	0	0 0 0	2.675	220 45 265	2.675	220 45 265	0 0 0	-145 - 45 -190	-145 - 45 -190	5.500
1	Hochregallager	0	3.200	3.200	0	0	2.556	256	2.556	256	0	388	388	12.800
2	Brücke Südtangente	0	5.832	5.832	0	0	5.311	467	5.311	467	0	54	54	7.100
3	Unterführung	0	56	56	0	0	48	4	48	4	0	3	3	1.400
7	Schnellumschlaghalle (V) interne Verrechnung**	0	4.395	4.395	0	0 0 0	4.470	352 74 426	4.470	352 74 426	0 0 0	-426 - 74 -500	-426 - 74 -500	8.800
4	Sanierung Teppichlager	0	1.110	1.110	0	0	950	89	950	89	0	71	71	3.700
5	Regenbeckenanlage	0	6.848	6.848	0	0	5.940	557	5.940	557	0	351	351	11.400
8	Postamt	0	2.047	2.047	0	0	1.886	164	1.886	164	0	- 3	- 3	2.500
		0	26.238	26.238	0	0	23.836	2.228	23.836	2.228	0	174	174	53.200

* Verwaltungskosten. Der Zuschlag beträgt 8 % auf die Bauleistung.

** Bei Verlustbaustellen sind noch interne Verrechnungen erfolgt, die durch besondere Leistungen z. B. des Konstruktionsbüros bedingt sind.

1.1.3 Zusätzliche Informationen aus der KLR für den Jahresabschluß 1988

— Zusätzliche Verlusterwartungen per Bauende für folgende Baustellen:

BST 6: Klinikum	800 TDM
BST 7: Schnellumschlaghalle	500 TDM

— Rückstellungen für Verlustbaustellen per Bauende:
2 % von voraussichtlicher Bauleistung
BST 6: Klinikum

2 % von 5.500 TDM =	110 TDM

BST 7: Schnellumschlaghalle

2 % von 8.800 TDM =	176 TDM

— Ermittlung der Zusatzkosten

In den Herstellkosten der KLR (23.837 TDM) sind Zusatzkosten (z. B. Kalkulatorische Zinsen) enthalten, die nicht Bestandteil der aktivierungspflichtigen Herstellungskosten des Jahresabschlusses sind.

Berechnung der kalkulatorischen Zinsen:

Afa (Absetzung für Abnutzung)

Afa lt. Gewinn- u. Verlustrechnung	947 TDM

∕ 30 %, da die Afa der Gewinn- u. Verlustrechnung um diesen Betrag höher sind. ∕ 284 TDM

Afa laut KLR	663 TDM

∕ kalkulatorische Zinsen
20 % des Vorhaltebetrages[3]

= 20 % von 663 TDM	132 TDM

— Ermittlung der zusätzlichen Aufwendungen

Altersversorgung lt. Gewinn- und Verlust-Konto	234 TDM

Differenzbetrag zwischen bilanzieller und kalkulatorischer Afa:
In der Bilanz werden Afa ausgewiesen, die gegenüber der KLR um etwa 30 % höher sind.

Afa für Baugeräte laut Gewinn- u. Verlustrechnung	947 TDM	
∕ 30 % von 947 TDM		∕ 284 TDM
kalkulatorische Afa laut KLR	663 TDM	
Afa lt. G+V-Rechnung	947 TDM	
Differenzbetrag		+ 284 TDM
Summe zusätzliche Aufwendungen		518 TDM

— Zusätzliche Aufwendungen der Gewinn- und Verlustrechnung gegenüber der KLR

Die nicht aktivierungspflichtigen Kosten bestehen zunächst aus den Verwaltungskosten, wie sie in der

---

[3]) Dieser Prozentsatz wurde überschläglich aus der BGL-Liste entnommen.

KLR ausgewiesen sind (2.226 TDM), zuzüglich zusätzlicher Aufwendungen (z. B. für Altersversorgung) und Differenzbeträgen zwischen bilanzieller und kalkulatorischer Afa.

1.2 Bewertung der Bauaufträge

1.2.1 Ermittlungen pro Auftrag

— Bestimmung der aktivierungspflichtigen Herstellungskosten

Herstellkosten lt. KLR	23.836 TDM
∕ Zusatzkosten (z. B. kalkulatorische Zinsen)	132 TDM
aktivierungspflichtige Herstellungskosten	23.704 TDM

— Bestimmung der nicht aktivierungspflichtigen Kosten

Verwaltungskosten lt. KLR 1988:	2.227 TDM
+ zusätzliche Aufwendungen	518 TDM
nicht aktivierungspflichtige Kosten	2.745 TDM

Für die einzelnen Aufträge werden sowohl die Zusatzkosten als auch die zusätzlichen Aufwendungen wie folgt berücksichtigt:

— prozentualer Abschlag auf die Herstellkosten lt. KLR pro Auftrag

$$\frac{\text{Zusatzkosten x 100}}{\text{Herstellkosten lt. KLR}} = \frac{132 \text{ TDM}}{23.836 \text{ TDM}} \text{ x } 100 =$$

$$= 0,5538 \%$$

— prozentualer Zuschlag für die zusätzlichen Aufwendungen auf die Verwaltungskosten lt. KLR pro Auftrag

Dem Übersichtsblatt „KLR 88" sind für jede Baustelle die Verwaltungskosten ohne Altersversorgung und ohne Differenzbetrag zwischen bilanzieller Afa und kalkulatorischer Afa enthalten. Die letztgenannten Beträge werden prozentual auf die Verwaltungskosten der KLR aufgerechnet.

Altersversorgung:	234 TDM
Differenz Afa:	284 TDM
	518 TDM

$$\frac{\text{Zusätzliche Aufwendungen}}{\text{Verwaltungskosten lt. KLR}} \text{ x } 100 = \frac{518}{2.226} \text{ x } 100 =$$

$$= 23,27 \%$$

(Dieses Verfahren wird nur für 1988 gezeigt. Für die Jahre 1989/90 werden die Zahlen entsprechend den gezeigten Schritten errechnet.)

In der folgenden Übersicht sind die aktivierungspflichtigen und die nicht aktivierungspflichtigen Kosten pro Auftrag errechnet. Die Zahlen der Spalten 3 und 6 werden in die Übersichtsblätter zum Jahresabschluß in die Spalten 1, 4, 6 und 7 übernommen:

Nr.	Auftrag	Herstellkosten laut KLR (1)	% Zusatzkosten (2 = 0,5538 % v. 1)	akt. pfl. Herstellungskosten (3 = 1 − 2)	Verwaltungskosten laut (4)	+ zusätzliche Aufwendungen (5 = 23,27 % v. 4)	nicht akt. pfl. Kosten (6 = 4 + 5)
6	Klinikum	2.675	15	2.660	265	62	327
1	Hochregallager	2.556	14	2.542	256	60	316
2	Brücke Südtangente	5.311	29	5.282	467	109	576
3	Unterführung	48	0	48	4	1	5
7	Schnellumschlaghalle	4.470	25	4.445	426	99	525
4	Sanierung Teppichlager	950	5	945	89	21	110
5	Regenbeckenanlage	5.940	33	5.907	557	130	687
8	Postamt	1.886	10	1.876	164	38	202
		23.836	131	23.705	2.228	520	2.748

— Ermittlung der Werte für die unabgerechneten Bauten für die Bilanz bzw. für die Bestandsänderungen der Gewinn- und Verlustrechnung

a) Gewinnaufträge

Die GmbH hat von dem Wahlrecht „Bewertung der unabgerechneten Bauten zu aktivierungspflichtigen Herstellungskosten" Gebauch gemacht.

Damit können die entsprechenden Werte des vorgehenden Übersichtsblattes (Spalte 3) direkt in das Übersichtsblatt zum Jahresabschluß (Spalte 1 und 4 und 6) (Punkt 1.6) übernommen werden. Ebenso werden die nicht aktivierungspflichtigen Kosten in die Spalte 7 übernommen, damit die Summe der Aufwendungen pro Bauauftrag gezeigt werden kann.

b) Verlustaufträge

Die Bewertung dieser Aufträge erfolgt mit dem niedrigeren beizulegenden Wert. Wie dieser ermittelt wird, soll am Beispiel des Bauauftrages „Baustelle 6 (Klinikum)" gezeigt werden.

Beispiel: Baustelle 6 (Klinikum)

Aktivierungspflichtige Herstellungskosten		2.660 TDM
nicht aktivierungspflichtige Kosten	+	327 TDM
% Verlust aus KLR seit Baubeginn	%	190 TDM
% zusätzlich zu erwartender Verlust zum Bauende	%	800 TDM
% Rückstellung = 2 % von voraussichtlicher Gesamtleistung per Bauende (5.500 TDM)	%	110 TDM
= beizulegender Wert		1.887 TDM

Für die anderen Beispiele wurde ein Formblatt (Errechnung der beizulegenden Werte für die unabgerechneten Verlustbaustellen im Berichtsjahr) entwickelt. Die Zahlen der Spalte 11 werden in das Übersichtsblatt zum Jahresabschluß in die Spalten 1 und 4 übertragen. Die Aufwendungen für die Verlustaufträge werden analog zu den Aufwendungen der Gewinnaufträge in das Übersichtsblatt übernommen.

Errechnung der beizulegenden Werte für die unabgerechneten Verlustbaustellen im Berichtsjahr in TDM 1988

Nr.	Name der Baustelle	Aktivierungspflichtige Herstellungskosten (1)	nicht aktivierungspflichtige Kosten (2)	Summe Kosten Ende Bilanzjahr $(3=1+2)$	Verlust aus KLR seit Baubeginn Vorjahre (4)	zusätzlich zu erwartender Verlust zum Bauende (5)	Gesamtverlust zum Bauende $(6=4+5)$	Rückstellung z. B. 2% von voraussichtlicher Gesamtleistung (7)	beizulegender Wert Ende Bilanzjahr $(8=3-6-7)$	Rückstellung, falls Verlust größer als Kosten Sp. (3) (9)	bereits im Vorjahr als als unabg. Bauten eingebucht (10)	Einzubuchender (beizulegender) Wert im Bilanzjahr $(11=8-1[\text{Vorj.}])$
6	Klinikum	2.660	327	2.987	190	800	990	110	1.887	–	–	1.887
7	Schnellumschlagh.	4.445	525	4.970	500	500	1.000	176	3.794	–	–	3.794

1.2.2 Ermittlung der Gesamtwerte. Übersichtsblatt zum Jahresabschluß für das Jahr 1988

Auftrag	Buchungen am Jahresende	Bilanz		Gewinn- und Verlustrechnung							
		Aktiva	Passiva	Erträge			Aufwendungen				
		unabgerechnete Bauten	Rückstellung	Umsatzerlöse	Bestandsveränderung	Summe Erträge	aktivier.-pflichtige Herst.-Kosten	nicht aktiv.-pflichtige Kosten	sonst. Aufwendungen	Summe Aufwendungen	Gewinn (+) Verlust (−)
		1	2	3	4	5 =3+4	6	7	8	9 =6+7+8	10 =5./.9
	Unabgerechnete Gewinnbaustellen 1988										
(1)	Bilanzjahr — unabgerechneter Bau/ Herstellungskosten	2.542			2.542	2.542	2.542	316		2.858	2.542 −2.858
	im Bilanzjahr	2.542	0	0	2.542	2.542	2.542	316	0	2.858	− 316
	Bestand Ende Bilanzjahr	2.542	0								
	Erträge und Aufwendungen seit Baubeginn			0	2.542	2.542	2.542	316	0	2.858	− 316
(2)	Bilanzjahr — unabgerechneter Bau/ Herstellungskosten	5.282			5.282	5.282	5.282	576		5.858	5.282 −5.858
	im Bilanzjahr	5.282	0	0	5.282	5.282	5.282	576	0	2.858	− 576
	Bestand Ende Bilanzjahr	5.282	0								
	Erträge und Aufwendungen seit Baubeginn			0	5.282	5.282	5.282	576	0	5.858	− 576
(3)	Bilanzjahr — unabgerechneter Bau/ Herstellungskosten	48			48	48	48	5		53	48 − 53
	im Bilanzjahr	48	0	0	48	48	48	5	0	53	− 5
	Bestand Ende Bilanzjahr	48	0								
	Erträge und Aufwendungen seit Baubeginn			0	48	48	48	5	0	53	− 5
(4)	Bilanzjahr — unabgerechneter Bau/ Herstellungskosten	945			945	945	945	110		1.055	945 − 1.055
	im Bilanzjahr	945	0	0	945	945	945	110	0	1.055	− 110
	Bestand Ende Bilanzjahr	945	0								
	Erträge und Aufwendungen seit Baubeginn			0	945	945	945	110	0	1.055	− 110
(5)	Bilanzjahr — unabgerechneter Bau/ Herstellungskosten	5.907			5.907	5.907	5.907	687		6.594	5.907 −6.594
	im Bilanzjahr	5.907	0	0	5.907	5.907	5.907	687	0	6.594	− 687
	Bestand Ende Bilanzjahr	5.907	0								
	Erträge und Aufwendungen seit Baubeginn			0	5.907	5.907	5.907	687	0	6.594	− 687
(8)	Bilanzjahr — unabgerechneter Bau/ Herstellungskosten	1.876			1.876	1.876	1.876	202		2.078	1.876 −2.078
	im Bilanzjahr	1.876	0	0	1.876	1.876	1.876	202	0	2.078	− 202
	Bestand Ende Bilanzjahr	1.876	0								
	Erträge und Aufwendungen seit Baubeginn			0	1.876	1.876	1.876	202	0	2.078	− 202
	Zwischensumme unabgerechnete Gewinnausbaustellen 1988										
	Vorjahre										
	im Bilanzjahr	16.600	0	0	16.600	16.600	16.600	1.896	0	18.496	− 1.896
	Bestand Ende Bilanzjahr	16.600	0								
	Unabgerechnete Verlustbaustellen 1988										
(6)	Bilanzjahr — unabgerechneter Bau/ Herstellungskosten	1.887			1.887	1.887	2.660	327		2.987	1.887 −2.987
	im Bilanzjahr	1.887	0	0	1.887	1.887	2.660	327	0	2.987	− 1.100
	Bestand Ende Bilanzjahr	1.887	0								
	Erträge und Aufwendungen seit Baubeginn			0	1.887	1.887	2.660	327	0	2.987	− 1.100
(7)	Bilanzjahr — unabgerechneter Bau/ Herstellungskosten	3.794			3.794	3.794	4.445	525		4.970	3.794 −4.970
	im Bilanzjahr	3.794	0	0	3.794	3.794	4.445	525	0	4.970	− 1.176
	Bestand Ende Bilanzjahr	3.794	0								
	Erträge und Aufwendungen seit Baubeginn			0	3.794	3.794	4.445	525	0	4.970	− 1.176

Auf-trag	Buchungen am Jahresende	Bilanz		Gewinn- und Verlustrechnung								
		Aktiva	Passiva	Erträge			Aufwendungen				
		unabge-rechnete Bauten	Rück-stellung	Umsatz-erlöse	Be-stands-verände-rung	Summe Erträge	aktivier.-pflichtige Herst.-Kosten	nicht aktiv.-pflichtige Kosten	sonst. Aufwen-dungen	Summe Aufwen-dungen	Gewinn (+) Verlust (−)
		1	2	3	4	5 =3+4	6	7	8	9 =6+7+8	10 =5./.9
	Zwischensumme Unabgerechnete Verlustbaustellen 1988										
	Vorjahre										
	im Bilanzjahr	5.681	0	0	5.681	5.681	7.105	852	0	7.957	− 2.276
	Bestand Ende Bilanzjahr	5.681	0								
	Summenbildung aller Baustellen für 1988										
	Bestand Vorjahr ./. abgrechnete Bauten	1.586									
	Bilanzjahr	22.281	0	0	22.281	22.281	23.705	2.748	0	26.453	− 4.172
	Bestand Ende Bilanzjahr	23.867	0								

Folgende Zahlen werden aus dem Übersichtsblatt für den Jahresabschluß 1988 entnommen:
(Blatt 2, letzter Absatz)

Bilanz:
- unabgerechnete Bauten
  (Bestand am Ende des Bilanzjahres): 23.867 TDM
- Rückstellungen   0 TDM

Gewinn- und Verlustrechnung:
- Umsatzerlöse: 0 TDM
- Bestandsveränderung: (Erhöhung)   22.281 TDM
- Aufwendungen:
  (23.705 TDM + 2.748 TDM)   26.453 TDM
- Sonstige Aufwendungen
  (Rückstellungen)   0 TDM
- Verlust   − 4.172 TDM

2. Für das Jahr 1989

2.1 Darstellung der Bauaufträge

2.1.1 Zeitliche Struktur der Auftragsabwicklung

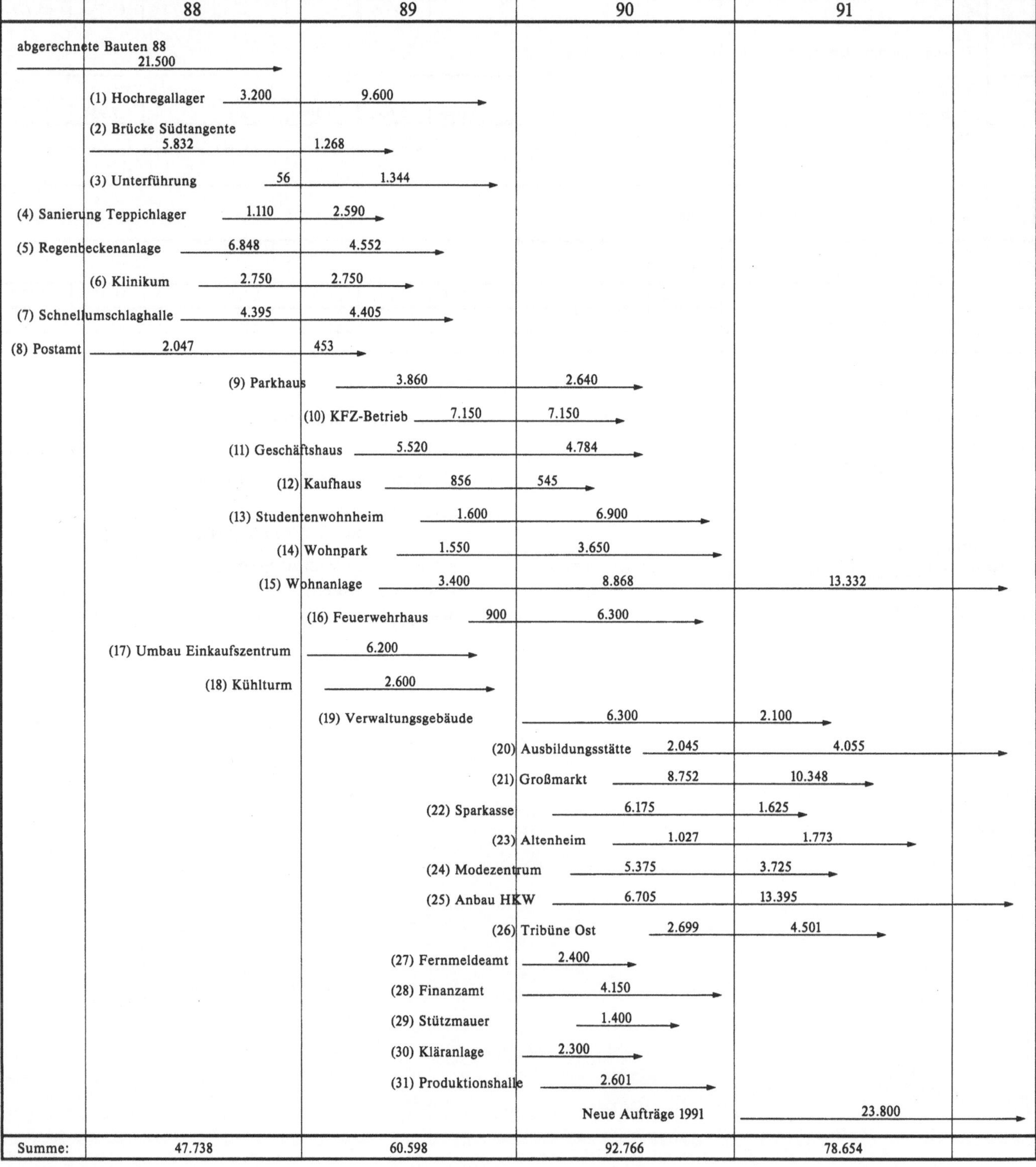

Summe:	47.738	60.598	92.766	78.654

2.1.2 Übersichtsblatt der KLR 1989

Nr.	Auftrag	Leistung			Kosten						Ergebnis			Voraussichtliche Gesamt-Bauleistung per Bauende
		Vorjahre	Berichtsjahr	seit Baubeginn	Vorjahre		Berichtsjahr		seit Baubeginn		Vorjahre	Berichtsjahr	seit Baubeginn	
					Herstellkosten	Verwaltungskosten*	Herstellkosten	Verwaltungskosten*	Herstellkosten	Verwaltungskosten*				
		(1)	(2)	(3=1+2)	(4)	(5)	(6)	(7)	(8=4+6)	(9=5+7)	(10=1–4–5)	(11=2–6–7)	(12=3–8–9)	
6	Klinikum (V) interne Verrechnung**	2.750	2.750	5.500	2.675	220 45 265	2.682	217 60 277	5.357	437 105 542	–145 –45 –190	–152 –45 –197	–294 –105 –399	5.500
1	Hochregallager	3.200	9.600	12.800	2.556	256	7.731	758	10.287	1.014	388	1.111	1.499	12.800
18	Kühlturm (V) interne Verrechnung**	0	2.600	2.600	0	0 0 0	2.541	205 62 267	2.541	0 62 62	0 0	–146 –62 –208	59 –62 –3	2.600
2	Brücke Südtangente	5.832	1.268	7.100	5.311	467	1.157	100	6.468	567	54	10	65	7.100
3	Unterführung	56	1.344	1.400	48	4	1.172	106	1.220	111	4	66	70	1.400
7	Schnellumschlaghalle (V) interne Verrechnung**	4.395	4.405	8.800	4.470	352 74 426	4.492	348 89 437	8.962	699 163 862	–427 –74 –501	–435 –89 –524	–861 –163 –1.024	8.800
4	Sanierung Teppichlager	1.110	2.590	3.700	950	89	2.223	205	3.173	293	71	162	233	3.700
5	Regenbeckenanlage	6.848	4.552	11.400	5.940	557	3.763	359	9.703	916	351	430	781	11.400
8	Postamt	2.047	453	2.500	1.886	164	420	36	2.306	200	–3	–3	–6	2.500
17	Umbau Einkaufzentrum	0	6.200	6.200	0	0	5.603	490	5.603	490	0	107	107	6.200
9	Parkhaus	0	3.860	3.860	0	0	3.425	305	3.425	305	0	130	130	6.500
10	KFZ-Betrieb	0	7.150	7.150	0	0	6.344	565	6.344	565	0	241	241	14.300
11	Geschäftshaus	0	5.520	5.520	0	0	4.898	436	4.898	436	0	186	186	10.300
12	Kaufhaus	0	856	856	0	0	759	68	759	68	0	29	29	1.400
16	Feuerwehrhaus (V) interne Verrechnung**	0	900	900	0	0 0 0	877	71 18 89	877	71 18 89	0 0 0	–48 –18 –66	–48 –18 –66	7.200
13	Studentenwohnheim	0	1.600	1.600	0	0	1.420	126	1.420	126	0	54	54	8.500
14	Wohnpark	0	1.550	1.550	0	0	1.375	122	1.375	122	0	52	52	5.200
15	Wohnanlagen	0	3.400	3.400	0	0	3.544	268	3.544	268	0	–413	–413	18.200
		26.238	60.598	86.836	23.836	2.227	54.426	5.014	78.263	7.036	175	1.167	1.537	133.600

* Verwaltungskosten. Der Zuschlag beträgt 7,8963 % auf die Bauleistung.
** Bei Verlustbaustellen sind noch interne Verrechnungen erfolgt, die durch besondere Leistungen z. B. des Konstruktionsbüros bedingt sind.

2.1.3 Zusätzliche Informationen aus der KLR für den Jahresabschluß 1989

— Zusätzliche Verlusterwartungen per Bauende für folgende Baustellen:
BST 16: Feuerwehrhaus   1.300 TDM

— Rückstellungen für Verlustbaustellen per Bauende:
2 % von voraussichtlicher Bauleistung
BST 16: Feuerwehrhaus
      2 % von 7.200 TDM =   144 TDM

2.2 Bewertung der Bauaufträge

— Ermittlung der Zusatzkosten

In den Herstellkosten der KLR (54.426 TDM) sind Zusatzkosten (z. B. kalkulatorische Zinsen) enthalten, die nicht Bestandteil der aktivierungspflichtigen Herstellungskosten des Jahresabschlusses sind.

Berechnung der kalkulatorischen Zinsen:
Afa

Afa lt. Gewinn- u. Verlustrechnung	2.162 TDM
./. 30 %, da die Afa der Gewinn- u. Verlustrechnung um diesen Betrag höher sind.	./. 649 TDM
Afa laut KLR	1.513 TDM

./. kalkulatorische Zinsen 20 % des Vorhaltebetrages[5] = 20 % von 1.513 TDM	303 TDM

— Ermittlung der zusätzlichen Aufwendungen

Altersversorgung lt. Gewinn- und Verlust-Konto	517 TDM

Differenzbetrag zwischen bilanzieller und kalkulatorischer Afa:
In der Bilanz werden Afa ausgewiesen, die gegenüber der KLR um etwa 30 % höher sind.

Afa für Baugeräte laut Gewinn- und Verlustrechnung	2.162 TDM
./. 30 % von 2.162 TDM	./. 649 TDM
kalkulatorische Afa laut KLR	1.513 TDM
Afa lt. G+V-Rechnung	2.162 TDM
Differenzbetrag	+ 649 TDM
Summe zusätzliche Aufwendungen	1.166 TDM

— Zusätzliche Aufwendungen der Gewinn- und Verlustrechnung gegenüber der KLR.

Die nicht aktivierungspflichtigen Kosten bestehen zunächst aus den Verwaltungskosten, wie sie in der KLR ausgewiesen sind (5.014 TDM), zuzüglich zusätzlicher Aufwendungen (z. B. für Altersversorgung) und Differenzbeträgen zwischen bilanzieller und kalkulatorischer Afa.

— Bestimmung der aktivierungspflichtigen Herstellungskosten

Herstellungskosten lt. KLR	54.426 TDM
./. Zusatzkosten (z. B. kalkulatorische Zinsen)	303 TDM
aktivierungspflichtige Herstellungskosten	54.123 TDM

— Bestimmung der nicht aktivierungspflichtigen Kosten

Verwaltungskosten lt. KLR 1989:	5.014 TDM
+ Altersversorgung lt. Gewinn und Verlust-Konto	517 TDM
+ Differenzbetrag zwischen bilanzieller und kalkulatorischer Afa	649 TDM
zusätzliche Aufwendungen	1.166 TDM
nicht aktivierungspflichtige Kosten	6.180 TDM

2.2.1 Ermittlung pro Auftrag

Für die einzelnen Aufträge werden sowohl die Zusatzkosten als auch die zusätzlichen Aufwendungen wie folgt berücksichtigt:

— prozentualer Abschlag auf die Herstellkosten lt. KLR pro Auftrag

$$\frac{\text{Zusatzkosten}}{\text{Herstellkosten lt. KLR}} \times 100 =$$

$$= \frac{303 \text{ TDM}}{54.426 \text{ TDM}} \times 100 = \underline{0,5567 \%}$$

— prozentualer Zuschlag für die zusätzlichen Aufwendungen auf die Verwaltungskosten lt. KLR pro Auftrag

$$\frac{\text{Zusätzliche Aufwendungen}}{\text{Verwaltungskosten lt. KLR}} \times 100 =$$

$$= \frac{1.166}{5.014} \times 100 = \underline{23,25 \%}$$

---

[5] Dieser Prozentsatz wurde überschläglich aus der BGL-Liste entnommen.

Ermittlung der Werte für die unabgerechneten Bauten
für die Bilanz bzw. für die Bestandsveränderungen der
Gewinn- und Verlustrechnung.

Nr.	Auftrag	Herstellkosten laut KLR (1)	% Zusatzkosten (2 = 0,5567 % v. 1)	akt. pfl. Herstellungskosten (3 = 1 - 2)	Verwaltungskosten laut KLR (4)	+ zusätzliche Aufwendungen (5 = 23,25 % v. 4)	nicht akt. pfl. Kosten (6 = 4 + 5)
6	Klinikum	2.682	15	2.667	277	64	341
1	Hochregallager	7.731	43	7.688	758	176	934
18	Kühlturm	2.541	14	2.527	267	62	329
2	Brücke Südtangente	1.157	6	1.151	100	23	123
3	Unterführung	1.172	7	1.165	106	25	131
7	Schnellumschlaghalle	4.492	25	4.467	437	102	539
4	Sanierung Teppichlager	2.223	12	2.211	205	48	253
5	Regenbeckenanlage	3.763	21	3.742	359	83	442
8	Postamt	420	2	418	36	8	44
17	Umbau Einkaufszentrum	5.603	31	5.572	490	114	604
9	Parkhaus	3.425	19	3.406	305	71	376
10	KFZ-Betrieb	6.344	35	6.309	565	131	696
11	Geschäftshaus	4.898	27	4.871	436	101	537
12	Kaufhaus	759	4	755	68	16	84
16	Feuerwehrhaus	877	5	872	89	21	110
13	Studentenwohnheime	1.420	8	1.412	126	29	155
14	Wohnpark	1.375	8	1.367	122	28	150
15	Wohnanlagen	3.544	20	3.524	268	62	330
		54.426	302	54.124	5.014	1.164	6.178

Errechnung der beizulegenden Werte für die unabgerechneten Verlustbaustellen im Berichtsjahr 1989 in TDM

Nr.	Name der Baustelle	Aktivierungspflichtige Herstellungskosten	nicht aktivierungspflichtige Kosten	Summe Kosten Ende Bilanzjahr	Verlust aus KLR seit Baubeginn Vorjahr	zusätzlich zu erwartender Verlust zum Bauende	Gesamtverlust zum Bauende	Rückstellung z. B. 2 % von voraussichtlicher Gesamtleistung	beizulegender Wert Ende Bilanzjahr	Rückstellung, falls Verlust größer als Kosten Sp. (3)	bereits im Vorjahr als unabg. Bauten eingebucht	Einzubuchender (beizulegender) Wert im Bilanzjahr
		(1)	(2)	(3 = 1 + 2)	(4)	(5)	(6 = 4 + 5)	(7)	(8 = 3 − 6 − 7)	(9)	(10)	(11 = 8 − 1 [Vorj.])
16	Feuerwehr- haus	872	110	982	66	1.300	1.366	144	–	528	–	–

2.2.2 Ermittlung der Gesamtwerte. Übersichtsblatt zum Jahresabschluß für das Jahr 1989

Auf-trag	Buchungen am Jahresende	Bilanz		Gewinn- und Verlustrechnung							Gewinn
		Aktiva	Passiva	Erträge			Aufwendungen				
		unabge-rechnete Bauten	Rück-stellung	Umsatz-erlöse	Be-stands-verände-rung	Summe Erträge	aktivier.-pflichtige Herst.-Kosten	nicht aktiv.-pflichtige Kosten	sonst. Aufwen-dungen	Summe Aufwen-dungen	Gewinn (+) Verlust (−)
		1	2	3	4	5 =3+4	6	7	8	9 =6+7+8	10 =5./.9
	Unabgerechnete Gewinnbaustellen 1989										
(9)	Bilanzjahr − unabgerechneter Bau/	3.406			3.406	3.406					3.406
	Herstellungskosten						3.406	376		3.782	−3.782
	im Bilanzjahr	3.406	0	0	3.406	3.406	3.406	376	0	3.782	− 376
	Bestand Ende Bilanzjahr	3.406	0								
	Erträge und Aufwendungen seit Baubeginn		0	3.406	3.406	3.406	376	0	3.782	− 376	
(10)	Bilanzjahr − unabgerechneter Bau/	6.309			6.309	6.309					6.309
	Herstellungskosten						6.309	696		7.005	−7.005
	im Bilanzjahr	6.309	0	0	6.309	6.309	6.309	696	0	7.005	− 696
	Bestand Ende Bilanzjahr	6.309	0								
	Erträge und Aufwendungen seit Baubeginn		0	6.309	6.309	6.309	696	0	7.005	− 696	
(11)	Bilanzjahr − unabgerechneter Bau/	4.871			4.871	4.871					4.871
	Herstellungskosten						4.871	537		5.408	−5.408
	im Bilanzjahr	4.871	0	0	4.871	4.871	4.871	537	0	5.408	− 537
	Bestand Ende Bilanzjahr	4.871	0								
	Erträge und Aufwendungen seit Baubeginn		0	4.871	4.871	4.871	537	0	5.408	− 537	
(12)	Bilanzjahr − unabgerechneter Bau/	755			755	755					755
	Herstellungskosten						755	84		839	−839
	im Bilanzjahr	755	0	0	755	755	755	84	0	839	− 84
	Bestand Ende Bilanzjahr	755	0								
	Erträge und Aufwendungen seit Baubeginn		0	755	755	755	84	0	839	− 84	
(13)	Bilanzjahr − unabgerechneter Bau/	1.412			1.412	1.412					1.412
	Herstellungskosten						1.412	155		1.567	−1.567
	im Bilanzjahr	1.412	0	0	1.412	1.412	1.412	155	0	1.567	− 155
	Bestand Ende Bilanzjahr	1.412	0								
	Erträge und Aufwendungen seit Baubeginn		0	1.412	1.412	1.412	155	0	1.567	− 155	
(14)	Bilanzjahr − unabgerechneter Bau/	1.367			1.367	1.367					1.367
	Herstellungskosten						1.367	150		1.517	−1.517
	im Bilanzjahr	1.367	0	0	1.367	1.367	1.367	150	0	1.517	− 150
	Bestand Ende Bilanzjahr	1.367	0								
	Erträge und Aufwendungen seit Baubeginn		0	1.367	1.367	1.367	150	0	1.517	− 150	
(15)	Bilanzjahr − unabgerechneter Bau/	3.524			3.524	3.524					3.524
	Herstellungskosten						3.524	330		3.854	−3.854
	im Bilanzjahr	3.524	0	0	3.524	3.524	3.524	330	0	3.854	− 330
	Bestand Ende Bilanzjahr	3.524	0								
	Erträge und Aufwendungen seit Baubeginn		0	3.524	3.524	3.524	330	0	3.854	− 330	
	Zwischensumme − Unabgerechnete Gewinnbaustellen 1989										
	Vorjahre	0	0								
	im Bilanzjahr	21.644	0	0	21.644	21.644	21.644	2.328	0	23.972	−2.328
	Bestand Ende Bilanzjahr	21.644	0								
	Unabgerechnete Verlustbaustellen 1989										
(16)	Bilanzjahr − unabgerechneter Bau/	0			0	0					0
	Herstellungskosten						872	110		982	− 982
	− Rückstellung		528			0			528	528	− 528
	Verlusterw./Bauende					0				0	0
	im Bilanzjahr	0	528	0	0	0	872	110	528	1.510	− 1.510
	Bestand Ende Bilanzjahr	0	528				•				

Auf-trag	Buchungen am Jahresende	Bilanz		Gewinn- und Verlustrechnung							Gewinn (+) Verlust (−)
		Aktiva	Passiva	Erträge			Aufwendungen				
		unabge-rechnete Bauten	Rück-stellung	Umsatz-erlöse	Be-stands-verände-rung	Summe Erträge	aktivier.-pflichtige Herst.-Kosten	nicht aktiv.-pflichtige Kosten	sonst. Aufwen-dungen	Summe Aufwen-dungen	
		1	2	3	4	5 =3+4	6	7	8	9 =6+7+8	10 =5./.9
	Abgerechnete Gewinnbaustellen 1989										
(1)	Vorjahre										
	— unabgerechneter Bau/	2.542			2.542	2.542					2.542
	Herstellungskosten						2.542	316		2.858	− 2.858
	Vorjahr	2.542	0	0	2.542	2.542	2.542	316	0	2.858	− 316
	Bilanzjahr										
	— Umsatzerlös/			12.800		12.800					12.800
	Herstellungskosten						7.688	934		8.622	− 8.622
	— Rücknahme unabgerechn. Bau/										
	bzw. Bestandsminderung	− 2.542			− 2.542	− 2.542					− 2.542
	- Gewährleistungsrückstellung		256			0			256	256	− 256
	im Bilanzjahr	− 2.542	256	12.800	− 2.542	10.258	7.688	934	256	8.878	1.380
	Bestand Ende Bilanzjahr	0	256								
	Erträge und Aufwendungen seit Baubeginn			12.800	0	12.800	10.230	1.250	256	11.736	− 1.064
(2)	Vorjahre										
	— unabgerechneter Bau/	5.282			5.282	5.282					5.282
	Herstellungskosten						5.282	576		5.858	− 5.858
	Vorjahr	5.282	0	0	5.282	5.282	5.282	576	0	5.858	− 576
	Bilanzjahr										
	— Umsatzerlös/			7.100		7.100					7.100
	Herstellungskosten						1.151	123		1.274	− 1.274
	— Rücknahme unabgerechn. Bau/										
	bzw. Bestandsminderung	− 5.282			− 5.282	− 5.282					− 5.282
	- Gewährleistungsrückstellung		142			0			142	142	− 142
	im Bilanzjahr	− 5.282	142	7.100	− 5.282	1.818	1.151	123	142	1.416	402
	Bestand Ende Bilanzjahr	0	142								
	Erträge und Aufwendungen seit Baubeginn			7.100	0	7.100	6.433	699	142	7.274	− 174
(3)	Vorjahre										
	— unabgerechneter Bau/	48			48	48					48
	Herstellungskosten						48	5		53	− 53
	Vorjahre	48	0	0	48	48	48	5	0	53	− 5
	Bilanzjahr										
	— Umsatzerlös/			1.400		1.400					1.400
	Herstellungskosten						1.165	131		1.296	− 1.296
	— Rücknahme unabgerechn. Bau/										
	bzw. Bestandsminderung	− 48			− 48	− 48					− 48
	- Gewährleistungsrückstellung		28			0			28	28	− 28
	im Bilanzjahr	− 48	28	1.400	− 48	1.352	1.165	131	28	1.324	28
	Bestand Ende Bilanzjahr	0	28								
	Erträge und Aufwendungen seit Baubeginn			1.400	0	1.400	1.213	136	28	1.377	23
(4)	Vorjahre										
	— unabgerechneter Bau/	945			945	945					945
	Herstellungskosten						945	110		1.055	− 1.055
	Vorjahr	945	0	0	945	945	945	110	0	1.055	− 110
	Bilanzjahr										
	— Umsatzerlös/			3.700		3.700					3.700
	Herstellungskosten						2.211	253		2.464	− 2.464
	— Rücknahme unabgerechn. Bau/										
	bzw. Bestandsminderung	− 945			− 945	− 945					− 945
	- Gewährleistungsrückstellung		74			0			74	74	− 74
	im Bilanzjahr	− 945	74	3.700	− 945	2.755	2.211	253	74	2.538	217
	Bestand Ende Bilanzjahr	0	74								
	Erträge und Aufwendungen seit Baubeginn			3.700	0	3.700	3.156	363	74	3.593	107

Auftrag	Buchungen am Jahresende	Bilanz		Gewinn- und Verlustrechnung							Gewinn (+) Verlust (−)
		Aktiva	Passiva	Erträge			Aufwendungen				
		unabgerechnete Bauten	Rückstellung	Umsatzerlöse	Bestandsveränderung	Summe Erträge	aktivier.-pflichtige Herst.-Kosten	nicht aktiv.-pflichtige Kosten	sonst. Aufwendungen	Summe Aufwendungen	Gewinn (+) Verlust (−)
		1	2	3	4	5 =3+4	6	7	8	9 =6+7+8	10 =5./.9
(5)	Vorjahre										
	− unabgerechneter Bau/	5.907			5.907	5.907					5.907
	Herstellungskosten						5.907	687		6.594	− 6.594
	Vorjahre	5.907	0	0	5.907	5.907	5.907	687	0	6.594	− 687
	Bilanzjahr										
	− Umsatzerlös/			11.400		11.400					11.400
	Herstellungskosten						3.742	442		4.184	− 4.184
	− Rücknahme unabgerechn. Bau/										
	bzw. Bestandsminderung	− 5.907			− 5.907	− 5.907					− 5.907
	- Gewährleistungsrückstellung		228			0			228	228	− 228
	im Bilanzjahr	− 5.907	228	11.400	− 5.907	5.493	3.742	442	228	4.412	1.081
	Bestand Ende Bilanzjahr	0	228								
	Erträge und Aufwendungen seit Baubeginn			11.400	0	11.400	9.649	1.129	228	11.006	394
(8)	Vorjahre										
	− unabgerechneter Bau/	1.876			1.876	1.876					1.876
	Herstellungskosten						1.876	202		2.078	− 2.078
	Vorjahre	1.876	0	0	1.876	1.876	1.876	202	0	2.078	− 202
	Bilanzjahr										
	− Umsatzerlös/			2.500		2.500					2.500
	Herstellungskosten						418	44		462	− 462
	− Rücknahme unabgerechn. Bau/										
	bzw. Bestandsminderung	− 1.876			− 1.876	− 1.876					− 1.876
	- Gewährleistungsrückstellung		50			0			50	50	− 50
	im Bilanzjahr	− 1.876	50	2.500	− 1.876	624	418	44	50	512	112
	Bestand Ende Bilanzjahr	0	50								
	Erträge und Aufwendungen seit Baubeginn			2.500	0	2.500	2.294	246	50	2.590	− 90
(17)	Bilanzjahr										
	− Umsatzerlös/			6.200		6.200					6.200
	Herstellungskosten						5.572	604		6.176	− 6.176
	− Rücknahme unabgerechn. Bau/										
	bzw. Bestandsminderung					0					0
	- Gewährleistungsrückstellung		124			0			124	124	− 124
	im Bilanzjahr	0	124	6.200	0	6.200	5.572	604	124	6.300	− 100
	Bestand Ende Bilanzjahr	0	124								
	Erträge und Aufwendungen seit Baubeginn			6.200	0	6.200	5.572	604	124	6.300	− 100
	Zwischensumme abgerechnete Gewinnbaustellen 1989										
	Vorjahre	16.600	0								
	im Bilanzjahr	− 16.600	902	45.100	− 16.600	28.500	21.947	2.531	902	25.380	3.120
	Bestand Ende Bilanzjahr	0	902								

Auf-trag	Buchungen am Jahresende	Bilanz		Gewinn- und Verlustrechnung							Gewinn (+) Verlust (−)
		Aktiva	Passiva	Erträge			Aufwendungen				
		unabge-rechnete Bauten	Rück-stellung	Umsatz-erlöse	Be-stands-verände-rung	Summe Erträge	aktivier.-pflichtige Herst.-Kosten	nicht aktiv.-pflichtige Kosten	sonst. Aufwen-dungen	Summe Aufwen-dungen	
		1	2	3	4	5 =3+4	6	7	8	9 =6+7+8	10 =5./.9
Abgerechnete Verlustbaustellen 1989											
(6)	Vorjahre — unabgerechneter Bau/ Herstellungskosten	1.887			1.887	1.887	2.660	327		2.987	1.887 −2.987
	Vorjahr	1.887	0	0	1.887	1.887	2.660	327	0	2.987	−1.100
	Bilanzjahr — Umsatzerlös/ Herstellungskosten — Rücknahme unabgerechn. Bau/ bzw. Bestandsminderung	−1.887		5.500	−1.887	5.500 − 1.887	2.667	341		3.008	5.500 −3.008 −1.887
	im Bilanzjahr	−1.887	0	5.500	−1.887	3.613	2.667	341	0	3.008	605
	Bestand Ende Bilanzjahr	0	0								
	Erträge und Aufwendungen seit Baubeginn			5.500	0	5.500	5.327	668	0	5.995	− 495
(18)	Bilanzjahr — Umsatzerlös/ Herstellungskosten — korr. Gewährleistungsrückst.		52	2.600		2.600 0	2.527	329	52	2.856 52	2.600 −2.856 − 52
	im Bilanzjahr	0	52	2.600	0	2.600	2.527	329	52	2.908	− 308
	Bestand Ende Bilanzjahr	0	52								
	Erträge und Aufwendungen seit Baubeginn			2.600	0	2.600	2.527	329	52	2.908	− 308
(7)	Vorjahre — unabgerechneter Bau/ Herstellungskosten	3.794			3.794	3.794	4.445	525		4.970	3.794 −4.970
	Summenbildung Vorjahr	3.794	0	0	3.794	3.794	4.445	525	0	4.970	−1.176
	Bilanzjahr — Umsatzerlös/ Herstellungskosten — Rücknahme unabgerechn. Bau/ bzw. Bestandsminderung	−3.794		8.800	−3.794	8.800 − 3.794	4.467	539		5.006	8.800 −5.006 −3.794
	im Bilanzjahr	−3.794	0	8.800	−3.794	5.006	4.467	539	0	5.006	0
	Bestand Ende Bilanzjahr	0	0								
	Erträge und Aufwendungen seit Baubeginn			8.800	0	8.800	8.912	1.064	0	9.976	−1.176
Zwischensumme Abgerechnete Verlustbaustellen 1989											
	Vorjahre	5.681	0								
	im Bilanzjahr	−5.681	52	16.900	−5.681	11.219	9.661	1.209	52	10.922	297
	Bestand Ende Bilanzjahr	0	52								
Summenbildung aller Baustellen für 1989											
	Bestand Vorjahr	23.867*	0								
	Bilanzjahr	− 637	1.482	62.000	− 637	61.363	54.123	6.178	1.482	61.783	− 420
	Bestand Ende Bilanzjahr	23.230	1.482								

* = 22.281 TDM aus 1988 + 1.586 TDM aus 1987 (siehe Abschnitt D III 1.2.2, Summenbildung).

Folgende Zahlen sind aus dem Übersichtsblatt für den Jahresabschluß 1989 entnommen:

Bilanz:
— Unabgerechnete Bauten:
  Bestand am Ende Bilanzjahr: 23.230 TDM

Gewinn- und Verlustrechnung:
— Umsatzerlöse (aus Bauleistungen):   62.000 TDM
— Bestandsveränderung (Minderung) −   637 TDM
— Aufwendungen:
  (54.123 TDM + 6.178 TDM)   = 60.301 TDM
— Sonstige Aufwendungen
  (Rückstellungen)   1.482 TDM
— Verlust   −   420 TDM

3. Für das Jahr 1990

3.1 Darstellung der Bauaufträge

3.1.1 Zeitliche Struktur der Auftragsabwicklung

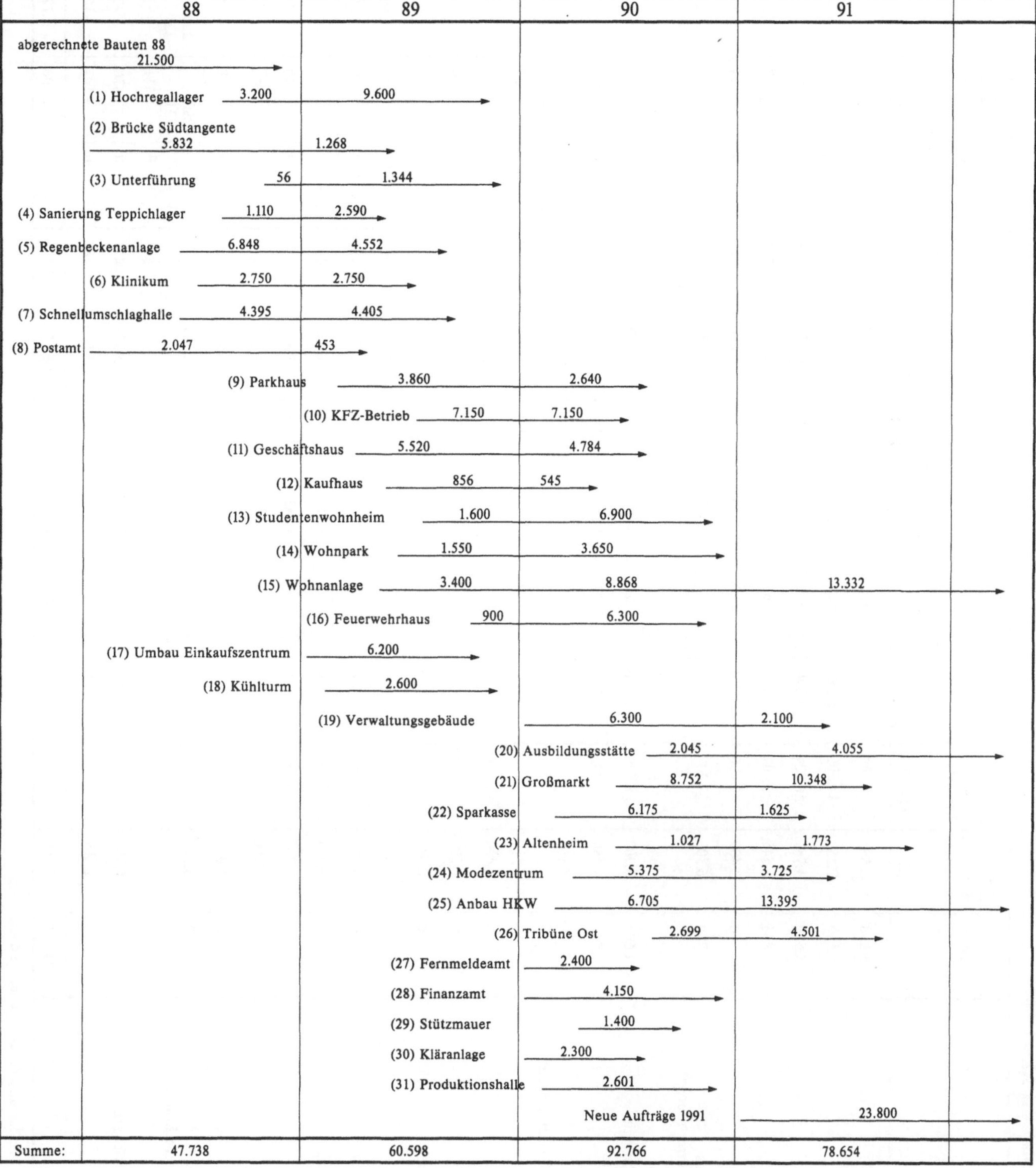

3.1.2 Übersichtsblatt der KLR 1990

Nr.	Auftrag	Leistung			Kosten						Ergebnis			Voraussichtliche Gesamt-Bauleistung per Bauende
		Vorjahre	Berichtsjahr	seit Baubeginn	Vorjahre		Berichtsjahr		seit Baubeginn		Vorjahre	Berichtsjahr	seit Baubeginn	
					Herstellkosten	Verwaltungskosten*	Herstellkosten	Verwaltungskosten*	Herstellkosten	Verwaltungskosten*				
		(1)	(2)	(3=1+2)	(4)	(5)	(6)	(7)	(8=4+6)	(9=5+7)	(10=1-4-5)	(11=2-6-7)	(12=3-8-9)	
9	Parkhaus	3.860	2.640	6.500	3.425	305	2.063	178	5.488	483	130	400	530	6.500
10	KFZ-Betrieb	7.150	7.150	14.300	6.344	565	6.671	481	13.015	1.046	241	− 2	239	14.300
11	Geschäftshaus	5.520	4.784	10.304	4.898	436	4.176	322	9.074	758	186	286	472	10.300
12	Kaufhaus	856	545	1.401	759	68	320	37	1.079	105	29	188	217	1.400
27	Fernmeldeamt	0	2.400	2.400	0	0	1.680	162	1.680	162	0	558	558	2.400
16	Feuerwehrhaus (V) interne Verrechnung**	900	6.300	7.200	877	71 18 89	7.093	424 186 610	7.971	495 204 699	−48 −18 −66	−1.217 −186 −1.403	−1.266 −204 −1.470	7.200
13	Studentenwohnheim	1.600	6.900	8.500	1.420	126	6.158	464	7.577	590	54	278	332	8.500
14	Wohnpark	1.550	3.650	5.200	1.375	122	3.854	246	5.229	368	53	−449	−397	5.200
28	Finanzamt (V) interne Verrechnungen**	0	4.150	4.150	0	0 0 0	4.628	279 100 379	4.628	279 100 379	0 0 0	−758 −100 −858	−758 −100 −858	16.300
29	Stützmauer	0	1.400	1.400	0	0	1.056	94	1.056	94	0	249	249	1.400
30	Kläranlage	0	2.300	2.300	0	0	1.882	155	1.882	155	0	264	264	2.300
31	Produktionshalle	0	2.601	2.601	0	0	1.932	175	1.932	175	0	494	494	2.600
15	Wohnanlagen	3.400	8.868	12.268	3.544	268	7.692	597	11.236	865	−412	579	167	25.600
19	Verwaltungsgebäude	0	6.300	6.300	0	0	5.578	424	5.578	424	0	298	298	8.400
20	Ausbildungsstätte	0	2.045	2.045	0	0	1.810	138	1.810	138	0	97	97	6.100
21	Großmarkt	0	8.752	8.752	0	0	7.383	589	7.383	589	0	780	780	19.100
22	Sparkasse	0	6.175	6.175	0	0	5.469	416	5.469	416	0	291	291	7.800
23	Altenheim	0	1.027	1.027	0	0	910	69	910	69	0	48	48	2.800
24	Modezentrum (V) interne Verrechnung**	0	5.375	5.375	0	0 0 0	5.304	362 221 583	5.304	362 221 583	0 0 0	−290 −221 −511	−290 −221 −511	9.100
25	Anbau Heizkraftwerk	0	6.705	6.705	0	0	5.834	451	5.834	451	0	420	420	20.100
26	Tribühne Ost	0	2.699	2.699	0	0	2.618	182	2.618	182	0	−101	−101	7.200
		24.836	92.766	117.602	22.642	1.979	84.111	6.752	106.753	8.729	215	1.906	2.121	184.600

* Verwaltungskosten. Der Zuschlag beträgt 8 % auf die Bauleistung.

** Bei Verlustbaustellen sind noch interne Verrechnungen erfolgt, die durch besondere Leistungen z. B. des Konstruktionsbüros bedingt sind.

3.1.3 Zusätzliche Informationen aus der KLR für den Jahresabschluß 1990

— Zusätzliche Verlusterwartungen per Bauende für folgende Baustellen:

BST 24: Modezentrum	550 TDM
BST 26: Tribüne Ost	250 TDM

— Rückstellungen für Verlustbaustellen per Bauende: 2 % von voraussichtlicher Bauleistung

BST 24: Modezentrum	
2 % von 9.100 TDM =	182 TDM
BST 26: Tribüne Ost	
2 % von 7.200 TDM =	144 TDM

3.2 Bewertung der Bauaufträge

— Ermittlung der Zusatzkosten

In den Herstellkosten der KLR (84.111 TDM) sind Zusatzkosten (z. B. kalkulatorische Zinsen) enthalten, die nicht Bestandteil der aktivierungspflichtigen Herstellungskosten des Jahresabschlusses sind.

Berechnung der kalkulatorischen Zinsen:

Afa	
Afa lt. Gewinn- u. Verlustrechnung	2.891 TDM
∕. ca. 25,5 %, da die Afa der Gewinn- und Verlustrechnung um diesen Betrag höher sind.	∕. 739 TDM
Afa laut KLR	2.152 TDM

∕. kalkulatorische Zinsen 16 % des Vorhaltebetrages[6] = 16 % von 2.152 TDM	344 TDM

— Ermittlung der zusätzlichen Aufwendungen

Altersversorgung lt. Gewinn- und Verlust-Konto	513 TDM

Differenzbetrag zwischen bilanzieller und kalkulatorischer Afa:
In der Bilanz werden Afa ausgewiesen, die gegenüber der KLR um etwa 25,5 % höher sind.

Afa für Baugeräte laut Gewinn- und Verlustrechnung	2.891 TDM
∕. 25,5 % von 2.891 TDM an	∕. 739 TDM
kalkulatorische Afa laut KLR	2.152 TDM
Afa lt. G+V-Rechnung	2.891 TDM
Differenzbetrag	+ 739 TDM
Summe zusätzliche Aufwendungen	1.252 TDM

— Bestimmung der aktivierungspflichtigen Herstellungskosten

Herstellungskosten lt. KLR	84.111 TDM
∕. Zusatzkosten (z. B. kalkulatorische Zinsen)	344 TDM
aktivierungspflichtige Herstellungskosten	83.766 TDM

— Zusätzliche Aufwendungen der Gewinn- und Verlustrechnung gegenüber der KLR

Die nicht aktivierungspflichtigen Kosten bestehen zunächst aus den Verwaltungskosten, wie sie in der KLR ausgewiesen sind (6.750 TDM), zuzüglich zusätzlicher Aufwendungen (wie z. B. Aufwendungen für Altersversorgung) und Differenzbeträgen zwischen bilanzieller und kalkulatorischer Afa.

— Bestimmung der nicht aktivierungspflichtigen Kosten

Verwaltungskosten lt. KLR	6.752 TDM
+ Altersversorgung laut Gewinn- und Verlustkonto	513 TDM
+ Differenzbetrag zwischen bilanzieller und kalkulatorischer Afa	739 TDM
zusätzliche Aufwendungen	1.252 TDM
nicht aktivierungspflichtige Kosten	8.004 TDM

3.2.1 Ermittlung pro Auftrag

Für die einzelnen Aufträge werden sowohl die Zusatzkosten als auch die zusätzlichen Aufwendungen wie folgt berücksichtigt:

— prozentualer Abschlag auf die Herstellkosten lt. KLR pro Auftrag

$$\frac{\text{Zusatzkosten}}{\text{Herstellkosten lt. KLR}} \times 100 = \frac{344 \text{ TDM}}{84.111 \text{ TDM}}$$

$$\times 100 = 0,4090 \%$$

— prozentualer Zuschlag für die zusätzlichen Aufwendungen auf die Verwaltungskosten lt. KLR pro Auftrag

$$\frac{\text{Zusätzliche Aufwendungen}}{\text{Verwaltungskosten lt. KLR}} \times 100 = \frac{1.252}{6.752} \times 100 =$$

$$= 18,54 \%$$

---

[6] Dieser Prozentsatz wurde überschläglich aus der BGL-Liste entnommen.

Ermittlung der Werte für die unabgerechneten Bauten
für die Bilanz bzw. für die Bestandsveränderungen der
Gewinn- und Verlustrechnung.

Nr.	Auftrag	Herstellkosten laut KLR (1)	% Zusatzkosten (2 = 0,4090 % v. 1)	akt. pfl. Herstellungskosten (3 = 1 - 2)	Verwaltungskosten laut KLR (4)	+ zusätzliche Aufwendungen (5 = 18,54 % v. 4)	nicht akt. pfl. Kosten (6 = 4 + 5)
9	Parkhaus	2.063	8	2.055	178	33	211
10	KFZ-Betrieb	6.671	27	6.644	481	89	570
11	Geschäftshaus	4.176	17	4.159	322	60	382
12	Kaufhaus	320	1	319	37	7	44
27	Fernmeldeamt	1.680	7	1.673	162	30	192
16	Feuerwehrhaus	7.093	29	7.064	610	113	723
13	Studentenwohnheim	6.158	25	6.133	464	86	550
14	Wohnpark	3.854	16	3.838	246	46	292
28	Finanzamt	4.628	19	4.609	379	70	449
29	Stützmauer	1.056	4	1.052	94	17	111
30	Kläranlage	1.882	8	1.874	155	29	184
31	Produktionshalle	1.932	8	1.924	175	32	207
15	Wohnanlage	7.692	32	7.660	597	111	708
19	Verwaltungsgebäude	5.578	23	5.555	424	79	503
20	Ausbildungsstätte	1.810	7	1.803	138	26	164
21	Großmarkt	7.383	30	7.353	589	109	698
22	Sparkasse	5.469	22	5.447	416	77	493
23	Altenheim	910	4	906	69	13	82
24	Modezentrum	5.304	22	5.282	583	108	691
25	Anbau Heizkraftwerk	5.834	24	5.810	451	84	535
26	Tribüne Ost	2.618	11	2.607	182	34	216
		84.111	344	83.767	6.752	1.253	8.005

Errechnung der beizulegenden Werte für die unabgerechneten Verlustbaustellen im Berichtsjahr 1990 in TDM

Nr.	Name der Baustelle	Aktivierungspflichtige Herstellungskosten (1)	nicht aktivierungspflichtige Kosten (2)	Summe Kosten Ende Bilanzjahr (3=1+2)	Verlust aus KLR seit Baubeginn Vorjahr (4)	zusätzlich zu erwartender Verlust zum Bauende (5)	Gesamtverlust zum Bauende (6=4+5)	Rückstellung z.B. 2% von voraussichtlicher Gesamtleistung (7)	beizulegender Wert Ende Bilanzjahr (8=3−6−7)	Rückstellung, falls Verlust größer als Kosten Sp. (3) (9)	bereits im Vorjahr als unabg. Bauten eingebucht (10)	Einzubuchender (beizulegender) Wert im Bilanzjahr (11=8−1[Vorj.])
24	Modezentrum	5.282	657	5.939	511	550	1.061	182	4.696	−	−	4.696
26	Tribüne Ost	2.607	218	2.825	101	250	351	144	2.330	−	−	2.330

3.2.2 Ermittlung der Gesamtwerte. Übersichtsblatt zum Jahresabschluß für das Jahr 1990

Auf-trag	Buchungen am Jahresende	Bilanz		Gewinn- und Verlustrechnung							Gewinn (+) Verlust (−)
		Aktiva	Passiva	Erträge			Aufwendungen				
		unabge-rechnete Bauten	Rück-stellung	Umsatz-erlöse	Be-stands-verände-rung	Summe Erträge	aktivier.-pflichtige Herst.-Kosten	nicht aktiv.-pflichtige Kosten	sonst. Aufwen-dungen	Summe Aufwen-dungen	
		1	2	3	4	5 =3+4	6	7	8	9 =6+7+8	10 =5./.9
	Unabgerechnete Gewinnbaustellen 1990										
(15)	Vorjahre − unabgerechneter Bau/ Herstellungskosten	3.524			3.524	3.524	3.524	330		3.854	3.524 −3.854
	Summenbildung Vorjahre	3.524	0	0	3.524	3.524	3.524	330	0	3.854	− 330
	Bilanzjahr − unabgerechneter Bau/ Herstellungskosten	7.660			7.660	7.660	7.660	708		8.368	7.660 −8.368
	Summenbildung Bilanzjahr	7.660	0	0	7.660	7.660	7.660	708	0	8.368	− 708
	seit Baubeginn	11.184	0	0	11.184	11.184	11.184	1.038	0	12.222	− 1.038
(19)	Bilanzjahr − unabgerechneter Bau/ Herstellungskosten	5.555			5.555	5.555	5.555	503		6.058	5.555 −6.058
	Summenbildung Bilanzjahr	5.555	0	0	5.555	5.555	5.555	503	0	6.058	− 503
	seit Baubeginn	5.555	0	0	5.555	5.555	5.555	503	0	6.058	− 503
(20)	Bilanzjahr − unabgerechneter Bau/ Herstellungskosten	1.803			1.803	1.803	1.803	164		1.967	1.803 −1.967
	Summenbildung Bilanzjahr	1.803	0	0	1.803	1.803	1.803	164	0	1.967	− 164
	seit Baubeginn	1.803	0	0	1.803	1.803	1.803	164	0	1.967	− 164
(21)	Bilanzjahr − unabgerechneter Bau/ Herstellungskosten	7.353			7.353	7.353	7.353	698		8.051	7.353 −8.051
	Summenbildung Bilanzjahr	7.353	0	0	7.353	7.353	7.353	698	0	8.051	− 698
	seit Baubeginn	7.353	0	0	7.353	7.353	7.353	698	0	8.051	− 698
(22)	Bilanzjahr − unabgerechneter Bau/ Herstellungskosten	5.447			5.447	5.447	5.447	493		5.940	5.447 −5.940
	Summenbildung Bilanzjahr	5.447	0	0	5.447	5.447	5.447	493	0	5.940	− 493
	seit Baubeginn	5.447	0	0	5.447	5.447	5.447	493	0	5.940	− 493
(23)	Bilanzjahr − unabgerechneter Bau/ Herstellungskosten	906			906	906	906	82		988	906 − 988
	Summenbildung Bilanzjahr	906	0	0	906	906	906	82	0	988	− 82
	seit Baubeginn	906	0	0	906	906	906	82	0	988	− 82
(25)	Bilanzjahr − unabgerechneter Bau/ Herstellungskosten	5.810			5.810	5.810	5.810	535		6.345	5.810 −6.345
	Summenbildung Bilanzjahr	5.810	0	0	5.810	5.810	5.810	535	0	6.345	− 535
	seit Baubeginn	5.810	0	0	5.810	5.810	5.810	535	0	6.345	− 535
	Zwischensumme Unabgerechnete Gewinnbaustellen 1990										
	davon Vorjahre	3.524	0								
	davon Bilanzjahr	34.534	0	0	34.534	34.534	34.534	3.183	0	37.717	− 3.183
	seit Baubeginn	38.058	0								

Auftrag	Buchungen am Jahresende	Bilanz		Gewinn- und Verlustrechnung							
		Aktiva	Passiva	Erträge			Aufwendungen				
		unabgerechnete Bauten	Rückstellung	Umsatzerlöse	Bestandsveränderung	Summe Erträge	aktivier.pflichtige Herst.Kosten	nicht aktiv.pflichtige Kosten	sonst. Aufwendungen	Summe Aufwendungen	Gewinn (+) Verlust (−)
		1	2	3	4	5 =3+4	6	7	8	9 =6+7+8	10 =5./.9
**Unabgerechnete Verlustbaustellen 1990**											
(24)	Bilanzjahr − unabgerechneter Bau/ Herstellungskosten	4.969			4.969	4.969	5.282	691		5.973	4.969 − 5.973
	Summenbildung Bilanzjahr	4.969	0	0	4.969	4.969	5.282	691	0	5.973	− 1.004
	seit Baubeginn	4.969	0	0	4.969	4.969	5.282	691	0	5.973	− 1.004
(26)	Bilanzjahr − unabgerechneter Bau/ Herstellungskosten	2.330			2.330	2.330	2.607	216		2.823	2.330 − 2.823
	Summenbildung Bilanzjahr	2.330	0	0	2.330	2.330	2.607	216	0	2.823	− 493
	seit Baubeginn	2.330	0	0	2.330	2.330	2.607	216	0	2.823	− 493
**Zwischensumme Unabgerechnete Verlustbaustellen 1990**											
	davon Vorjahre	0	0								
	davon Bilanzjahr	7.299	0	0	7.299	7.299	7.889	907	0	8.796	− 1.497
	seit Baubeginn	7.299	0								
**Abgerechnete Gewinnbaustellen 1990**											
(9)	Vorjahre − unabgerechneter Bau/ Herstellungskosten	3.406			3.406	3.406	3.406	376		3.782	3.406 − 3.782
	Summenbildung Vorjahre	3.406	0	0	3.406	3.406	3.406	376	0	3.782	− 376
	Bilanzjahr − Umsatzerlös/ Herstellungskosten − Rücknahme unabgerechn. Bau/ bzw. Bestandsminderung − Gewährleistungsrückstellung	− 3.406	130	6.500	− 3.406	6.500 − 3.406 0	2.055	211	130	2.266 130	6.500 − 2.266 − 3.406 − 130
	Summenbildung Bilanzjahr	− 3.406	130	6.500	− 3.406	3.094	2.055	211	130	2.396	698
	seit Baubeginn	0	130	6.500	0	6.500	5.461	587	130	6.178	− 322
(10)	Vorjahre − unabgerechneter Bau/ Herstellungskosten	6.309			6.309	6.309	6.309	696		7.005	6.309 − 7.005
	Summenbildung Vorjahre	6.309	0	0	6.309	6.309	6.309	696	0	7.005	− 696
	Bilanzjahr − Umsatzerlös/ Herstellungskosten − Rücknahme unabgerechn. Bau/ bzw. Bestandsminderung − Gewährleistungsrückstellung	− 6.309	286	14.300	− 6.309	14.300 − 6.309 0	6.644	570	286	7.214 286	14.300 − 7.214 − 6.309 − 286
	Summenbildung Bilanzjahr	− 6.309	286	14.300	− 6.309	7.991	6.644	570	286	7.500	491
	seit Baubeginn	0	286	14.300	0	14.300	12.953	1.266	286	14.505	− 205
(11)	Vorjahre − unabgerechneter Bau/ Herstellungskosten	4.871			4.871	4.871	4.871	537		5.408	4.871 − 5.408
	Summenbildung Vorjahre	4.871	0	0	4.871	4.871	4.871	537	0	5.408	− 537
	Bilanzjahr − Umsatzerlös/ Herstellungskosten − Rücknahme unabgerechn. Bau/ bzw. Bestandsminderung − Gewährleistungsrückstellung	− 4.871	206	10.304	− 4.871	10.304 − 4.871 0	4.159	382	206	4.541 206	10.304 − 4.541 − 4.871 − 206
	Summenbildung Bilanzjahr	− 4.871	206	10.304	− 4.871	5.433	4.159	382	206	4.747	686
	seit Baubeginn	0	206	10.304	0	10.304	9.030	919	206	10.155	149

Auf-trag	Buchungen am Jahresende	Bilanz		Gewinn- und Verlustrechnung							Gewinn (+) Verlust (−)
		Aktiva	Passiva	Erträge			Aufwendungen				
		unabge-rechnete Bauten	Rück-stellung	Umsatz-erlöse	Be-stands-verände-rung	Summe Erträge	aktivier.-pflichtige Herst.-Kosten	nicht aktiv.-pflichtige Kosten	sonst. Aufwen-dungen	Summe Aufwen-dungen	Gewinn (+) Verlust (−)
		1	2	3	4	5 =3+4	6	7	8	9 =6+7+8	10 =5./.9
(12)	Vorjahre − unabgerechneter Bau/ Herstellungskosten	755			755	755	755	84		839	755 −839
	Summenbildung Vorjahre	755	0	0	755	755	755	84	0	839	− 84
	Bilanzjahr − Umsatzerlös/ Herstellungskosten − Rücknahme unabgerechn. Bau/ bzw. Bestandsminderung − Gewährleistungsrückstellung	−755	28	1.401	−755	1.401 −755 0	319	44	28	363 28	1.401 − 363 − 755 − 28
	Summenbildung Bilanzjahr	−755	28	1.401	−755	646	319	44	28	391	255
	seit Baubeginn	0	28	1.401	0	1.401	1.074	128	28	1.230	171
(27)	Bilanzjahr − Umsatzerlös/ Herstellungskosten − Gewährleistungsrückstellung		48	2.400		2.400 0	1.673	192	48	1.865 48	2.400 −1.865 − 48
	Summenbildung Bilanzjahr	0	48	2.400	0	2.400	1.673	192	48	1.913	487
	seit Baubeginn	0	48	2.400	0	2.400	1.673	192	48	1.913	487
(13)	Vorjahre − unabgerechneter Bau/ Herstellungskosten	1.412			1.412	1.412	1.412	155		1.567	1.412 −1.567
	Summenbildung Vorjahre	1.412	0	0	1.412	1.412	1.412	155	0	1.567	− 155
	Bilanzjahr − Umsatzerlös/ Herstellungskosten − Rücknahme unabgerechn. Bau/ bzw. Bestandsminderung − Gewährleistungsrückstellung	−1.412	170	8.500	−1.412	8.500 −1.412 0	6.133	550	170	6.683 170	8.500 −6.683 −1.412 − 170
	Summenbildung Bilanzjahr	−1.412	170	8.500	−1.412	7.088	6.133	550	170	6.853	235
	seit Baubeginn	0	170	8.500	0	8.500	7.545	705	170	8.420	80
(14)	Vorjahre − unabgerechneter Bau/ Herstellungskosten	1.367			1.367	1.367	1.367	150		1.517	1.367 −1.517
	Summenbildung Vorjahre	1.367	0	0	1.367	1.367	1.367	150	0	1.517	− 150
	Bilanzjahr − Umsatzerlös/ Herstellungskosten − Rücknahme unabgerechn. Bau/ bzw. Bestandsminderung − Gewährleistungsrückstellung	−1.367	104	5.200	−1.367	5.200 −1.367 0	3.838	292	104	4.130 104	5.200 −4.130 −1.367 − 104
	Summenbildung Bilanzjahr	−1.367	104	5.200	−1.367	3.833	3.838	292	104	4.234	− 401
	seit Baubeginn	0	104	5.200	0	5.200	5.205	442	104	5.751	− 551
(29)	Bilanzjahr − Umsatzerlös/ Herstellungskosten − Gewährleistungsrückstellung		28	1.400		1.400 0	1.052	111	28	1.163 28	1.400 −1.163 − 28
	Summenbildung Bilanzjahr	0	28	1.400	0	1.400	1.052	111	28	1.191	209
	seit Baubeginn	0	28	1.400	0	1.400	1.052	111	28	1.191	209
(30)	Bilanzjahr − Umsatzerlös/ Herstellungskosten − Gewährleistungsrückstellung		46	2.300		2.300 0	1.874	184	46	2.058 46	2.300 −2.058 − 46
	Summenbildung Bilanzjahr	0	46	2.300	0	2.300	1.874	184	46	2.104	196
	seit Baubeginn	0	46	2.300	0	2.300	1.874	184	46	2.104	196
(31)	Bilanzjahr − Umsatzerlös/ Herstellungskosten − Gewährleistungsrückstellung		52	2.601		2.601 0	1.924	207	52	2.131 52	2.601 −2.131 − 52
	Summenbildung Bilanzjahr	0	52	2.601	0	2.601	1.924	207	52	2.183	418
	seit Baubeginn	0	52	2.601	0	2.601	1.924	207	52	2.183	418

Auf-trag	Buchungen am Jahresende	Aktiva unabgerechnete Bauten 1	Passiva Rückstellung 2	Umsatzerlöse 3	Bestandsveränderung 4	Summe Erträge 5 =3+4	aktivier.-pflichtige Herst.-Kosten 6	nicht aktiv.-pflichtige Kosten 7	sonst. Aufwendungen 8	Summe Aufwendungen 9 =6+7+8	Gewinn (+) Verlust (−) 10 =5./.9
	Bilanz → col 1–2; **Gewinn- und Verlustrechnung** → col 3–10 (Erträge 3–5, Aufwendungen 6–9)										
	Zwischensumme Abgerechnete Gewinnbaustellen 1990										
	davon Vorjahre	18.120	0								
	davon Bilanzjahr	− 18.120	1.098	54.906	− 18.120	36.786	29.671	2.743	1.098	33.512	3.274
	seit Baubeginn	0	1.098								
	Abgerechnete Verlustbaustellen 1990										
(16)	Vorjahre										
	— unabgerechneter Bau/					0					0
	Herstellungskosten						872	110		982	− 982
	— Rückstellung		528			0			528	528	− 528
	Verlusterw./Bauende					0				0	0
	Summenbildung Vorjahre	0	528	0	0	0	872	110	528	1.510	− 1.510
	Bilanzjahr										
	— Umsatzerlös/			7.200		7.200					7.200
	Herstellungskosten						7.064	723		7.787	− 7.787
	— Rücknahme unabgerechn. Bau/										
	bzw. Bestandsminderung					0					0
	— Rücknahme der Rückstellung		− 528			0				0	0
	wegen Verlusterwartung					0			40	40	− 40
	Summenbildung Bilanzjahr	0	− 528	7.200	0	7.200	7.064	723	40	7.827	− 627
	seit Baubeginn	0	0	7.200	0	7.200	7.936	833	568	9.337	− 2.137
(28)	Bilanzjahr										
	— Umsatzerlös/			4.150		4.150					4.150
	Herstellungskosten						4.609	449		5.058	− 5.058
	— Rücknahme Verlusterwartung					0				0	0
	Summenbildung Bilanzjahr	0	0	4.150	0	4.150	4.609	449	0	5.058	− 908
	seit Baubeginn	0	0	4.150	0	4.150	4.609	449	0	5.058	− 908
	Zwischensumme Abgerechnete Verlustbaustellen 1990										
	davon Vorjahre	0	528								
	davon Bilanzjahr	0	− 528	11.350	0	11.350	11.673	1.172	40	12.885	− 1.535
	seit Baubeginn	0	0								

	Summenbildung aller Baustellen für 1990	unabgerechnete Bauten (1)	Rückstellung (2)	Umsatzerlöse (3)	Bestandsveränderung (4)	Summe Erträge (5)	aktivier.-pflichtige Herst.-Kosten (6)	nicht aktiv.-pflichtige Kosten (7)	sonst. Aufwendungen (8)	Summe Aufwendungen (9)	Gewinn/Verlust (10)
	Bestand Vorjahre	23.230	528								
	Bilanzjahr	23.713	570	66.256	23.713	89.969	83.767	8.005	1.138	92.910	− 2.941
	Bestand Ende Bilanzjahr	46.943	1.098								

Folgende Zahlen werden aus dem Übersichtsblatt für den Jahresabschluß 1990 entnommen:

Bilanz:
— Unabgerechnete Bauten:
  Bestand am Ende Bilanzjahr: 46.943 TDM

Gewinn- und Verlustrechnung:
— Umsatzerlöse (aus Bauleistungen):   66.256 TDM
— Bestandsveränderung   23.713 TDM
— Aufwendungen:
  (83.767 TDM + 8.005 TDM)   = 91.772 TDM
— Sonstige Aufwendungen
  (Rückstellungen)   1.138 TDM
— Verlust   − 2.941 TDM

IV. Abstimmung des Ergebnisses der Gewinn- und Verlustrechnung mit dem Ergebnis der KLR

Das Verhältnis von G + V-Rechnung und KLR läßt sich folgendermaßen beschreiben:

— Geschäftsvorfälle, die sowohl die Unternehmensrechnung als auch die Baubetriebsrechnung betreffen,

— Geschäftsvorfälle, die nur die Unternehmensrechnung betreffen,

— Geschäftsvorfälle, die nur die Baubetriebsrechnung betreffen,

— Geschäftsvorfälle, die in der Unternehmensberechnung anders bewertet werden als in der Baubetriebsrechnung.

Bedingt durch diese Unterschiede ist es notwendig, eine Abgrenzungsrechnung vorzunehmen, damit die Übereinstimmung der Zahlen der G + V-Rechnung und KLR nachgewiesen werden kann.

Zu diesem Zweck haben wir folgende Tabelle entworfen, die zudem unabhängig vom angewandten Buchhaltungssystem ist. Die Erläuterungen zu dieser Systematik werden nach dieser Tabelle gezeigt.

Abstimmung zwischen Gewinn- und Verlustrechnung und KLR mit Hilfe der Abgrenzungsrechnung

Gewinn- und Verlustrechnung (G + V − Re)		Abgrenzungsrechnung			Kosten und Leistungsrechnung (KLR)	
		Unternehmens-bezogene Abgrenzung (nicht in KLR enthalten)	Betriebs-bezogene Abgrenzung (nur in KLR enthalten)	Differenz zwischen G + V - Re und KLR − (2) + (3) =		
	(1)	(2)	(3)	(4)		(5)
Erträge						
Umsatzerlöse, abger. Bauten (Pos. 1)	66.256					
Bestandsveränderungen (Pos. 2)	23.713				Bauleistung	92.766
aktivierte Eigenleistung (Pos. 3)	170				zu aktivierende Eigenleistung	170
Leistungen Eigene Baustellen	90.139	90.139	92.936	2.797	Erbrachte Leistungen	92.936
Umsatzerlöse mit Argen (Pos. 1)	4.221				Leistungen an Argen	4.221
Erlöse an Dritte (Pos. 1)	370				Leistungen für Dritte	370
anteiliges Arge-Ergebnis	3.336	3.336		− 3.336		
Betriebliche Erträge	98.066	93.475	92.936	− 539	Leistungen	97.527
Sonstige Betriebliche Erträge						
Erträge aus dem Abgang von Gegenständen des Anlagevermögens	2.291	2.291		− 2.291		
Erträge aus der Auflösung von Rückstellungen	646	646		− 646		
Übrige Erträge	356	356		− 356		
	3.293	3.293		− 3.293		
Betriebliche Erträge gesamt	101.359	96.768	92.936	− 3.832		97.527
Aufwendungen						
Materialaufwand						
Aufwendungen für Roh-, (Pos. 5a) Hilfs- und Betriebsstoffe und für bezogene Waren	29.355				Baustoffe	29.355
					Rüst- und Schalmaterial	139
					Kleingeräte und Werkzeuge	542
					Baustellenausstattung	461
					Fremdmieten Geräte	105
					Fremdleistungen	16.613
					Fremdgehälter	512
Aufwendungen für (Pos. 5b) bezogene Leistungen	18.372					18.372
	47.727					47.727
Personalaufwand (Pos. 6)						
Löhne und Gehälter (Pos. 6a)	34.924				Löhne A	16.969
					Lohnnebenkosten	1.357
					Gehälter	6.069
					Poliere	1.734
					lohngebundene Kosten A	15.272
Soziale Abgaben (Pos. 6b)	8.550				gehaltsgebundene Kosten Angestellte	1.639
					Poliere	434
	43.474					43.474
Aufwendungen für Altersversorgung und Unterstützung (Pos. 6)	513	513				
	43.987	513		− 513		43.474
Abschreibungen auf immaterielle Anlagen und Sachanlagen (Pos. 7)	2.083	2.083		− 2.083		
Abschreibungen auf Geräte (Pos. 7)	2.891	2.891	2.152	− 739	kalk. Afa Geräte	2.152
			344	344	kalk. Zinsen Geräte	344
sonstige betr. Aufwendungen (Pos. 8)						
davon Aufwendg. des Bürobetriebes	1.703				Geschäfts- und Büroausstattung	1.703
davon Rückstellg. aus Gewährleistg.	1.138	1.138		− 1.138		
davon sonstige	1.190	1.190		− 1.190		
	9.005	7.302	2.496	− 4.806		4.199
Betriebliche Aufwendungen gesamt	100.719	7.815	2.496	− 5.319	Kosten	95.400
		Abgrenzungsergebnis			Ergebnis der KLR	
betriebliches Ergebnis der GuV - Re						
betriebliche Erträge	101.359	96.768	92.936	− 3.832	Leistungen	97.527
./. betriebliche Aufwendungen	100.719	7.815	2.496	− 5.319	Kosten	95.400
Gewinn	640	88.953	90.440	1.487		2.127
Abgrenzungsrechnung:	Gewinn/Verlust laut Gewinn- und Verlustrechnung ± Abgrenzungsergebnis = Ergebnis der KLR					
	640	+ 1.487				= 2.127

1. Die Systematik der Abstimmungsrechnung (Abgrenzungsrechnung)

In Spalte 1 sind die Erträge und die Aufwendungen der G + V-Rechnung, in Spalte 5 hingegen die Leistungen und die Kosten der KLR aufgeführt.

Die Spalten 2, 3 und 4 stellen die Abgrenzungsrechnung dar. Diese Abgrenzungsrechnung wird dabei wie folgt durchgeführt:

— Jene Positionen, die sowohl die G + V-Rechnung als auch die KLR betreffen, berühren die Abgrenzungsrechnung nicht.

  Beispiel: Aufwendungen für Roh, Hilfs- und Betriebsstoffe (G + V-Rechnung) in Höhe von TDM 29.355 sind wertgleich mit der Position „Baustoffe" (KLR) in Höhe von TDM 29.355.

— Jene Positionen, die nur in der G + V-Rechnung vorkommen, wie z. B. die Position 6 „Aufwendungen für Altersversorgung" (TDM 513), werden in die Spalte 2 „Unternehmensbezogene Abgrenzungen (nicht in KLR enthalten)" übernommen.

— Das gleiche gilt auch für jene Positionen, welche nur die KLR betreffen, wie z. B. kalk. Zinsen und Geräte (TDM 344). Die Zahlen finden sich in der Spalte 3 „Betriebsbezogene Abgrenzung (nur in KLR enthalten)".

— Jene Positionen, die in der G + V-Rechnung anders bewertet sind, z. B. in der G + V-Rechnung die Position „Leistungen eigene Baustellen" (TDM 90.139) und in der KLR die entsprechende Position „Erbrachte Leistungen" (TDM 92.936), werden in Spalte 2 und in Spalte 3 übernommen.

In Spalte 4 werden die Differenzbeträge zwischen der KLR und der G + V-Rechnung ermittelt. Also z. B. der Differenzbetrag zwischen

erbrachte Leistungen	92.936 TDM
∕. Leistungen eigene Baustellen	− 90.139 TDM
	2.797 TDM

Das heißt, in der G + V-Rechnung ist ein um den Betrag von 2.797 TDM niedrigerer Wertansatz vorhanden.

Der letzte Abschnitt der vorgelegten Tabelle zeigt folgenden Zusammenhang:

Gewinn laut G + V-Rechnung + Abgrenzungsergebnis = Ergebnis der KLR
in Zahlen: 640 TDM + 1.487 TDM = 2.127 TDM

2. Interpretation des Abgrenzungsergebnisses

2.1 Bereich „Erträge" (G + V-Rechnung) bzw. Leistungen (KLR)

— Die unterschiedliche Bewertung der Bauleistung in der G + V-Rechnung und in der KLR bedingt einen Unterschiedsbetrag in Höhe von TDM 2.797.

— Die anteiligen ARGE-Ergebnisse betragen TDM 3.336. Es gibt Unternehmen, welche in ihrer KLR auch die anteiligen ARGE-Leistungen und ihre entsprechenden Kosten aufnehmen. Wir haben diesen Weg nicht beschritten, sondern wir gehen davon aus, daß die Baufix GmbH ihre anteiligen ARGE-Leistungen im Anhang detailliert aufzeigt.

— Die sonstigen betrieblichen Erträge betragen 3.293 TDM.

2.2 Bereich „Aufwendungen" (G + V-Rechnung) bzw. „Kosten" (KLR)

— Die Aufwendungen für Altersversorgung (TDM 513) werden nicht in die KLR übernommen. In der KLR sind nur die üblichen lohn- und gehaltsgebundenen Kosten enthalten.

— Die Abschreibungen auf immaterielle Anlagen und Sachanlagen in Höhe von TDM 2.083 und Teile der betrieblichen Aufwendungen, nämlich die Rückstellungen aus Gewährleistungen in Höhe von TDM 1.190, sind ebenfalls Positionen, die nicht in der KLR enthalten sind.

— Die Abschreibungen sind in der G + V-Rechnung anders bewertet als in der KLR. Der Differenzbetrag ist TDM 739.

— Die kalkulatorischen Zinsen auf Geräte (Zusatzkosten in Höhe von TDM 344) sind nur in der KLR enthalten.

Damit ergibt sich:

Ergebnis laut G + V-Rechnung		640 TDM
+ unterschiedliche Bewertung der Bauleistungen		+ 2.797 TDM
− anteilige ARGE-Ergebnisse		− 3.336 TDM
− Sonstige betriebliche Erträge		− 3.293 TDM
+ Aufwendungen, denen keine Kosten gegenüberstehen		
Altersversorgung	513 TDM	
Afa auf immaterielle Anlagen	2.083 TDM	
Rückstellungen	1.138 TDM	
Sonstige	1.190 TDM	
		+ 4.924 TDM
+ Unterschiedsbetrag zwischen bilanzieller Afa und kalk. Afa		+ 739 TDM
− kalk. Zinsen auf Geräte		− 344 TDM
Ergebnis laut KLR		2.127 TDM

Teil E: Auswertungen der KLR Bau und der Baubilanz

I. Die KLR als vorwiegend betriebsinternes Informationsinstrument

Die KLR Bau ist eine vorwiegend interne Rechnung, sie stellt Informationen für verschiedene Aufgabenfelder innerhalb der Unternehmung bereit. Nur ausnahmsweise finden ihre Zahlen auch Verwendung für externe Zwecke wie z. B. Nachweise für statistische Ämter, Verbände oder Institute, welche aus den vorgelegten Zahlen branchenbezogene und gesamtwirtschaftliche Auswertungen erstellen.

Die Gestaltung der KLR ist daher im Prinzip völlig frei und im Belieben jedes Unternehmens. Wenn im folgenden einige Beispiele gezeigt werden, die die Funktion der KLR als Informationsinstrument verdeutlichen, so sollen und können diese nur als Vorschläge verstanden werden, die je nach Betriebsgröße und Unternehmensstruktur verändert, angepaßt und erweitert werden können.

1. Die Ermittlungsfunktion der KLR

1.1 Werte der unabgerechneten Bauten für den Jahresabschluß

Wie im Abschnitt D dargestellt, werden aus der KLR die Zahlen entnommen, die für die Bewertung vor allem der unabgerechneten Bauten notwendig sind. Mit dem folgenden Schaubild sollen nochmals die Zusammenhänge gezeigt werden:

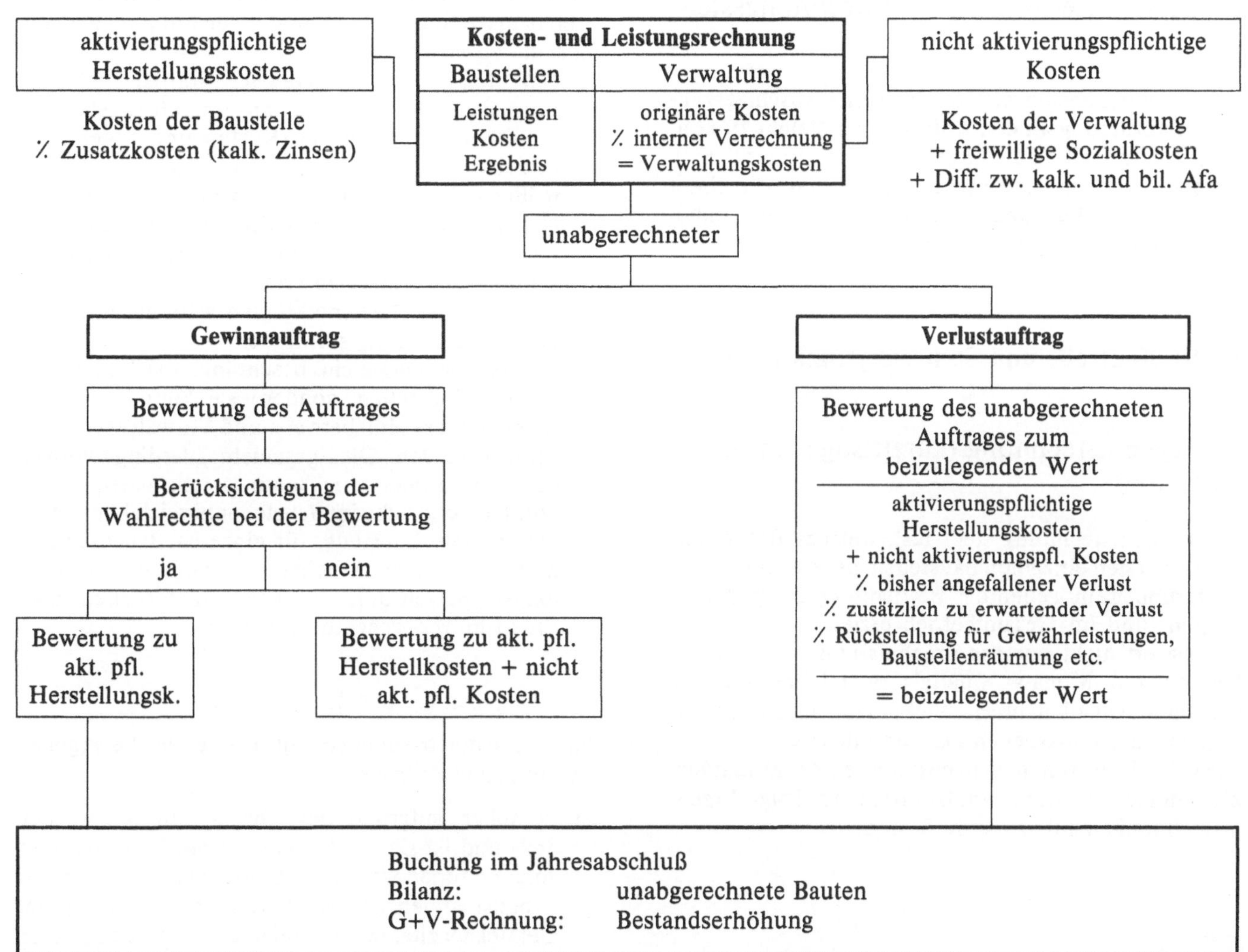

1.2 Kalkulation

Bei der Kalkulation der Selbstkosten werden Werte verwendet, die auf vergangenheits-, gegenwarts- und zukunftsbezogenen Angaben beruhen. Deshalb ist die Kalkulation immer eine Schätzung der voraussichtlich anfallenden Kosten für ein zu erstellendes Bauobjekt. Die Betriebsrechnung stellt der Kalkulation bestimmte Ist-Werte, z. B.

– Zuschlagssatz für lohngebundene bzw. gehaltsgebundene Kosten,
– Zuschlagssatz für Kleingeräte und Werkzeuge,
– Zuschlagssatz für die Allgemeinen Geschäftskosten

zur Verfügung.

Bei der Anwendung dieser Werte kommt es darauf an, welches Kalkulationsverfahren im Rahmen der baubetrieblichen Kosten- und Leistungsrechnung angewendet wird. Die Anwendung eines Kalkulationsverfahrens ist dabei abhängig vom Schwierigkeitsgrad und Umfang des zu erstellenden Bauobjektes und von der Größe und Struktur der Bauunternehmung.[1]

1.3 Leistungsermittlung und Rechnungsstellung

Um zu einem bestimmten Stichtag eine Abschlagszahlungsanforderung an den Auftraggeber stellen zu können, müssen alle Leistungen, die bis zum Stichtag erbracht sind, in einer Leistungsmeldung errechnet werden. Diese Leistungsrechnung ist auch ein Teilbereich der kurzfristigen Erfolgsrechnung.[2]

2. Die Kontroll- und Steuerungsfunktion der KLR

2.1 Ergebnisrechnung (kurzfristige Erfolgsrechnung)

Die Ergebnisrechnung stellt fest, welches Betriebsergebnis auf den einzelnen Baustellen, bei einzelnen Produktgruppen, in Teilen des Betriebes (z. B. Niederlassungen) und im Gesamtbetrieb erzielt wurde. Dabei interessiert nicht nur das Ergebnis einer bestimmten Periode, z. B. Monats-, Quartals- oder Jahresergebnis, wichtig ist, vor allem im Hinblick auf die Baustellen, das Ergebnis der Bauarbeiten bis zum Stichtag.

Die Gründe, warum man in bestimmten Zeitabständen, z. B. monatlich oder quartalsweise, kurzfristige Ergebnisrechnungen aufstellen muß, sind:

1. Da die Baukalkulation in sehr großem Maße auf Schätzungen und Prognosen beruht, ist es unerläßlich, während der Bauzeit mit Hilfe von kurzfristigen Rechnungen zu prüfen, ob die Annahmen der Kalkulation im Hinblick auf die Ergebniserwartung mit der Wirklichkeit übereinstimmen.

2. Die Summe der kurzfristigen Ergebnisrechnungen aller Baustellen, Hilfs- und Verwaltungsstellen gibt der Unternehmensleitung rechtzeitig die Zahlen (Gewinn- und Verlusterwartung) an die Hand, um z. B. Liquiditäts-, Kredit-, Kapital-, Auftrags- und Anpassungsdispositionen treffen zu können. Die Unternehmensleitung kann so die weitere wirtschaftliche Entwicklung beeinflussen.

2.2 Die Soll-Ist-Vergleiche für die Steuerung der Baustellen

Bei den Soll-Ist-Vergleichen wird einem Soll-Zustand der tatsächlich eingetretene Ist-Zustand gegenübergestellt. Die Analyse der Abweichungen kann unter Umständen Hinweise geben, ob und welche Maßnahmen man treffen muß, um die Angleichung an den Soll-Zustand zu erreichen.

– Der Begriff „baubetrieblicher Soll-Ist-Vergleich" kann sich auf Mengen (Lohn- und Gerätestunden, Stoffe) und/oder Werte (Kosten und Ergebnisse) beziehen. Im ersten Fall spricht man von mengenmäßiger, im zweiten Fall von einer wertmäßigen Nachkalkulation. Zeitabweichungen zwischen der Bauablaufplanung und dem tatsächlichen Bauablauf werden im Terminplan erfaßt.
– Die Soll-Ist-Vergleiche können während und nach der Bauausführung stattfinden.
– Die Soll-Ist-Vergleiche beschränken sich nicht nur auf die Baustellen, sondern sie können auch in Bereichen der Hilfsbetriebe und Verwaltung durchgeführt werden. Dies geschieht allerdings vorwiegend im Rahmen von Planungsrechnungen.
– Soll-Ist-Vergleiche im Baustellenbereich können für die gesamte Baustelle, für einzelne Bauabschnitte und für einzelne Arbeitsvorgänge (wie z. B. Schalungs-, Bewehrungs- und Betonierarbeiten oder Erdaushub) durchgeführt werden.

2.2.1 Aufgaben der Soll-Ist-Vergleiche

Für die baubetrieblichen Soll-Ist-Vergleiche ergeben sich folgende Aufgaben:

a) Es sollen aufgrund der Abweichungen zwischen Soll- und Ist-Daten Korrekturen im Baugeschehen vorgenommen werden, z. B. Korrektur der Zahl der Arbeitsstunden pro Arbeitsablauf, Anpassung der Gerätekapazität etc. Es sollen damit für den Bauleiter bzw. die Geschäftsführung Zahlen vorhanden sein, die es möglich machen, steuernd in das Baugeschehen einzugreifen. Dies gilt allerdings nicht nur

---

[1] Zum Problem der Kalkulation vgl. Abschnitt B und vor allem: Prange, Leimböck, Klaus, Baukalkulation unter Berücksichtigung der KLR Bau und der VOB.
[2] Zu den Einzelheiten der Leistungsmeldung vgl. Abschnitt B III 2.

für den Baustellenbereich, sondern ebenso für die Hilfsbetriebe und die Verwaltung. Es geht also um die Möglichkeit, in die laufenden Aktivitäten einzugreifen.

b) Es sollen mit den Soll-Ist-Vergleichen Kalkulationsansätze bzw. Beurteilungskriterien für künftige Bauvorhaben erarbeitet und ständig überprüft werden, z. B. Mittellohnbildung, Stundenansätze für Teilleistungen, Erfahrungswerte für Gemeinkosten der Geräte, Zuschlagsätze für Sozialkosten und anderes mehr (= Planung von zukünftigen Aktivitäten).

Wie schwierig es allerdings ist, auf Abweichungen von Soll-Werten richtig zu reagieren, soll beispielhaft an den Einflußfaktoren auf die Lohnkosten gezeigt werden.

An folgende Faktoren ist hierbei zu denken, die den Zeitaufwand, der für die Erbringung einer bestimmten Leistung erforderlich ist, beeinflussen:
— Ablaufplanung und -organisation,
— Bereitstellung von geeigneten Materialien, Geräten und Werkzeugen
— Akkordvereinbarungen,
— Zusammensetzung einer Kolonne,
— Betriebsklima auf der Baustelle,
— Aufsicht und
— Art der Menschenführung.

Bei Abweichungen ist auch zu bedenken, daß die Soll-Vorgaben nur Durchschnittswerte sind, z. B. der Mittellohn oder der Prozentsatz für die Umlage der lohngebundenen Kosten. Eine Abweichung kann auch darauf beruhen, daß sich der Einarbeitungseffekt noch nicht eingestellt hat.

Sollen also die Ergebnisse der Soll-Ist-Vergleiche nicht zu einem nutzlosen „Zahlenfriedhof" werden, dann müssen auch die entsprechenden organisatorischen Maßnahmen getroffen werden: ein Problemkreis, der hier allerdings nicht besprochen werden kann.

2.2.2 Schematische Darstellung der Soll-Ist-Vergleiche

a) Mengenmäßige Nachkalkulation

Die technische Nachkalkulation beruht im wesentlichen auf Tages bzw. Wochenberichten, wie z. B.
— Tages- und Wochenstundenbericht,
— Maschinentagesbericht,
— Materialbericht,
— Versandschein,
— Bautagebuch,
— Stundenlohnbericht.

Zunächst muß man entscheiden, welchen Kostenfaktor man mit der Nachkalkulation steuern will. In aller Regel wird man sich für den Stunden-Soll-Ist-Vergleich entscheiden, da die Arbeitsstunden sowohl im Hinblick auf die Vorkalkulation (Stundenansätze pro Leistungseinheit) als auch hinsichtlich der Bedeutung als Kostenfaktor wichtig sind. Bei geräteintensiven Arbeiten kann

auch eine Gegenüberstellung der Soll- und Ist-Gerätestunden sinnvoll sein.

Wie und mit welchen Berichten die technische Nachkalkulation durchgeführt wird, kann hier nicht gezeigt werden, da dies außerhalb der Zwecksetzung des Buches liegt.

b) Wertmäßige Nachkalkulation

Bei der wertmäßigen Nachkalkulation denkt man vor allem an die Kostenartennachkalkulation und an die Gegenüberstellung des erwarteten (kalkulierten) Ergebnisses und des Ist-Ergebnisses.

Um einen sinnvollen Kostenarten-Soll-Ist-Vergleich machen zu können, müssen eine Reihe von Überlegungen berücksichtigt werden:

1. In aller Regel liegt zunächst nur die Angebotskalkulation vor, die unter Umständen hinsichtlich der Kalkulationswerte (Sollzahlen) sehr global gerechnet ist.

2. Zwischen der Angebotskalkulation und dem Beginn der Erstellung der Bauleistung ergeben sich in aller Regel Änderungen, z. B.
   — Änderung der vorgesehenen Bauverfahren, bedingt durch neuere Erkenntnisse bei der Arbeitsvorbereitung;
   — Änderung der Nachunternehmerkosten;
   — Änderung der Baustoffkosten;
   — Differenzen zwischen den ausgeschriebenen und den selbst im Rahmen der Arbeitsvorbereitung ermittelten Mengen;
   — Bereinigung von Einflüssen der Preispolitik, sofern sich diese Einflüsse in den Einzelkosten der Teilleistungen niedergeschlagen haben.

3. Wird nach der Methode „Kalkulation über die Angebotsendsumme" kalkuliert, werden neben der gesonderten Ermittlung der Einzelkosten der Teilleistungen auch die Gemeinkosten der Baustelle für jedes Bauobjekt gesondert ermittelt. Damit könnten theoretisch für jede Teilleistung und für jede Gemeinkostenart eigene Unterkostenstellen gebildet werden, damit die entsprechenden Soll-Ist-Vergleiche durchgeführt werden können, z. B. Unterkostenstellen für die Teilleistungen des Bauobjektes und Unterkostenstellen für Hilfseinrichtungen und sonstige Gemeinkosten.
   In der Praxis ist eine derart weitgehende Kostenstellenunterteilung jedoch nur mit einem enormen Buchungsaufwand durchzuführen, selbst wenn man unterstellt, daß die Unterkostenstellen kontiert sind. Daher wird man meist auf eine Unterteilung in Unterkostenstellen verzichten. Damit sind allerdings nur Soll-Ist-Vergleiche der Kostenarten für die gesamte Baustelle möglich.

4. Wenn man einen Soll-Ist-Vergleich als Steuerungsinstrument verwenden will, so müssen die Soll-Ist-Vergleiche in möglichst kurzen Zeitabständen (z. B.

Schema einer Kaufmännischen Nachkalkulation

monatlich) durchgeführt werden und unverzüglich nach dem Stichtag fertig sein.

5. Während der Bauausführung kommt es zu einer Reihe von Änderungen, die durch Dispositionen des Bauherrn bedingt sein können, wie z. B.

- Übernahme von Vertragsleistungen des Auftragnehmers durch den Auftraggeber (§ 2 Nr. 4 VOB/B),
- Änderung des Bauentwurfes oder andere Anordnungen des Auftraggebers (§ 2 Nr. 5 VOB/B),
- zusätzliche Leistungen (§ 2 Nr. 6 VOB/B),
- Ausführung von Eventual- bzw. Alternativpositionen.

Auch Dispositionen des Bauunternehmers können zu Änderungen führen (z. B. Vergabe von Leistungen an Nachunternehmer, die als Eigenleistungen kalkuliert sind und umgekehrt).

Auch die Ausführungsmengen können gegenüber dem Leistungsverzeichnis geändert werden. Unter Umständen kann es sich hier um das Problem der Mengenmehrung oder -minderung gem. § 2 Nr. 3 VOB/B handeln. Aus den ersten beiden Gründen muß die Angebotssumme in eine sogenannte Ausführungskalkulation umgewandelt werden, denn nur die Zahlen der Ausführungskalkulation können zu Kostenvorgaben für die Bauausführung und somit auch zur Grundlage für die Soll-Ist-Vergleichsrechnung gemacht werden. Die anderen Gründe haben zur Folge, daß die Ausführungskalkulation laufend an die geänderten Umstände angepaßt werden muß.[3]

Das alles setzt voraus, daß sowohl die Techniker der Bauunternehmung (Oberbauleiter, Bauleiter, Kalkulator etc.) als auch die Kaufleute (Baukaufleute, Kaufleute im Rechnungswesen etc.) in bezug auf die baubetriebliche Kosten- und Leistungsrechnung mit den gleichen Begriffen arbeiten. Es muß eine völlige Übereinstimmung über die Inhalte der Kosten- und Leistungsarten und über die Ermittlung der Ergebnisse vorhanden sein. Zudem sollten die Techniker gewisse Vorstellungen über die kaufmännische Buchungstechnik und deren Grenzen haben. Auf der anderne Seite sollten jedoch auch die Kaufleute über Kalkulations- und Abrechnungstechniken in der Bauunternehmung Bescheid wissen.

Die Notwendigkeit der Zusammenarbeit zwischen Technikern und Kaufleuten wird unmittelbar ersichtlich, wenn man das Schaubild von Seite 104 betrachtet, das zusammenfassend eine schematische Darstellung der Abwicklung einer kaufmännischen Nachkalkulation zeigt.

2.2.3 Beispiel des Kostenarten-Soll-Ist-Vergleiches

a) Kostenarten-Soll-Ist-Vergleich der 3 Bauobjekte

Das folgende Beispiel zeigt den Kostenarten-Soll-Ist-Vergleich für die drei fertiggestellten Bauobjekte, und zwar für die Stützmauer, die Wohnanlage I und die Wohnanlage II, welche in Abschnitt B/II kalkuliert wurden. Dieses Beispiel ist verhältnismäßig einfach, da es keine teilfertigen Leistungen und keine Kostenabgrenzungen mit den in Abschnitt B/III 2 genannten Problemen gibt.

Gegenüber der Angebotskalkulation sind allerdings bei der Wohnanlage II Nachtragsarbeiten in Höhe von 15.700,— DM (hier handelt es sich um zwei zusätzliche Garagen, die vom Bauherrn später bestellt wurden) und für Stundenlohnarbeiten in Höhe von 2.105,— DM angefallen. Außerdem haben sich bei der Stützmauer Nachtragsarbeiten (erschwerte Gründung) in Höhe von 4.210,— DM ergeben. Diesen Leistungen entsprechen folgende Soll-Kosten:

	Wohnanlage II	Stützmauer	Stunden-lohn-arbeiten
Löhne	4.800,—	1.807,—	904,—
lohngebundene Kosten	4.704,—	1.771,—	885,—
Baustoffe	3.841,—	—	—
AGK + Gewinn und Wagnis	2.355,—	632,—	316,—
	15.700,—	4.210,—	2.105,—

Diese Kostenzahlen werden zu den kalkulierten Sollkosten der entsprechenden Bauobjekte addiert. Dies muß deshalb geschehen, weil die entsprechenden Ist-Kostenzahlen nicht gesondert ausgewiesen sind, sondern bei den genannten Bauobjekten gebucht sind.

b) Gegenüberstellung der Plankosten und der Istkosten der Verwaltung

	Plan	Ist	Abweichung
Gehälter einschl. gehaltsgebundene Kosten			
— Techniker	19.440,—	19.440,—	—
— Gesellschafter	70.875,—	70.875,—	—
Geschäfts- und Büroausstattung	7.200,—	7.418,—	∕. 218,—
Büro- und Verkehrskosten	3.200,—	11.960,—	∕. 8.760,—
Sonstige (PKW; Bewirtungskosten)	8.000,—	—	+ 8.000,—
	108.715,—	109.693,—	∕. 978,—

c) Analyse der Abweichungen

- im Baustellenbereich muß der Zuschlagssatz für lohngebundene Kosten neu errechnet werden:

$$\frac{\text{Ist-lohngebundene Kosten}}{\text{Ist-Löhne}} = \frac{158.926}{171.268} \times 100 = 92{,}79\,\%$$

Da Herr Baumann im Geschäftsjahr mit 98 % Zuschlag auf Löhne gerechnet hatte, kann er diesen Satz eventuell für das nächste Geschäftsjahr senken.

---

[3] Zu weiteren Einzelheiten vgl. Prange, Leimböck, Klaus, Baukalkulation unter Berücksichtigung der KLR Bau und der VOB.

Beispiel der Kostenarten Soll-Ist-Vergleiche

Kostenarten	Stützmauer			Wohnanlage I			Wohnanlage II			Summe der Abweichungen
	Soll	Ist	Abweichung	Soll	Ist	Abweichung	Soll	Ist	Abweichung	
Löhne A	26.163,00	24.077,00	2.086,00	70.420,00	75.664,00	− 5.244,00	71.195,00	71.527,00	− 332,00	− 3.490,00
Lohngebundene Kosten A	25.639,00	22.342,00	3.297,00	69.011,00	70.211,00	− 1.200,00	69.769,00	66.373,00	3.396,00	5.493,00
Lohnnebenkosten	4.466,00	4.216,00	250,00	5.864,00	6.561,00	− 697,00	5.455,00	6.461,00	−1.006,00	− 1.453,00
Baustoffe	54.252,00	52.252,00	2.000,00	130.409,00	128.531,00	1.878,00	125.121,00	127.467,00	−2.346,00	1.532,00
Rüst- und Schalmaterial	2.280,00	2.070,00	210,00	2.526,00	2.705,00	− 179,00	2.349,00	2.673,00	− 324,00	− 293,00
Geräte und Betriebs-Stoffe	4.200,00	800,00	3.400,00	16.497,00	13.098,00	3.399,00	15.338,00	13.254,00	2.084,00	8.883,00
Kleingeräte und Werkzeug	2.230,00	1.332,00	898,00	2.932,00	4.189,00	− 1.257,00	2.727,00	3.960,00	−1.233,00	− 1.592,00
Fremdmieten Geräte		3.800,00	−3.800,00		3.750,00	− 3.750,00		3.750,00	−3.750,00	− 11.300,00
Fremdleistungen	59.963,00	60.023,00	− 60,00	25.789,00	28.125,00	− 2.336,00	23.984,00	27.282,00	−3.298,00	− 5.694,00
Gehälter einschließlich gehaltsgebundene Kosten Poliere	12.871,00	13.131,00	− 260,00	25.741,00	28.941,00	−3.200,00	25.741,00	23.397,00	2.344,00	− 1.116,00
Fremdgehaltskosten				4.000,00	4.000,00	0,00	4.000,00	4.000,00	0,00	0,00
Sonstige	1.400,00	1.380,00	20,00	5.600,00	5.820,00	− 220,00	5.200,00	4.207,00	993,00	793,00
Summe:	193.464,00	185.423,00	8.041,00	358.789,00	371.595,00	− 12.806,00	350.879,00	354.351,00	−3.472,00	− 8.237,00

— Die negativen Abweichungen bei der Kostenart „Fremdmieten für Geräte" in Höhe von 11.300,– DM resultieren daraus, daß Herr Baumann die Kostenart in der Kalkulation als Eigengeräte kalkuliert hat. Demgegenüber stehen positive Abweichungen bei den Gerätekosten in Höhe von 8.883,– DM. Die negative Abweichung in Höhe von 11.300,– DM ∕. 8.847,– DM = 2.417,– DM ist möglicherweise durch zu niedrige Kalkulationsansätze erklärbar.

— Auch im Bereich der Fremdleistungen ist eine geringfügige negative Abweichung festzustellen. Möglicherweise haben die Nachunternehmer höhere Angebotspreise genannt als zunächst angenommen.

— Bei den Lohnkosten sind 3.490,– Mehrkosten entstanden. Herr Baumann hat parallel zum Kostenarten-Soll-Ist-Vergleich einen Stunden-Soll-Ist-Vergleich durchgeführt und dabei festgestellt, daß bei der Wohnanlage I gegenüber der Kalkulation bei der Position Mauerwerk 125 h mehr verbraucht worden sind. Dies führt Herr Baumann auf Einarbeitungsschwierigkeiten seiner neuen Maurerkolone zurück.

— Im Bereich der Verwaltungskosten hat Herr Kaufmann die Büroanlaufkosten (Büro- und Verkehrsko-

sten) um 8.760,– DM zu niedrig bewertet. Andererseits hat Herr Baumann entgegen der Planung der Verwaltungskosten die PKW- und Bewirtungskosten an die Baustellen weiterverrechnet. In Zukunft soll dies beibehalten werden. Eventuell kann im neuen Jahr der Zuschlagssatz für die Allgemeinen Geschäftskosten gesenkt werden.

Im allgemeinen hat der Kostenarten-Soll-Ist-Vergleich gezeigt, daß Herr Baumann seinen Baubetrieb kostenmäßig und organisatorisch ohne Probleme führt.

2.2.4 Überwachung der Verwaltung und der Hilfsbetriebe

Bei den genannten Kostenstellen kann es sinnvoll sein, die Ist-Kosten sehr detailliert nach Kostenarten zu unterteilen und die Entwicklung der jeweiligen Kostenart über die Jahre hinweg zu verfolgen. Hat ein Unternehmen z. B. mehrere gleichstrukturierte Hilfsbetriebe, so kann man die Zahlen der einzelnen Hilfsbetriebe gegenüberstellen. Die Analyse der Abweichungen kann unter Umständen nützliche Hinweise geben.

Die folgenden Tabellen sind Beispiele eines solchen innerbetrieblichen Vergleichs.

Gemeinkostenvergleich

Die Gemeinkosten werden in absoluter Höhe und in Prozent zur NL-GK-Summe[4] angegeben:

	X-Stadt		Y-Stadt	
	TDM	%	TDM	%
Löhne, Lohnnebenkosten, Sozialleistungen				
Gehälter, Gehaltsfortzahlung, Gehaltsnebenkosten, Sozialleistungen				
Freiwillige Sozialleistungen				
Pkw-Kosten				
Gebäude, Grundstücke				
Werkstattbetrieb				
Lagerplatzbetrieb				
Lkw-Betrieb				
Sachkosten des Bürobetriebes				
Verkehrs- und Reisekosten				
Werbungskosten				
Rechtskosten, Beiträge, Gebühren, Steuern				
Projektbearbeitung				
Datenverarbeitung und Sonstige				
NLGK-Brutto				
∕. Verrechnung				
NLGK-Nettobetrag				
Vergleich der NLGK zum Vorjahr:				
Vergleich der NLGK zum Umsatz im Berichtsjahr				

---

[4] NL-GK = Niederlassungs-Gemeinkosten

Prozentuale Aufteilung der Werkstattkosten

	X-Stadt %	Y-Stadt %	Z-Stadt %
Löhne			
Gesetzliche und tarifliche Sozialleistungen			
Lohnnebenkosten			
Gehälter			
Gesetzliche und tarifliche Sozialleistungen auf Gehälter			
Gehaltsnebenkosten			
Verbrauchsstoffkosten			
Ersatzteile			
Reparaturstoffe			
Reparaturen in fremden Werkstätten			
Grundstücke, Gebäude, Maschinen			
Gemeinkostenstoffe			
Kosten der Hilfsleistungen			
Anteilige Bürokosten etc.			
Verkehrs- und Reisekosten			
Betriebshaftpflichtversicherung			
Steuern			
Kosten ohne Verrechnung			
Gutschrift aus Verrechnung			
in % vom Aufwand			
Umsatz in TDM			
Werkstattkosten			
Werkstattkosten in % vom Umsatz			
Werkstattkosten im Vorjahr			

2.2.5 Übersichten über das Gesamtunternehmen

Hier kann man z. B. die Umsätze und die Ergebnisse der Baustellen zu Baugruppen zusammenfassen, um hieraus Trendentwicklungen sehen zu können. Auch die Verdichtung der Zahlen in einer Gesamtübersicht, die das betriebliche, das neutrale und das Gesamtergebnis gerennt nach Niederlassungen und als Summen zeigt, ist eine wichtige Information. Dabei ist das neutrale Ergebnis zurückzuführen auf Geschäftstätigkeiten des Unternehmens, welche außerhalb der eigentlich betrieblichen Tätigkeiten liegen (z. B. Gewinne aus Finanzanlagen).

Ein besonderes Interesse gilt den Verlustbaustellen, die meist gesondert untersucht werden. Hierzu einige Beispiele:

Baugruppenordnung

		0	1	2	3	4	5
Allgemeiner Hochbau	0	Geschäfts- und Verwaltungsgebäude	Hotels Kasinos Studentenheime	Ausbildungshallen Kasernen	Kaufhäuser	Krankenhäuser Altersheime	Wohnungsbau
Industriebau Ingenieur-Hochbau	1	Fabrikanlagen Werkhallen	Sportanlagen Schwimmbäder	Lagerhallen Parkhäuser Tanklager	Markthallen Schlacht- u. Kühlhäuser		
Erdbau/Straßenbau	2	Autobahnen	Sonstige Betonstraßen	Dämme	Erd- und Fundamentaushub		
Kanalisation Wasserversorgung	3	Kanalisation	Kläranlagen	Wasser-Versorgung -Aufbereitung			

Übersicht über das betriebliche, neutrale und das Gesamtergebnis des Unternehmens

	X-Stadt		Y-Stadt		Z-Stadt		HV		Summen	
	TDM	%	TDM	%	TDM	%	TDM	%	TDM	%
Gesamtumsatz										
Bruttoergebnis										
./. AGK Netto										
betr. Nettoergebnis										
neutrales Ergebnis										
Gesamtergebnis										
Auftragsbestand										

Verlustbaustellen (in TDM)

	Gesamtauftrag	abgewickelt %	Leistung	Baustellenergebnis	ZNGK	Nettoergebnis	in % zur Leistung	Zu erwartender Verlust per Bauende
	1	2	3	4	5	6 = 4 − 5	7 = 6 : 3	
1988 BST 6 Klinikum	5.500,00	50,00	2.750,00	75,00	265,00	− 190,00	− 6,91	990,00
BST 7 Schnellumschlaghalle	8.800,00	49,94	4.395,00	− 75,00	426,00	− 501,00	− 11,40	1.000,00
			7.145,00			− 691,00		
1989 BST 16 Feuerwehrhaus	7.200,00	12,50	900,00	23,00	89,00	− 66,00	− 7,33	1.366,00
			900,00			− 66,00		
1990 BST 24 Modezentrum	9.100,00	59,07	5.375,00	71,00	583,00	− 512,00	− 5,63	1.133,00
BST 26 Tribüne Ost	7.200,00	37,49	2.699,00	81,00	182,00	− 101,00	− 3,74	351,00
			8.074,00			− 613,00		

II. Der Jahresabschluß als Informationsinstrument für externe Gruppen und als Führungsinstrument des Unternehmens

1. Der Jahresabschluß als Informationsinstrument

Für heutige Unternehmen ist das Rechnungswesen als Steuerungsinstrument unbestritten. Im Baugewerbe als einem stark technisch bestimmten Wirtschaftszweig liegt diese Funktion vor allem bei dem Teil des Rechnungswesens, der unmittelbar und ausschließlich den Bauauftrag und den Baubetrieb zum Gegenstand hat, also bei der Bauabrechnung und der kurzfristigen Erfolgsrechnung. Ohne Zweifel werden deren Funktionen in Zukunft an Bedeutung gewinnen. Demgegenüber wird die Bilanzanalyse bislang in der Bauwirtschaft als Steuerungsmittel zu wenig eingesetzt.

Der Jahresabschluß ist, wie wir sahen, eine durch das Handelsrecht (§§ 242 ff. HGB) vorgeschriebene Unternehmensrechnung für die Kaufleute. Kapitalgesellschaften und Großunternehmen anderer Rechtsformen müssen nach §§ 325 HGB ihre Jahresabschlüsse und ggf. Konzernabschlüsse offenlegen und so alle mit der Gesellschaft und dem Konzern wirtschaftlich verbundenen Unternehmen und Personen informieren.

Zwei Beispiele sollen das verdeutlichen:

— Der Jahresabschluß ist nach § 5 EStG die Grundlage der Gewinn- bzw. Einkommensbesteuerung von „Vollkaufleuten und bestimmten anderen Gewerbetreibenden."

— Nach dem Kreditwesengesetz sind die deutschen Banken verpflichtet, vor Kreditgewährung die Kreditwürdigkeit des Schuldners zu prüfen: „Von Kreditnehmern, denen Kredite von mehr als DM 100.000 gewährt werden, hat sich das Kreditinstitut die wirtschaftlichen Verhältnisse, insbesondere durch Vorlage der Jahresabschlüsse, offenlegen zu lassen." (§ 18 KWG)

Daß der Jahresabschluß ein wichtiges Informationsmittel ist, wird deutlich, wenn man die historische Entwicklung betrachtet: Zu Anfang dieses Jahrhunderts war er das einzige wirtschaftliche Zahleninstrument der Unternehmen. Deren Anwachsen und die immer raschere Folge konjunktureller Wechsellagen zeigten aber, daß er nicht allen Zwecken gerecht werden konnte:

— Es genügt dem heutigen Unternehmen nicht, im Jahresabstand den erzielten Erfolg zu ermitteln. Eine kurzfristige Erfolgsrechnung ist notwendig.

— Die Erfolgsrechnung kann sich nicht damit begnügen, den Erfolg des Unternehmens im ganzen oder in Teilbereichen — beispielsweise gegliedert nach Niederlassungen — festzustellen. Die Erfolgsmessung muß bei dem „profit center" des Unternehmens beginnen, und das ist im Bauunternehmen der Bauauftrag.

— Die den Jahresabschluß beherrschenden Grundsätze ordnungsmäßiger Buchführung und die ihnen folgenden gesetzlichen Vorschriften und Wahlrechte führten den Jahresabschluß zu einem Bewertungssystem, das einer kurzfristigen Erfolgskontrolle der betrieblichen Leistungserstellung nicht gerecht werden kann.

Die aus dieser Situation entwickelte Kosten- und Leistungsrechnung hat den Jahresabschluß weder unnötig gemacht noch seine Bedeutung gemindert, auch nicht als Steuerungsinstrument des Unternehmens. Nur ist es nicht eine Steuerung der Auftragsausführungen und der Betriebstätigkeiten. Was ist die Aufgabe, und wo liegen die Möglichkeiten des Jahresabschlusses?

Der Jahresabschluß mit dem Lagebericht ist die einzige periodische wirtschaftliche Gesamtdarstellung des Unternehmens in der die Darstellung des Unternehmensvolumens und der Unternehmenslage kombiniert ist. Das Unternehmensvolumen setzt sich aus dem Bau- und Aufwandsvolumen zusammen; die Unternehmenslage wird von der Ertrags- und Finanzlage bestimmt. Der Jahresabschluß zeigt den Zusammenhang zwischen.

— der Bauleistung des Unternehmens und dem dafür arbeitenden Vermögen,

— dem Vermögen und seiner Finanzierung durch Kapital in seinen verschiedenen Formen,

— der Bauleistung als dem am Markt umgesetzten Bauvolumen und allen Aufwendungen des Unternehmens,

— dem wirtschaftlichen Ergebnis der Bauleistung und der Vermögenskapazität des Unternehmens; er ist die bestmögliche Antwort auf die Frage nach der Substanz-, besser: der Kapazitätserhaltung des Unternehmens.

2. Bilanzanalyse als Grundlage der Unternehmensführung

2.1 Bilanzanalyse auf der Grundlage von internen und externen Daten

Entscheidend mehr Quellen als der Öffentlichkeit stehen den Unternehmen selbst zur Verfügung, nämlich das gesamte Zahlenwerk, aus dem der Jahresabschluß entwickelt wurde, also nicht nur eine Bilanzposition „unabgerechnete Aufträge", sondern alle Baukonten und alle ARGE-Bilanzen, nicht nur die Position „Roh-,

Hilfs- und Betriebsstoffe", sondern das vollständige, zum Bilanzstichtag aufgenommene Inventar. Die Nutzung der Rechnungslegung als Informationsinstrument trägt die traditionelle Bezeichnung „Bilanzanalyse", eine von der Sache her immer zu enge Kennzeichnung. Entgegen ihrer Bezeichnung umfaßt die Bilanzanalyse die gesamte unternehmerische Rechnungslegung, von der die Bilanz lediglich der bedeutendste Teil ist.

Aber die Unternehmensführung braucht nicht nur die analysierten Werte des eigenen Unternehmens. Bilanzanalyse ist Ermittlung und Vergleich, Tatsachenfeststellung und -beurteilung.

Die Eignung der Bilanz als Führungsmittel der Unternehmen liegt in der Möglichkeit des Vergleichs mit externen Daten. Ein in der freien Marktwirtschaft arbeitendes Unternehmen braucht neben internen auch externe Orientierungsdaten. Verwendung finden sie bei der Beurteilung der eigenen Stellung im Wettbewerb und bei der Entscheidung über mögliche Partnerunternehmen.

Beurteilung der eigenen Stellung im Wettbewerb

Neben den Meßdaten des eignen Rechnungswesens müssen Ist-Werte anderer Unternehmen beachtet werden, weil das Unternehmen nicht aus sich selbst heraus, sondern nur im Vergleich mit anderen beurteilt werden kann. Für diesen Vergleich wird es immer mehr Fragen als Antworten geben. Hier nur einige Beispiele: Wie ist — gemessen an den Wettbewerbern — die eigene Ertragslage zu beurteilen, wie der Kapitalumschlag, die Laufzeit der Außenstände, die Möglichkeit, künftige Investitionen aus den Abschreibungsgegenwerten zu finanzieren, welche Ertrags- und Finanzreserven gibt es, um eine bevorstehende härtere Zeit durchzustehen?

Beurteilung möglicher Partnerunternehmen

Unternehmerische Partnerschaften sind Risikogemeinschaften. Das durch Eingehen von Arbeitsgemeinschaften, Kooperationen und kapitalmäßige Verflechtung gegebene Risiko muß dadurch begrenzt werden, daß man sich um eine objektive Beurteilung des vorgesehenen Partners bemüht.

Das Vergleichsmaterial und seine Eignung

Vergleichsmaterial ist dadurch gegeben, daß die Kapitalgesellschaften und die Großunternehmen auch anderer Rechtsformen eines jeden Wirtschaftszweiges verpflichtet sind, ihre Rechnungslegung offenzulegen. In der Bauwirtschaft kommt das ausführlichste Vergleichsmaterial von den etwa 40 Aktiengesellschaften.

Vergleichsmaterial ist außerdem dadurch gegeben, daß aus veröffentlichten Daten der Unternehmen und Konzerne Branchenzahlen gewonnen werden. Die Deutsche Bundesbank stellt jährlich Bilanzstatistiken auf, die nach Wirtschaftszweigen gegliedert sind. Die Verbände der Bauwirtschaft veröffentlichen Gesamtzahlen, die nicht aus Bilanzen gewonnen sind, aber sich für einen Vergleich mit Bilanzzahlen eignen, wie die Jah-

reswerte der Auftragszugänge, Bauleistungen und Auftragsbestände.

Wo liegen die Möglichkeiten, wo die Grenzen des Vergleichs externer mit eigenen Bilanzzahlen? Aufgrund der anderen Struktur der Bauunternehmen können für den Vergleich sinnvoll nur Zahlen aus der Bauwirtschaft herangezogen werden.

Nach der Bilanzstatistik des Statistischen Bundesamtes machte das Eigenkapital bei den deutschen Unternehmen des Verarbeitenden Gewerbes insgesamt 26 % der Bilanzsumme aus. Für das Baugewerbe ergibt sich ein Anteil von 8 %. Einschließlich der langfristigen Verbindlichkeiten betrug das den Unternehmen zur Verfügung stehende langfristige Kapital im Verarbeitenden Gewerbe 42 %, im Baugewerbe aber nur 19 % der Bilanzsumme. Sachanlagen machen im Verarbeitenden Gewerbe 28 %, im Baugewerbe 16 % der Bilanzsumme aus. Einschließlich der Beteiligungen betrug das Anlagevermögen im Verarbeitenden Gewerbe 34 %, im Baugewerbe 17 % der Bilanzsumme.

Jedes Bauunternehmen wird mit aus anderen Baubilanzen gewonnenen Vergleichswerten erfolgreicher operieren. Der Vorrang gebührt den Abschlüssen der in Größe, Struktur der Bauleistung, eventuell auch in vergleichbarer regionaler Lage und schließlich Kapitalausstattung verwandten Baugesellschaften. Zahlen aus amtlichen oder Verbandstatistiken können nur ergänzend wirken.

Kein Vergleich bringt dem Unternehmen Zahlen, die von sich aus Maßstabcharakter haben. Es gibt kein „Soll" der zu erreichenden Bauleistung oder des Bilanzergebnisses. Das Unternehmen muß sich seine Ziele selber setzen, aber eben hierfür sind Vergleichswerte unentbehrlich.

Das durch das Bilanzrichtliniengesetz geschaffene neue Bilanzrecht hat der Konzernrechnungslegung die führende Rolle als Informationsinstrument zugewiesen. Wo Gesellschaften pflichtgemäß oder freiwillig neben Unternehmens- auch Konzernabschlüsse aufstellen und offenlegen, sind sie die geeignetsten Informationsinstrumente. Wie ein späteres Kapitel zu zeigen hat, ist die weitere — wichtigere — Aufgabe der Rechnungslegung, die Innenfinanzierung, Aufgabe der Abschlüsse des Unternehmens als rechtliche, auch steuerrechtliche Einheit.

Der Konzern-Jahresabschluß sieht davon ab, daß die einzelnen Konzernunternehmen rechtlich selbständig sind, und behandelt sie, als wären sie nur Abteilungen oder Niederlassungen eines einzigen Unternehmens. Der Konzern-Jahresabschluß sagt daher mehr über diesen Unternehmensverband aus, als es der Jahresabschluß der Obergesellschaft tut.

Die gesetzliche Rechnungslegung wird heute durch weitere Informationen ergänzt: Die veröffentlichte Rechnungslegung — Jahresabschluß, Lagebericht — wird der Presse in ausführlichen Besprechungen erläutert und von ihr kommentiert. In der Hauptversammlung der Aktionäre wird die Lage der Gesellschaft in Diskussion erfragt und erklärt. Weite Verbreitung haben vorläufige Berichte, die im Laufe eines Jahres meist im Quartalsabstand, veröffentlicht werden.

Zunehmend kann – wie erwähnt – der Vergleich mit anderen Unternehmen heute durch einen Vergleich mit Summen- und Durchschnittszahlen des Wirtschaftszweiges ergänzt werden. Amtliche und private Stellen veröffentlichen jährlich Branchenanalysen als Zusammenfassungen der veröffentlichten Jahresabschlüsse der verschiedenen Wirtschaftszweige.

Die Problematik des Jahresabschlusses als Lieferant von Orientierungsdaten liegt darin, daß er keine Ansichtskarte des Unternehmens darstellt. Vielen Unternehmen wird dies erstmals bei Kreditverhandlungen deutlich. Ein Unternehmen sieht Möglichkeiten der Geschäftsausweitung, will Geräte anschaffen, den Bauhof erweitern, dafür Kredit aufnehmen oder den Kreditrahmen erweitern. Langfristige Zusammenarbeit mit anderen Unternehmen steht zur Debatte – Anteilserwerb, Gründung gemeinsamer Gesellschaften, z. B. für schlüsselfertiges Bauen. Dann treten plötzlich Begriffe auf, die – scheinbar – aus dem Jahresabschluß gar nicht hervorgehen: Der Cash-flow sei zwar gut, aber teilweise periodenfremd, der Einfluß des Fremdkapitals auf die Ertragslage könnte zu stark werden. Die Deckungsverhältnisse der Bilanz seien unbefriedigend, eine Kapitalkonsolidierung als erstes anzustreben, zudem sei der Kapitalumschlag zu langsam.

Der Jahresabschluß hat nach dem Wortlaut des Bilanzrechts „unter Beachtung der Grundsätze ordnungsmäßiger Buchführung ein den tatsächlichen Verhältnissen entsprechendes Bild der Vermögens-, Finanz- und Ertragslage" zu vermitteln. Auch im Lagebericht sind „zumindest der Geschäftsverlauf und die Lage der Kapitalgesellschaft so darzustellen, daß ein den tatsächlichen Verhältnissen entsprechendes Bild vermittelt wird." Die Rechnungslegung selbst stellt also schon eine Unternehmensanalyse dar. Aber der Gesetzgeber hat durch seine die Anforderungen einschränkenden Worte zum Ausdruck gebracht, daß den unmittelbar aus dem Jahresabschluß und dem Lagebericht möglichen Schlüssen Grenzen gezogen sind. Diese Grenzen kann die Bilanzanalyse, wo nicht beseitigen – das hieße ihre Möglichkeiten überschätzen –, so doch hinausschieben.

Die beiden Teile der Analyse finden allerdings unterschiedliche Voraussetzungen vor:

a) Das Unternehmensvolumen läßt sich zum größten Teil unmittelbar aus der Rechnungslegung des Unternehmens gewinnen.

b) Die Unternehmenslage, also die Ertrags- und die Finanzlage, sind mit Hilfe hierfür entwickelter Rechnungen zu bestimmen, wie die Deckungs- und die Kapitalflußrechnung. Ermittelt wird etwa das Ergebniss je Aktie nach der Formel der Deutschen Gesellschaft für Finanzanalyse und Anlageberatung, (DVFA) und der Deutschen Gesellschaft für

Betriebswirtschaft (SG-DGfB) ferner das Kurs-Gewinn-Verhältnis und schließlich der Cash-flow (gleichfalls inzwischen durch eine Rechenformel der genannten Vereinigung inhaltlich und damit begrifflich vereinheitlicht).

2.2 Bilanzanalyse unter Berücksichtigung der Branchenbesonderheiten

Die Gesetzesvorschriften des Bilanzrechts sehen von den branchenbedingten Unterschieden der Unternehmen ab. Das ist die Voraussetzung, sonst Unvergleichbares für Kreditgeber, Lieferer, Auftraggeber und Aktionäre vergleichbar zu machen. Aber eine gründliche Analyse muß branchenbedingte Besonderheiten berücksichtigen, die das einzelne Bauunternehmen in durchaus unterschiedlichem Maße prägen. Folgende Branchenmerkmale müssen berücksichtigt werden, um ein aktuelles Bild der wirtschaftlichen Lage eines Bauunternehmens zu bekommen:

– das Bauen in Arbeitsgemeinschaften,

– der Saisoncharakter der Baufertigung,

– die vorwiegend langfristige Auftragsfertigung

Einfluß der ARGE auf den Jahresabschluß

Kaum eine andere Erscheinung hat solchen Einfluß auf Umfang und Zusammensetzung der Bilanz und der Gewinn- und Verlustrechnung der beteiligten Bauunternehmen wie die ARGE, kaum eine andere Erscheinung macht den Jahresabschluß der Bauunternehmen für Außenstehende so schwer verständlich. Das für Bilanz und Bilanzpolitik der Bauunternehmen entscheidende Charakteristikum der ARGE ist, daß ein Auftrag der langfristigen industriellen (oder handwerklichen) Fertigung, der sich vom Objekt her nicht von den eigenen Aufträgen der einzelnen Bauunternehmen unterscheidet und der daher wirtschaftlich nur im Rahmen der Tätigkeit auf Dauer angelegter Bauunternehmen ausgeführt werden kann, als besondere, nur für diesen Auftrag errichtete Gesellschaft in Erscheinung tritt.

Während die Saisonabhängigkeit nur die Bilanz des Bauunternehmens beeinflußt, wirkt sich die Beteiligung der Bauunternehmen an ARGEN auf beide Rechnungskreise des Jahresabschlusses aus; ebenso wie die Saisongebundenheit der Fertigung hat sie aber keinen Einfluß auf das Bilanzergebnis.

Die in der Rechnungslegung der Baugesellschaften ausgewiesene Bauleistung enthält die Summe aus eigener und anteiliger ARGE-Bauleistung. Die Bauleistung ist also im Interesse der Vollständigkeit des Bildes der wirtschaftlichen Lage von dem rechtlichen Unterschied zwischen eigenen und ARGE-Aufträgen unabhängig. Das kann der an die strengen Vorschriften des Handelsrechts gebundene Jahresabschluß nicht.

Das von der Baubilanz ausgewiesenen Gesamtvermögen ist zwar rechtlich, nicht aber wirtschaftlich das

Gesamtvermögen des Unternehmen. Der vollen Bauleistung entspricht die Summe aus Gesamtvermögen und anteiligem ARGE-Vermögen. Diese Zahl geht aus der Bilanz nicht hervor. Auf der anderen Seite kann man nicht nur die eigene Bauleistung zum Unternehmensvermögen in Beziehung setzen, denn ein Teil des Unternehmensvermögens ist nicht für eigene, sondern für ARGE-Aufträge eingesetzt. Das gilt vor allem für das Anlagevermögen. Diesem Problem kann man für die externe Bilanzanalyse nur mit einer Faustformel beikommen, die uns noch beschäftigen wird.

Die Beteiligung an Arbeitsgemeinschaften hat auch auf die Gewinn- und Verlustrechnung Einfluß: dort wird das ARGE-Ergebnis als Umsatzerlös verbucht. Da auch das Bilanzergebnis der ARGE nach dem Imparitätsprinzip ermittelt wird, können die anteiligen ARGE-Gewinne erst nach der Abnahme oder einer Teilabnahme durch den Bauherrn von den Partnern als Umsatzerlöse übernommen werden.

Als zweites erzielt der ARGE-Partner Erlöse aus seinen Umsätzen mit der ARGE, vor allem aus technischer und kaufmännischer Federführung, aus technischer Auftragsbearbeitung durch sein Konstruktionsbüro oder seine Arbeitsvorbereitung, aus Gerätevermietung, aus Bearbeitung der Lohn- und Gehaltsabrechnung und unter Umständen auch aus Nachunternehmertätigkeit, wenn die ARGE ihn als Nachunternehmer für Teilleistungen einsetzt.

Saisoncharakter der Baufertigung

Welche Konsequenzen hat die Saisonbedingtheit der Baufertigung für den Jahresabschluß der Bauunternehmung? Da die Gewinn- und Verlustrechnung eine Zeitraumrechnung ist, deren Zeitraum nicht eine Saison, sondern ein Jahr umfaßt, wird die Gewinn- und Verlustrechnung von Saisoneinflüssen nur berührt, soweit z. B. ein besonders strenger Winter die Bautätigkeit und damit Erträge und Aufwendungen mindert. Eine Beeinflussung im Sinne einer vom Jahresdurchschnitt abweichenden Darstellung ist nur eine Angelegenheit der Bilanz, die eine Zeitpunktrechnung ist.

Der Saisoneinfluß auf die Bilanz besteht darin, daß sie nicht ein für das Geschäftsjahr typisches Bild, sondern das Bild eines Ausnahmetages zeigt. Der Zeitpunkt, für den die Bilanzen der Bauunternehmen aufgestellt werden, der „Bilanzstichtag", ist fast ausnahmslos der letzte Tag des Kalenderjahres, also ein Tag des frühen Winters. An diesem Tag ist die Bautätigkeit entweder bereits stark zurückgegangen oder voll zum Erliegen gekommen.

Da es die Beschäftigung des Unternehmens, die Bauleistung ist, die Saisoneinflüssen ausgesetzt ist, werden in erster Linie die unmittelbar aus Auftragsausführung hervorgehenden Vermögens- und Risikopositionen der Bilanz betroffen.

Der zahlenmäßige Einfluß zeigt sich wie folgt: In der Bauwirtschaft werden zum Jahresende viele Bauleistungen fertiggestellt und vom Auftraggeber abgenommen. Das bedeutet, daß die Position „nicht abgerechnete Bauleistungen" zum Jahresende geringer, die Position „Forderungen aus Lieferungen und Leistungen", also aus abgerechneten Aufträgen, zum Jahresende größer ist als im Jahresdurchschnitt.

Instandhaltungen und Instandsetzungen von Baugeräten werden, soweit vertretbar, bis zum Ende der Bausaison hinausgeschoben. Da die im neuen Jahr nachgeholten Reparaturen wirtschaftlich noch dem abgelaufenen Jahr zugehören, müssen die dafür entstehenden Kosten dem alten Jahr belastet und als Rückstellungen passiviert werden.

Auch auf die Liquidität hat der Saisoncharakter der Bauindustrie Einfluß. Der beginnende Winter bedeutet für die Bauunternehmung die schwächste Kapitalbeanspruchung während des Jahres. Den steigenden Einnahmen aus Abschlagszahlungen für Leistungen in den Hauptmonaten und auch aus Schlußzahlungen für in diesen Monaten fertiggestellte Bauten treten Ausgaben für stark verringerte Bauleistungen gegenüber. Die für den 31. 12. aufgestellten Bilanzen der Bauunternehmen zeigen daher nicht die durchschnittliche, sondern meist die höchste Liquidität des Jahres und nicht die durchschnittliche Beanspruchung laufender Bankkredite, sondern den niedrigsten Kreditstand.

Vorwiegend langfristige Auftragsfertigung

Sie ist das für die Ermittlung und Beurteilung der Ergebnislage ausschlaggebende Moment der Bauwirtschaft. Da diese Thematik in der Bauindustrie der eigentliche Schwerpunkt der Bilanzierung und der Bilanzbewertung ist, wurde sie im Teil C ausführlich behandelt. Dabei können die wesentlichen Aussagen hierzu wie folgt zusammengefaßt werden:

Während für die KLR des Bauunternehmens die in dem jeweiligen Zeitraum erbrachten Bauleistungen und die ihnen zuzurechnenden Kosten und damit das betriebsbedingte periodenechte Bauergebnis ermittelt wird, zeigt der Jahresabschluß, bedingt durch das Realisationsprinzip und das Imparitätsprinzip der Bilanzierung, ein hiervon grundsätzlich abweichendes Ergebnis:

— Auftragsgewinne sind in vollem Umfang erst nach Fertigstellung des einzelnen Objektes zu bilanzieren.

— Aus dem Auftragsbestand drohende Bauverluste sind in dem ihrer Entdeckung folgenden Jahresabschluß zu berücksichtigen, führen dadurch zu einer aus Sicht der Betriebserfolgsrechnung z. T. periodenfremden Belastung.

3. Praktisches Beispiel einer Bilanzanalyse, dargestellt an der GmbH

Für die praktische Bilanzanalyse verlassen wir jetzt die Position des „Insiders" unserer GmbH. Wir sehen sie uns von außen an, das heißt, aus der üblichen Situation desjenigen, der zur Beurteilung seines eigenen Unternehmens Vergleichswerte eines anderen Unternehmens gewinnen will.

Für die externe Bilanzanalyse steht als Auskunftsmaterial die veröffentlichte Rechnungslegung zur Verfügung. Wir wollen uns zu Beginn nochmals ihren Kern, die Bilanz und die Gewinn- und Verlustrechnung vor Augen führen. Außerdem verwenden wir Daten und Texte aus dem Anhang und dem Lagebericht.

3.1 Der Jahresabschluß und Angaben aus dem Anhang und dem Lagebericht

Bilanz zum 31. Dezember

AKTIVA	Berichtsjahr	Vorjahr
Anlagevermögen	TDM	TDM
Immaterielle Vermögensgegenstände	1.029	–
Sachanlagen		
Grundstücke und Bauten einschließlich der Bauten auf fremden Grundstücken	2.842	2.264
Technische Anlagen und Maschinen	3.434	2.104
Andere Anlagen, Betriebs- und Geschäftsausstattung	2.841	1.725
Geleistete Anzahlungen und Anlagen im Bau	41	16
Finanzanlagen	389	207
Anlagevermögen gesamt	**10.576**	**6.316**
Umlaufvermögen		
Vorräte		
Roh-, Hilfs- und Betriebsstoffe	543	664
Zum Verkauf bestimmte Grundstücke	996	996
Geleistete Anzahlungen	106	52
Nicht abgerechnete Bauten	46.943	23.230
./. erhaltene Abschlagszahlungen	– 38.855	– 18.884
Vorratsvermögen gesamt	9.733	6.058
Forderungen und sonstige Vermögensgegenstände		
Forderungen aus Lieferungen und Leistungen	12.729	12.307
Forderungen gegen Arbeitsgemeinschaften	5.383	5.365
Forderungen gegen verbundene Unternehmen und Unternehmen, mit denen ein Beteiligungsverhältnis besteht	355	169
Sonstige Vermögensgegenstände	2.713	2.413
Flüssige Mittel	16.778	13.161
Umlaufvermögen gesamt	**47.691**	**39.473**
Rechnungsabgrenzungsposten	34	23
Aktiva gesamt	**58.301**	**45.812**

PASSIVA	Berichtsjahr	Vorjahr
Eigenkapital	**TDM**	**TDM**
Gezeichnetes Kapital	1.500	1.000
Kapitalrücklage	1.263	950
Gewinnrücklage	909	750
Gewinn	410	290
Eigenkapital gesamt	4.082	2.990
Sonderposten mit Rücklageanteil		
Der Sonderposten wurde gebildet gemäß § 6 b EStG	311	73
Sonderposten mit Rücklageanteil	311	73
Rückstellungen		
Pensionsrückstellungen	1.744	890
Steuerrückstellungen	1.091	483
Sonstige Rückstellungen	9.948	4.904
Rückstellungen gesamt	12.783	6.277
Verbindlichkeiten		
Verbindlichkeiten gegenüber Kreditinstituten	6.572	6.156
Erhaltene Anzahlungen	3.017	2.766
Verbindlichkeiten aus Lieferungen und Leistungen	11.540	9.780
Verbindlichkeiten gegenüber Arbeitsgemeinschaften	13.465	12.940
Verbindlichkeiten gegenüber verbundenen Unternehmen und Unternehmen, mit denen ein Beteiligungsverhältnis besteht	1.287	863
Sonstige Verbindlichkeiten	5.241	3.965
– davon aus Steuern	(1.497)	(901)
– davon im Rahmen der sozialen Sicherheit	(964)	(450)
Verbindlichkeiten gesamt	41.122	36.470
Rechnungsabgrenzungsposten	3	2
Passiva gesamt	**58.301**	**45.812**
Haftungsverhältnisse		
Verbindlichkeiten aus der Begebung und Übertragung von Wechseln	32	8
Verbindlichkeiten aus Bürgschaften	3.202	2.337
Verbindlichkeiten aus Gewährleistungen	6.258	6.018
Haftungsverhältnisse gesamt	9.492	8.363

Gewinn- und Verlustrechnung für das Jahr

	Berichtsjahr	Vorjahr
	TDM	TDM
Umsatzerlöse	74.183	66.630
Erhöhung (Vorjahr Minderung) des Bestandes an nicht abgerechneten Bauten	23.713	− 637
Andere aktivierte Eigenleistungen	170	99
Gesamtleistung	98.066	66.092
Sonstige betriebliche Erträge		
Erträge aus dem Abgang von Gegenständen des Anlagevermögens	2.291	301
Erträge aus der Auflösung von Rückstellungen	646	901
Übrige Erträge	356	273
	3.293	1.475
Betriebliche Erträge gesamt	**101.359**	**67.567**
Materialaufwand		
Aufwendungen für Roh-, Hilfs- und Betriebsstoffe und für bezogene Waren	29.355	22.827
Aufwendungen für bezogene Leistungen	18.372	9.901
	47.727	32.728
Personalaufwand		
Löhne und Gehälter	34.924	20.748
Soziale Abgaben und Aufwendungen für Altersversorgung und Unterstützung	9.063	6.369
	43.987	27.117
Abschreibungen auf immaterielle Anlagen und Sachanlagen	4.974	4.162
Sonstige betriebliche Aufwendungen	4.031	3.039
	9.005	7.201
Betriebliche Aufwendungen gesamt	**100.719**	**67.046**
Betriebliches Ergebnis	**640**	**521**
Ergebnis Finanzanlagen	302	422
Zinsergebnis (Erträge ∕. Aufwendungen)	50	− 180
Ergebnis der gewöhnlichen Geschäftstätigkeit	**992**	**763**
Außerordentliches Ergebnis (Erträge ∕. Aufwendungen)	51	100
Steuern	− 474	− 373
Jahresüberschuß	**569**	**490**
Einstellungen in Gewinnrücklagen	− 159	− 200
Gewinn	**410**	**290**

Der Anhang und der Lagebericht wurden im Beispiel des Abschnitts C nicht gesondert gezeigt. Für die Bilanzanalyse brauchen wir aber folgende Zahlen, die normalerweise im Anhang bzw. im Lagebericht zu finden sind.

Es zählt zu den Eigenarten der Bauwirtschaft, daß das Umsatzvolumen des Geschäftsjahres — also die im Jahr erbrachte Bauleistung — nicht aus der Gewinn- und Verlustrechnung, sondern aus dem Anhang abzulesen ist. Das Bilanzrecht schreibt in § 285 HGB auch die Aufgliederung der Umsätze nach „Tätigkeitsbereichen sowie nach geographisch bestimmten Märkten" vor.

Die Mehrzahl der publizitätspflichtigen Baugesellschaften gibt nicht nur die erbrachte — und damit auch die in Vorjahren erstellte —, sondern auch die erwartete Bauleistung bekannt, und zwar durch Angabe der Auftragseingänge des Bilanzjahres und des Auftragsbestandes am Ende des Jahres.

Bauleistung	in TDM	
Bauleistung gesamt	124.300	(+ 43 % gegenüber Vorjahr)
davon eigene Leistung	92.766	
ARGE-Leistung	31.534	
davon Hochbau	104.066	
Tiefbau	20.234	
davon Inland	124.300	
Ausland	—	

ARGE-Anteil in %: 25 % (Vorjahr 20 %)

Auftragssituation

Auftragszugänge im Jahr und Auftragsbestand am Jahresende:

	TDM	+ % gg. Vorjahr
Auftragszugänge gesamt	138.000	+ 26,0 %
davon Hochbau	104.500	+ 31,5 %
Tiefbau	33.500	+ 10,9 %
davon Inland	126.000	+ 30,0 %
Ausland	12.000	+ 100,0 %
Auftragsbestand am Jahresende gesamt	110.500	+ 20,5 %
davon Hochbau	68.500	+ 25,0 %
Tiefbau	42.500	+ 15,5 %
davon Inland	98.500	+ 30,5 %
Ausland	12.000	+ 100,0 %

Die Auftragszugänge sind größer als die Jahresleistung, und zwar um:

$$\frac{\text{Auftragszugänge} \div \text{Bauleistung}}{\text{Bauleistung}} \times 100$$

$$= \frac{138.000 \text{ TDM} \div 124.300}{124.300} \times 100 = 11,5 \%$$

Man kann daraus einen weiteren Anstieg der Bauleistung im Folgejahr erwarten.

Auszug aus dem Anlagespiegel:

Anlagevermögen in TDM	Anfangsbestand Buchwert	Zugänge +	Abgänge ./.	Abschreibung ./.	Endbestand Buchwert
Immaterielle Vermögensgegenstände		1.850		821	1.029
Sachanlagen					
Grundstücke und Bauten	2.264	2.350	1.040	732	2.842
Technische Anlagen und Maschinen	2.104	4.221		2.891	3.434
Andere Anlagen, Betriebs- und Geschäftsausstattungen	1.725	1.646		530	2.841
Geleistete Anzahlungen und Anlagen im Bau	16	25			41
Finanzanlagen	207	182			389
Anlagevermögen gesamt:	6.316	10.274	1.040	4.974	10.576

— Investitionen (in TDM): 10.274

— Abschreibungen (in TDM): 4.974

Erläuterung der Bilanzbewertung (Auszug)

Die unabgerechneten Aufträge sind mit den nach Handelsrecht aktivierungspflichtigen Herstellungskosten oder den niedrigeren beizulegenden Werten angesetzt.

Erläuterung der Kapitalstruktur

Die Gesellschafter haben aus ihren eigenen Mitteln der GmbH eine Kapitalerhöhung (Erhöhung des gezeichneten Kapitals) in Höhe von 500 TDM zugeführt, so daß das gezeichnete Kapital sich nunmehr auf 1.500 TDM beläuft. Ebenso wurde von den Gesellschaftern die Kapitalrücklage um 313 TDM auf 1.263 TDM erhöht.

Erläuterung der Gewinn- und Verlustrechnung (Auszug)

Erträge (in TDM)

Umsatzerlöse,	66.256
Bestandsveränderungen (Pos. 2)	23.713
aktivierte Eigenleistung (Pos. 3)	170
Leistungen eigene Baustellen	90.139
Umsatzerlöse mit ARGEN (Pos. 1)	4.221
Erlöse von Dritten (Pos. 1)	370
anteiliges ARGE-Ergebnis	3.336
Erträge aus Bauleistungen	98.066
Erträge aus dem Abgang von Gegenständen des Anlagevermögens	2.291
Erträge aus der Auflösung von Rückstellungen	646
Übrige Erträge	356
	3.293
Betriebliche Erträge gesamt	101.359

Sonstige betriebliche Aufwendungen (in TDM)

Zuführung zu Rückstellungen aus Gewährleistung	1.138
Zuführung zu sonstigen Rückstellungen (z. B. Steuerrückstellungen, drohende Verluste aus schwebenden Geschäften)	952
Zuführung zum Sonderposten mit Rücklagenanteil	238
Sachaufwendungen des Bürobetriebes	1.703
	4.031

3.2 Analyse einzelner Schwerpunkte

3.2.1 Bauvolumen (Bauleistung und Auftragssituation)

Die Angaben aus dem Anhang zu dem Bauvolumen lassen für Angehörige der Bauwirtschaft bereits einige Schlüsse zu:

a) Die Gesellschaft sieht den Schwerpunkt ihrer Tätigkeit im Inlandgeschäft und hier im Hochbau.

b) Die Bauleistung ist gegenüber dem Vorjahr bedeutend gestiegen und zwar um 43 %. Die Auftragszugänge wiederum sind höher als die erbrachte Bauleistung, nämlich:

Auftragszugänge:	138.000 TDM
Bauleistung:	124.300 TDM

c) Reichweite des Auftragsbestandes:

Die Fragestellung in diesem Zusammenhang lautet: Wie lange reicht ein Auftragspolster in Höhe von 110.500 TDM, wenn man in 12 Monaten eine Bauleistung in Höhe von 124.300 TDM erbringt:

Rechnerisch ergibt sich also:

124.300 TDM Leistung in 12 Monaten

110.500 TDM Leistung in x Monaten

$$\frac{12 \times 110.500}{124.300} = 10,5 \text{ Monate}$$

Aus der Analyse der Vorjahresabschlüsse ergibt sich, daß diese Auftragsreichweite typisch für die Gesellschaft ist, und zwar mit einer in den letzten Jahren relativ stark steigenden Tendenz. Die Auftragsreichweite stimmt etwa mit der eines anderen Unternehmens vergleichbarer Größe überein.

Bei der Größenordnung der Gesellschaft stellt die Reichweite des Auftragsbestandes eine wertvolle Sicherheitsangabe dar, allerdings nur für die Beschäftigung. Die Reichweite des Auftragsbestandes äußert sich nur indirekt zur Unternehmenslage. Man hat bei der Beurteilung der Unternehmenslage zu berücksichtigen, ob die Gesellschaft unbedingt jeden Auftrag übernehmen mußte.

Aus der Zusammensetzung der Auftragszugänge kann man entnehmen, daß die Gesellschaft eine gezielte Akquisition betreiben konnte, so daß mit Sicherheit im Folgejahr erfolghaltigere und risikoärmere Geschäftsbereiche ihr Gewicht noch verstärken können. Dadurch kann man auch für das Bauergebnis einen weiteren Anstieg erwarten.

3.2.2 Vermögensvolumen und Bauleistung

Das Vermögen und die Bauleistung stehen zueinander im Verhältnis von Mittel und Zweck. Die Aufgabe des Unternehmens ist es, durch Bauleistungen Erträge zu erwirtschaften. Die Bauleistung und ihr wirtschaftliches Ergebnis werden nicht zuletzt von Umfang und Zusammensetzung des Unternehmensvermögens bestimmt. Das Unternehmensvermögen muß grundsätzlich unter anderen Voraussetzungen gewertet werden als die Bauleistung. Wichtig ist dabei der Vergleich mit anderen Unternehmen, da es in bezug auf die Bauleistung kein im Umfang und Zusammensetzung fixiertes Soll-Vermögen gibt.

Unsere Gesellschaft zeigt in ihrer Bilanz ein Vermögen von TDM 58.301, das sich aus einem Anlagevermögen von TDM 10.576, einem Umlaufvermögen von TDM 47.691 und dem Rechnungsabgrenzungsposten von 34 TDM zusammensetzt. Um eine Relation zwischen Bauleistung und Vermögen herstellen zu können, muß man beachten, daß die Bauleistung im Jahreszeitraum erbracht wird, während das Vermögen in der Bilanz zum Stichtag — also als Jahresendbestand — ausgewiesen wird.

Um die beiden Zahlen sinnvoll in Beziehung setzen zu können, müssen wir das durchschnittlich gebundene Vermögen aus Jahrsendbestand und Vorjahresendbestand ermitteln. Hinzu kommt, daß auch die Vermögenswerte der Bilanz keine Verkehrswerte sind, sondern vorsichtig ermittelte Ansätze darstellen. Mit den genannten Ungenauigkeiten ergeben sich folgende Durchschnittswerte:

$$\frac{\text{Wert Vorjahr + Wert Bilanzjahr}}{2}$$

(in TDM)

Durchschnittliches Gesamtvermögen $\quad \dfrac{58.301 + 45.812}{2} = 52.056$

davon Anlagevermögen $\quad \dfrac{10.576 + 6.316}{2} = 8.446$

Umlaufvermögen $\quad \dfrac{47.691 + 39.473}{2} = 43.582$

Die Frage, die uns im Rahmen der Bilanzanalyse interessiert, lautet: Welches Vermögen wurde benötigt, um 1 Mio. DM Leistung zu erbringen?
Um diese Frage beantworten zu können, muß man aber bedenken, daß die im Anhang ausgewiesene Bauleistung in Höhe von TDM 124.300 auch anteilige ARGE-Leistungen enthält. Das in der Bilanz ausgewiesene Vermögen ist aber nur das Vermögen des Unternehmens und enthält somit kein anteiliges Vermögen der ARGEN, an denen die Gesellschaft beteiligt ist. Doch wird das Vermögen der Gesellschaft auch für ARGEN genutzt. Die Gesellschaft vermietet z. B. Geräte, führt Arbeiten verschiedener Art mittels ihrer EDV-Anlage durch oder wird als Nachunternehmer für Spezialarbeiten tätig.

Um Relationen zwischen Bauleistung und Vermögen errechnen zu können, wird in der Bauindustrie folgende Faustformel verwendet:
Dem durchschnittlichen Gesamtvermögen des Unternehmens wird die Summe aus eigener Bauleistung und der halben anteiligen ARGE-Bauleistung gegenübergestellt.
(anteilige ARGE-Bauleistung = 25 % der gesamten Bauleistung = 25 % von 124.300 = 31.075 TDM).

Die hieraus zu ziehenden Vergleichszahlen ergeben sich wie folgt:

Je TDM 1.000 Jahresbauleistung waren erforderlich:

— Gesamtvermögen

$$\frac{\text{durchschnittliches Gesamtvermögen}}{\text{Bauleistung + Hälfte der ARGE-Leistung}}$$

$$\text{x } 1.000 = \frac{52.056}{108.533} \text{ x } 1.000 = \underline{480 \text{ TDM}}$$

— Anlagevermögen

$$\frac{\text{Anlagevermögen}}{\text{Bauleistung + Hälfte der ARGE-Leistung}}$$

$$\text{x } 1.000 = \frac{8.446}{108.533} \text{ x } 1.000 = \underline{78 \text{ TDM}}$$

— Umlaufvermögen

$$\frac{\text{Umlaufvermögen}}{\text{Bauleistung + Hälfte der ARGE-Leistung}}$$

$$\text{x } 1.000 = \frac{43.582}{108.533} \text{ x } 1.000 = \underline{402 \text{ TDM}}$$

Der reziproke Wert der ermittelten Zahlen wird Kapitalumschlag genannt. Er hieße besser Vermögensumschlag.

In unserem Fall beträgt er für das durchschnittliche Gesamtvermögen:

$$\frac{\text{Bauleistung + Hälfte der ARGE-Leistung}}{\text{durchschnittliches Gesamtvermögen}} =$$

$$= \frac{108.304}{52.056} = \underline{2.08}$$

Obwohl die ermittelten Zahlen zum Teil auf Schätzwerten beruhen, sind sie dennoch — vor allem für den zwischenbetrieblichen Vergleich — von großer Aussagekraft.

3.2.3 Vorfinanzierung der unabgerechneten Aufträge

Aktivierte Werte TDM	Bilanzjahr
	TDM
Unabgerechnete Bauten	46.943
∕. Abschlagzahlungen	− 38.855
∕. erhaltene Anzahlungen	− 3.017
Finanzierungsmittel, die im Durchschnitt zur Erbringung der Bauleistung vorgehalten werden müssen:	5.071
Bauleistung	92.766

Die durchschnittliche Monatsleistung beträgt:

$$\frac{\text{Bauleistung}}{12} = \frac{92.766}{12} = 7.731$$

Im folgenden wird berechnet, wieviel Monate man die Finanzierungsmittel zur Erbringung von Bauleistungen durchschnittlich vorhalten muß.

Bei einer Bauleistung von 92.766 TDM in 12 Monaten muß ein Betrag von 5.071 TDM vorfinanziert werden.

Also rechnerisch: 92.766 TDM in 12 Monaten
5.071 TDM in x Monaten

$$= > x = \frac{5.071 \text{ TDM x } 12}{92.766 \text{ TDM}} = 0,65 \text{ Monate}$$

Der Umfang und die Zeit, für die unabgerechnete Aufträge vorfinanziert werden müssen, ist bei Inlandsaufträgen abhängig von der Vertragsgestaltung, zu welcher die VOB den Rahmen gibt und hängt sehr stark von der Initiative der Bauleitungen ab, und zwar in bezug auf

— Genauigkeit des Aufmaßes,
— möglichst schnelle Rechnungsstellung,
— fundiertes Forderungsmanagement.

3.2.4 Außenstände aus abgerechneten Bauten

Beziehungsgröße der Forderungen aus Lieferungen und Leistungen sind die Umsatzerlöse der Gewinn- und Verlustrrechnung, da letztere sich aus den Auftragswerten der abgerechneten Aufträge ergeben. Die Umsatzerlöse enthalten allerdings auch anteilige ARGE-Ergebnisse und Leistungen für ARGEN. Diese müssen folgerichtig herausgerechnet werden, um nur die richtige Beziehungsgröße zu den Forderungen aus Lieferung und Leistungen zu erhalten. Man kann bei einem ARGE-Anteil an der Bauleistung vo 25 % annehmen, daß etwa 7,5 % der Umsatzerlöse die ARGEN betreffen und daher herausgerechnet werden müssen.

Die Umsatzerlöse werden ohne Umsatzsteuer verbucht. Da vom Auftraggeber in aller Regel Abschlagzahlungen geleistet wurden, ist der Betrag „Forderungen aus Lieferungen und Leistungen" der Betrag, den das Bauunternehmen noch als Außenstände aus abgerechneten Bauten zu bekommen hat.

Da die Forderungen die vollen bestehenden (und als sicher anzusehenden) Anspruchsbeträge umfassen, enthalten sie auch die Umsatzsteuer. Dies gilt allerdings nur für Inlandaufträge.

Folglich sind die Umsatzerlöse um die Umsatzsteuer zu erhöhen. Das ergibt folgende Rechnung:

Umsatzerlöse + 14 % Mehrwertsteuer =	66.256 TDM
14 % von 66.256 TDM =	9.276 TDM
Aufträge einschl. Mehrwertsteuer (= Bruttoerlöse)	75.532 TDM
Forderungen aus Lieferungen und Leistungen	12.729 TDM
= % der Bruttoerlöse	16,9 %

Nun wird errechnet, wie lange man durchschnittlich warten muß, bis die Forderungen bezahlt werden (Laufzeit in Monaten):

Also rechnerisch: 75.532 TDM in 12 Monaten
12.729 TDM in x Monaten

$$x = \frac{12.729 \text{ TDM x } 12}{75.532 \text{ TDM}} = 2,0 \text{ Monate}$$

Die finanzielle Vorhaltung der Forderungen aus abgerechneten Aufträgen ist mit rund zwei Monaten als günstig anzusehen.

3.2.5 Finanzierung durch Lieferanten und Nachunternehmer

Jeder Praktiker wird bei einer Lieferantenrechnung wenn möglich Skonto vom Rechnungsbetrag abziehen. Bauunternehmen bietet sich diese Möglichkeit aber nur bei einem begrenzten Teil ihrer Liefererverbindlichkeiten. Daher erscheint manchem Unternehmen eine Streckung der Zahlungsziele weit über die vertraglichen Grenzen hinaus als geeignete Form der Kreditverbilligung. Die Folge davon ist, daß man mitunter Lieferanten akzeptiert, die schlechtere Lieferungs- und Qualitätsbedingungen haben.

Bilanzbestand	TDM
Verbindlichkeiten aus Lieferungen und Leistungen	11.540
Käufe	
Materialaufwand	47.727
Investitionen	10.274
	58.001

Verbindlichkeiten in % der Käufe

$$= \frac{11.540}{58.001} \text{ x } 100 = 19,9 \text{ %}$$

Wie lange nutzt das Unternehmen durchschnittlich die Lieferantenkredite oder wie lange müssen die Lieferer warten, bis das Unternehmen ihre Rechnungen zahlt?

58.001 TDM in 12 Monaten
11.540 TDM in x Monaten

$$= > x = \frac{11.540 \text{ TDM x } 12}{58.001 \text{ TDM}} = 2,0 \text{ Monate}$$

Die Gesellschaft hat ihre Lieferantenkredite weit genutzt.

3.3 Ermittlungen zur Ertrags- und Finanzlage

Entscheidender Ausdruck der Unternehmenslage ist das erzielte Ergebnis. Dessen Untersuchung ist daher das Kernstück der Bilanzanalyse. Ihre Aufgabe geht aber weiter. Sie hat den Zusammenhang zwischen der Ergebnis- und der Finanzlage des Unternehmens aufzuzeigen. Die Bilanzanalyse soll in Zahlen erläutern, wie und in welchem Maße es dem Unternehmen gelungen ist, die Rentabilität als Ziel mit der Liquidität als Notwendigkeit zu verbinden.
Ertragserzielung am Markt ist für die Unternehmen mit langfristiger Fertigung ein lang dauernder, unregelmä-

ßiger Prozeß. Zahlungsfähigkeit muß aber ständig, und das heißt kurzfristig, erhalten werden. Ein notwendiges organisatorisches Element zur Sicherung der Zahlungsfähigkeit des Unternehmens ist die Finanzplanung.

Der Sicherheitsgrad der Finanzierung wird vor allem mit zwei Rechnungen kontrolliert, der Deckungs- und der Kapitalflußrechnung.

3.3.1 Kurz- und mittelfristige Finanzplanung

Diese Planung betreiben die Unternehmen heute mit zwei Rechnungen:

— der kurzfristigen Finanzdisposition und

— der Finanzplanung als Teil einer Gesamtplanung.

Die kurzfristige Finanzdisposition dient der laufenden Steuerung der Liquidität. Hier werden Entscheidungen ausgelöst, die sich innerhalb des gegebenen Rahmens kurzfristiger Verwendung freier Mittel und der stärkeren Nutzung bestehender Kreditspielräume bewegen. Mit dem Anwachsen der Bauunternehmen in den vergangenen zwei Jahrzehnten zeigte sich, daß die kurzfristige Dispositionsrechnung nicht allen Anforderungen finanzieller Unternehmenssteuerung genügt. Die bloße Ermittlung und Gegenüberstellung des Geldbedarfs mit seiner möglichen und beabsichtigten Deckung läßt die finanzielle Gesamtsituation des Unternehmens nicht erkennen. Finanzielle Vorsorgemaßnahmen können einen längeren Veranschlagungszeitraum als den eines Monats oder eines Quartals erfordern.

Neben der kurzfristigen Finanzdisposition wurde daher eine finanzielle Planungsrechnung entwickelt, die den Zeitraum eines Jahres erfaßt und nach Monaten — in der Bauwirtschaft meistens nach Quartalen — gegliedert ist. Die Bedeutung der Finanzplanung auch für Bauunternehmen geht nicht zuletzt daraus hervor, daß der Finanzplan neben dem Bauleistungsplan die einzige Planungsrechnung vieler Unternehmen ist; eine Bedrohung der Unternehmensexistenz durch Zahlungsschwierigkeiten kann rechtzeitig erkannt werden. Nur wenige Bauunternehmen führen allerdings die Finanzplanung als integrierten Bestandteil einer gesamten Unternehmensplanung, die aus den folgenden Teilrechnungen besteht:

— Bauleistungsplan,

— Investitionsplan,

— Ergebnisplan,

— Finanzplan.

Voraussetzung einer aussagefähigen Finanzplanung sind die Kosten- und Leistungsrechnung Bau und der Jahresabschluß. Das Organisationsschema des Rechnungswesens ist der Baukontenrahmen (vgl. Abschnitt C).

Systemdarstellung: Finanzplan (unterteilt nach Monaten oder Quartalen)

Leistungs- u. Aufwandplan Investitionsplan	Mittelaufbringung, Mittelverwendung
1. Bauleistungen davon eigene Aufträge Arbeitsgemeinschaften	1. Mittelaufbringung Erlöse aus eignen Aufträgen Erlös- und Ergebniszahlungen von ARGE
Weitere Leistungen Weitere Erträge Neutrale Erträge (z. B. Zinsen)	Weitere Leistungsbezahlung Weitere Ertragszahlungen Zahlungen aus neutralen Erträgen
Bauleistungen und andere Erträge gesamt:	Leistungs- und andere Ertragszahlungen gesamt
2. Betriebliche und neutrale Aufwendungen Aufwandbedingte Baraufwendungen (in % der Bauleistung) Bauabrechnung	2. Mittelverwendung Unmittelbar auftragsbedingte Aufwandzahlung (in % der Bauleistung) Zahlungen Mehrwertsteuer abzgl. Vorsteuer (in % der Bauleistung)
Baraufwendungen der Hilfsbetriebe Baraufwendungen der Verwaltung Übrige Aufwendungen außer ergebnisabhängigen Steuern	Aufwandzahlungen für Hilfsbetriebe Aufwandzahlungen für die Verwaltung Zahlungen für übrigen Aufwand außer ergebnis- abhängigen Steuern
Ergebnisabhängige Steuern	Zahlungen ergebnisab- hängiger Steuern
Investitionen	Zahlungen für Anschaffungen von Anlagegegenständen
Neutrale Aufwendungen (Zinsen)	Zahlungen aus neutralem Aufwand
Aufwendungen und Investitionen gesamt:	Betriebliche und neutrale Zahlungen gesamt
Überschuß/Fehlbetrag	Überschuß/Fehlbetrag

3.3.2 Deckungsrechnung

Die Deckungsrechnung prüft, wie weit das älteste, aber unverändert gültige Gebot der Unternehmensfinanzierung beachtet wurde, nämlich das Gebot der Fristenkongruenz von Kapitalaufbringung und Kapitalverwendung.

Zusammenbrüche bedeutender Unternehmen in den letzten 20 Jahren waren häufig dadurch bedingt, daß bei guter Beschäftigungs- und Ertragslage Zahlungsunfähigkeit und damit Produktionsunfähigkeit eintraten. Hieraus wurde die Folgerung gezogen, daß die finanzielle Sicherung der Produktionsfähigkeit des Unternehmens dann gewährleistet ist, wenn das unmittelbar für die Produktion eingesetzte Sachvermögen durch langfristiges Kapital gedeckt ist.

Die „goldene Bilanzregel", die, weil für kreditgebende Banken ebenso wichtig wie für ihre Kreditnehmer, auch „bankers rule" genannt wird, verlangt in ihrer heutigen Form, daß das Anlage- und das Vorratsvermögen durch Eigenkapital und langfristiges Fremdkapital bilanzmäßig gedeckt sind.

Ohne Zweifel ist auch diese verbesserte Form der „goldenen Bilanzregel" zu allgemein und zu grobmaschig, um allein Richtschnur und Kontrollmittel der Unternehmensfinanzierung zu sein. Andererseits müssen Kritiker der Finanzierungsregel sich vorhalten lassen, daß sie kaum bessere Regeln vorgeschlagen haben. Zunächst einige Anmerkungen zu der Deckungsrechnung.

1. Zur unmittelbaren Vorratsfinanzierung gehören neben den erhaltenen Abschlagszahlungen von TDM 38.855 (auf der Aktivseite der Bilanz bei der Position „nicht abgerechnete Bauten" abgesetzt) auch die erhaltenen Anzahlungen von TDM 3.017 (Passivseite der Bilanz).

2. Sonderposten mit Rücklageanteil von TDM 311 werden mit 40 % = TDM 124 dem Eigen-, mit 60 % = TDM 187 dem langfristigen Fremdkapital zugerechnet. Dieser Sonderposten gibt dem Unternehmen die Möglichkeit, bilanzierte Gewinne steueraufschiebend zu thesaurie-

ren, vgl. Abschnitt (III 3.2.3). Wird dieser Posten später aufgelöst, so fallen Körperschafts- und Gewerbesteuern an. Man rechnet für diese Steuern inzwischen mit einem vorsichtig geschätzten Wert von 60 % des Zuführungsbetrages.Damit bleiben 40 % des Zuführungsbetrages als Gewinnanteil dem Unternehmen.

3. Die Pensionsrückstellungen von TDM 1.744 TDM gelten voll als langfristiges Fremdkapital.

4. Die sonstigen Rückstellungen, das heißt TDM 9.948, sind bei Bauunternehmen in der Regel mit einem Anteil von 20 % (= TDM 1.989) als langfristiges Fremdkapital anzusehen. Dieser Prozentsatz ist nach Erfahrungen in der Bauwirtschaft geschätzt. Er ergibt sich aus den Zuführungen zur Rückstellung für Jubiläumsgeld, aber auch zur Rückstellung für Gewährleistungsverpflichtung, wenn diese die in der VOB vorgesehene Dauer von 2 Jahren überschreiten. Ferner sind auch Rückstellungen für Risiken aus schwebenden Prozessen meist langfristiger Natur.

5. Aus dem Anhang geht hervor, daß die Bankkredite von TDM 6.572 praktisch nur kurzfristige Betriebsmittelkredite sind.

6. In den „Sonstigen Verbindlichkeiten" sind 2.780 TDM (Vorjahr 2.614 TDM) langfristige Verbindlichkeiten enthalten. (Sonstige Verbindlichkeiten ohne Verbindlichkeiten aus Steuern und im Rahmen der sozialen Sicherheit).

Deckungsrechnung

Aktiva			Passiva		
Anlagevermögen		TDM Jahr	Eigenkapital		TDM Jahr
1. Immaterielle Vermögensgegenstände		1.029	1. Gezeichnetes Kapital		1.500
2. Sachanlagen		9.158	2. Rücklagen		2.172
3. Finanzanlagen		389	3. 40 % des Sonderpostens mit Rücklagenanteil		
			40 % von 311 TDM		124
			gesamt		3.796
			Langfristiges Fremdkapital		
			1. Pensionsrückstellungen		1.744
			2. 20 % von den sonstigen Rückstellungen		
			= 20 % von 9.948 =		1.989
			3. 60 % des Sonderpostens mit Rücklagenanteil		
			60 % von 311		187
			4. langfristige Verbindlichkeiten		2.780
			gesamt		6.700
Anlagevermögen gesamt		10.576	Langfristiges Kapital gesamt		10.496
Vorratsvermögen					
1. Roh-, Hilfs- u. Betriebsstoffe:		543			
2. Zum Verkauf bestimmte Grundstücke:		996			
3. Geleistete Anzahlungen:		106			
4. Nicht abgerechnete Bauten:	46.943				
– erhaltene Abschlagszahlungen	38.855				
	=	8.088	Erhaltene Anzahlungen		3.017
Vorratsvermögen gesamt		9.733	Finanzierung des Vorratsvermögens:		3.017
Anlage + Vorratsvermögen		20.309	Langfristiges Kapital + Anzahlungen		13.513

Die Gesellschaft hat zwar ihr Anlage-, nicht aber auch ihr volles Umlaufvermögen langfristig finanziert. Sie ist damit in der Bauwirtschaft eher ein Regelfall. Die entscheidende Ursache ist die knappe Eigenkapitalbasis, die gleichzeitig den Kreditrahmen begrenzt. Dabei ist die Gesellschaft, wie die Bilanz zeigt, recht liquide. Allerdings ist die Bilanzliquidität, wie erläutert, stichtagsbedingt und zeigt keinen Jahresdurchschnitt.

Eine gute Beschäftigung hat der knappen Kapitaldecke ihre negativen Wirkungen genommen. Die sehr gute Auftragslage verspricht eine Fortsetzung dieser Tendenz. Gewinnerzielungen sollten aber auch zu weiterer spürbaren Verstärkungen des Eigenkapitals genutzt werden.

3.3.3 Kapitalflußrechnung und Cash-flow

Die Kapitalflußrechnung, in der Praxis entwickelt, stellt heute die eigentliche Kontrollrechnung der Unternehmensfinanzierung dar. Die Deckungsrechnung ist allerdings dadurch nicht überflüssig, sondern sie ergänzt die Kapitalflußrechnung. Deren besondere Vorzüge sind:

1. Sie ist — wie die Gewinn- und Verlustrechnung — eine Zeitraumrechnung. Sie stellt einander gegenüber:
— die Kapitalaufbringung des Jahres. Dies kann einmal durch Beschaffung von Fremd- oder Eigenkapital, zum anderen durch Verkauf von nicht mehr notwendigen Vermögensgegenständen erfolgen;
— die Kapitalverwendung des Jahres. Dies kann in Form der Anschaffung von Vermögensgegenständen oder des Abbaus von Verbindlichkeiten erfolgen.

2. Die Kapitalflußrechnung ordnet die Kapitalaufbringung und die Kapitalverwendung nach ihren Fristigkeiten. Sie bietet also gleichzeitig eine Deckungsrechnung für den Zeitraum.
In diesem Rahmen bringt sie zum Ausdruck, wie weit die Bauleistung des Jahres und in welchem Umfang die Erträge aus der Bauleistung zur Unternehmensfinanzierung beigetragen haben. Speziell zeigt die Kapitalflußrechnung, inwieweit Investitionen zur Erhaltung der Unternehmenskapazität aus dem Cash-flow finanziert wurden.

Es ist sinnvoll, zunächst den Cash-flow des Unternehmens darzustellen, da er direkt in die Kapitalflußrechnung übernommen werden kann.

Die Bedeutung des Cash-flow für die Unternehmensanalyse besteht darin, daß er Aussagen zur Ertrags- und zur Finanzlage liefert. Außerdem wird die Frage beantwortet, in welchem Umfang die Investitionen aus Mitteln der Innenfinanzierung bestritten werden können. Man kann die Ertrags- und die Finanzlage des Unternehmens erst dann als ausreichend ansehen, wenn mit dem Cash-flow die Investitionen, die für die Kapazitätserhaltung des Unternehmens notwendig sind, finanziert werden können. Hierbei läßt sich eine Geldentwertung

rechnerisch berücksichtigen — wovon wir allerdings in unserem Beispiel abgesehen haben.

Der Cash-flow addiert die unbaren Aufwendungen des Unternehmens im Geschäftsjahr zu dem Gewinn, der dem Unternehmen nach der Gewinnausschüttung verbleibt und der als Zuwachs an langfristigem Eigenkapital zur Verfügung steht. Unsere Gesellschaft bringt die Absicht langfristiger Thesaurierung des verbleibenden Gewinns von TDM 159 dadurch zum Ausdruck, daß sie ihn den Gewinnrücklagen zuführt.

Zu den unbaren Aufwendungen eines Bauunternehmens rechnen
— Anlageabschreibungen,
— Zuführungen zu langfristigen Rückstellungen (Rückstellung für Pensionen, 20 % der Zuführung zu den „sonstigen Rückstellungen"),
— 60 % der Zuführung zum Sonderposten mit Rücklageanteil.

Die unbaren Aufwendungen sind also der Teil der Markterlöse des Jahres, der nicht durch die Baraufwendungen (einschl. Gewinnausschüttung) aufgezehrt wurde. Er steht dem Unternehmen längerfristig, also vor allem für die Investitionsfinanzierung zur Verfügung.

Zu dem Zuwachs an langfristigem Eigenkapital zählen:
— Einstellung in Gewinnrücklagen. Dieser Betrag wird auch als thesaurierter Gewinn bezeichnet und ist der Betrag, der aus dem Jahresüberschuß der Gewinnrücklage zugeführt wird. In unserem Beispiel: 159 TDM.
— 40 % der Zuführung zum Sonderposten mit Rücklageanteil. Dieser Betrag ist der zuvor beschriebene Gewinnanteil des Sonderpostens.

Der Cash-flow der GmbH errechnet sich wie folgt:

Unbare Aufwendungen

Abschreibungen auf Anlagen	4.974 TDM
Zuführung zu langfristigen Rückstellungen	
1. Pensionsrückstellungen (1.744 − 890 = 854 TDM)	854 TDM
2. Sonstige Rückstellungen = 20 % von (9.948 − 4.904 TDM) = 20 % von 5.044 TDM =	1.009 TDM
3. Sonderposten mit Rücklagenanteil (60 % von (311−73) = 60 % von 238 =	143 TDM
Unbare Aufwendungen gesamt	6.980 TDM

Zuwachs an langfristigem Eigenkapital aus den Jahreserträgen

1. Einstellung in Gewinnrücklagen	159 TDM
2. + 40 % der Erhöhung des Sonderpostens mit Rücklagenanteil (40 % von (311−73) = 40 % von 238 =	95 TDM
Gesamt	254 TDM

Unbare Aufwendungen (1)   6.980 TDM
+ Zuwachs an langfristigem
Eigenkapital (2)   254 TDM
Cash-flow gesamt   7.234 TDM

In welchem Umfang die Investitionen aus den Mitteln der Innenfinanzierung bestritten werden, wird errechnet, indem der Prozentanteil des Cash-flow an den Investitionen ermittelt wird. Der Investitionsbetrag wird aus dem Anhang „Entwicklung des Anlagevermögens" entnommen:

$$\frac{7.234}{10.274} \text{ x } 100 = 70,4\,\%$$

Der Cash-flow hat die Investitionen des Unternehmens zu 70,4 % finanziert. Der erhebliche Unterschied zwischen den Anlageabschreibungen — die den Verbrauch an Anlagekapazität widerspiegeln — und den Investitionen zeigt aber, daß die Gesellschaft nicht nur Ersatz-, sondern auch erhebliche Erweiterungsinvestitionen vorgenommen hat.

Nachdem der Cash-flow errechnet wurde, wollen wir als nächstes die Kapitalflußrechnung zeigen.

Kapitalflußrechnung

Mittelverwendung		Mittelaufbringung (in TDM)	
a) Langfristiger Bereich		**a) Langfristiger Bereich**	
1. Investitionen laut Auszug aus dem Anlagespiegel (s. Abschnitt E II 3.1)	10.274	1. Cash-flow als langfristige Innenfinanzierung	7.234
2. Kapitalabbau hat im Berichtsjahr nicht stattgefunden		2. Langfristige Außenfinanzierung	
		a) Kapitalmehrung/Eigenkapital Erhöhung des gezeichneten Kapitals durch die Gesellschafter[5]	500
		Erhöhung der Kapitalrücklage durch die Gesellschafter[5]	313
		Kapitalmehrung/Fremdkapital Erhöhung des langfristigen Kapitals[6] 2.780 − 2.614	= 166
		b) Vermögensabbau Anlageabgänge laut Auszug aus dem Anlagespiegel (s. Abschnitt E II 3.1)	1.040
			2.019
Langfristiger Bereich gesamt	10.274	Langfristiger Bereich gesamt (7.234 + 2.019)	9.253
b) Vorräte-Bereich		**b) Vorräte-Bereich**	
1. Vermögensmehrung Geleistete Anzahlungen (106 − 52)	54	1. Kapitalmehrung Erhaltene Anzahlungen (3.017 - 2.766)	251
Nicht abgerechnete Bauten abzüglich erhaltene Abschlagszahlungen (9.733−6.058)	3.675	2. Vermögensabbau Roh-, Hilfs- und Betriebsstoffe (664−543)	121
2. Kapitalabbau:	0		
Vorrätebereich gesamt	3.729	Vorrätebereich gesamt	372
Langfristiger Bereich + Vorrätebereich	14.003	Langfristiger Bereich + Vorrätebereich	9.625

Die Kapitalflußrechnung zeigt — ebenso wie die Deckungsrechnung — für das Bauunternehmen ein Bild, das im konjunkturellen Aufschwung typisch ist. Die Gesellschaft konnte mit ihrem Cash-flow von TDM 7.234 ihre Investition von TDM 10.274 zu knapp drei Viertel finanzieren. Aus dem Verhältnis von Anlageabschreibungen (TDM 4.974) zu Investitionen (TDM 10.274) ergibt sich, daß die Gesellschaft — im Zeichen stark steigender Baunachfrage — ihre Kapazität erheblich verstärkt hat. Aus dem Cash-flow konnte sie zwar, wie sich zeigte, die Kapazitätserhaltung mühelos finanzieren. Die Erweiterungsinvestitionen mußten jedoch z. T. mit anderen Mitteln bezahlt werden.

[5] Vgl. Erläuterungen zum Jahresabschluß Abschnitt E II 3.1.
[6] In den sonstigen Verbindlichkeiten sind die Steuerverbindlichkeiten und die Verbindlichkeiten aus sozialer Sicherheit kurzfristig. Der Restbetrag ist langfristige Verbindlichkeit. Bilanzjahr: 5.241 ⁒ 1.497 ⁒ 964 = 2.780, Vorjahr: 3.965 ⁒ 901 ⁒ 450 = 2.614.

Die sich früh abzeichnende Steigerung der Bauleistung veranlaßte die Gesellschaft, ihr Eigenkapital durch Außenfinazierung um TDM 813 (= 500 + 313) zu verstärken. Ihr Volumen langfristiger Kredite verstärkte sie nur um TDM 166. Es blieb im langfristigen Bereich bei einer Unterdeckung, und zwar von 10.274 ∕. 9.253 = 1.021 TDM (Mittelverwendung in Höhe von 10.274 TDM und Mittelaufbringung in Höhe von 9.253 TDM). Eine langfristige Finanzierung im Bereich des Vorratsvermögens konnte nur in Höhe von TDM 372 (= 251 + 121) erfolgen. Wie die Bilanz ausweist, zeigt sich die Expansion des Unternehmens auch im Vorrätebereich. Der Zunahme der unabgerechneten Aufträge abzüglich erhaltener Abschlagszahlungen um TDM 3.675 stehen dabei allerdings nur kleine Deckungsbeträge gegenüber. Dies sind einmal die Zugänge der Vorauszahlungen von Bauherren (TDM 251) und zum anderen ein geringer Abbau der Rohstoffbestände (TDM 121). Beim langfristigen Bereich und dem Vorrätebereich entstand insgesamt eine Finanzierungslücke von 14.003 ∕. 9.625 = 4.408 TDM, die mit kurzfristigen Mitteln geschlossen wurde. Dies machte der Gesellschaft keinerlei Mühe, da sie dennoch in ihrer Bilanz zum Jahresende eine gute Liquidität ausweist.

3.3.4 Das Bilanzergebnis nach DVFA

Der im Jahresabschluß ausgewiesene Bilanzgewinn ist nur in Ausnahmefällen das erzielte Jahresergebnis. In allen Ländern (wenn auch mit erheblichen Unterschieden) sind die Unternehmen in der Lage, den Bilanzgewinn zu steuern. Das heißt für erfolgreiche Unternehmen, daß sie in der Regel einen geringeren als den erzielten Gewinn ausweisen. Die den Bauunternehmen in Deutschland gegebenen Möglichkeiten haben wir im Kapitel C „Der Jahresabschluß" ausführlich dargestellt.

Will man als Außenstehender eines Unternehmens das vom Unternehmen tatsächlich erzielte Ergebnis ermitteln, so steht in aller Regel nur die veröffentlichte Rechnungslegung mit dem Jahresabschluß als Kernstück zur Verfügung. Dieser Jahresabschluß aber enthält:
— einen Gewinn aus den abgerechneten Bauleistungen, nicht den Gewinn aus den erbrachten Bauleistungen;
— einen Gewinn, der von außerbetrieblichen und außerperiodischen Posten beeinflußt ist;
— einen Gewinn, der auch Zukunftsgrößen enthält, wie z. B. drohende Verluste, die durch Bilanzgrundsätze bedingt sind;
— einen Gewinn, der auch durch die Bilanzpolitik geformt ist.

Um aber dennoch aus dem veröffentlichten Jahresabschluß das vom Unternehmen tatsächlich erzielte Jahresergebnis schätzen zu können, wurden verschiedene Formeln entwickelt. Die bekannteste Formel wurde von der Deutschen Vereinigung für Finanzanalyse und Anlageberatung (DVFA) und der Deutschen Gesellschaft für Betriebswirtschaft (SG-DGfB) erarbeitet und ist unter der Bezeichnung „Ergebnis nach DVFA" bekannt.

Ausgangszahlen für die genannte Formel sind die Erträge und Aufwendungen der Gewinn- und Verlustrechnung. Diese müssen unter Beachtung von branchenbedingten Besonderheiten korrigiert werden. Die Korrekturen werden nach der Rechnung einzeln erläutert.

Erträge

1. Zahlen aus der Gewinn- und Verlustrechnung

Betriebliche Erträge	98.066 TDM
Erträge aus dem Abgang von Gegenständen des Anlagevermögens	2.291 TDM
Erträge aus der Auflösung von Rückstellungen	646 TDM
Übrige Erträge	356 TDM
Ergebnis Finanzanlagen	302 TDM
Zinserträge	50 TDM
Außerordentliches Ergebnis	51 TDM
	101.762 TDM

2. Korrekturen, die branchenbedingt und notwendig sind, um auf das nach DVFA zu kommen

+ Steueraufschiebende Gewinnzuweisung	238 TDM
— Die Hälfte aus den Erträgen aus dem Abgang von Gegenständen des Anlagevermögens	— 1.145 TDM
— die Hälfte aus den Erträgen aus der Auflösung von Rückstellungen	— 323 TDM
— außerordentliches Ergebnis	— 51 TDM
+ versteuerte Bewertungsreserven +	0 TDM
+ Gewinnreserven in dem Zuwachs an unabgerechneten Bauten	+ 2.134 TDM

3. Erträge nach DVFA: 102.615 TDM

Aufwendungen

1. Zahlen aus der G+V-Rechnung

Betriebliche Aufwendungen	100.719 TDM

2. Korrekturposten, die branchenbedingt sind: 0 TDM

3. Aufwendungen nach DVFA: 100.719 TDM

Ergebnis nach DVFA:

Erträge nach DVFA	102.615 TDM
— Aufwendungen nach DVFA	∕. 100.719 TDM
Ergebnis nach DVFA	1.896 TDM[7]

Erklärung der Korrekturen

Steueraufschiebende Gewinnzuweisung 238 TDM

Ausgangsgröße der Ermittlung im Rahmen der genannten Formel sind die in der Gewinn- und Verlustrechnung ausgewiesenen Erträge. Hinzuzurechnen ist die steueraufschiebende Gewinnzuweisung zu dem Sonderposten mit Rücklagenanteil TDM 238 (DM Mio. 311 ./. 73), da diese bereits eine Gewinnverwendung darstellt. (Vgl. hierzu Abschnitt C III 3.2.2).

— Die Hälfte aus den Erträgen aus dem Abgang von Gegenständen des Anlagevermögens   1.145 TDM

Erträge aus dem Abgang von Gegenständen des Anlagevermögens gehören zum industriellen Baugeschäft. Da aber im vorliegenden Fall der Betrag ungewöhnlich hoch ist (TDM 2.291), gehen wir davon, daß die Hälfte davon einen außerordentlichen Ertrag darstellt.

— Erträge aus der Auflösung von Rückstellungen   646 TDM

Auch bei dieser Position wird die Hälfte als außerordentlich betrachtet:

$$\frac{646\ \text{TDM}}{2} = 323\ \text{TDM}.$$

— Außerordentliches Ergebnis   51 TDM

Die Gesellschaft weist ein im Wortsinne des Gesetzes „außerordentliches Ergebnis" von TDM 51 in der Gewinn- und Verlustrechnung aus, der aus einem Versicherungsertrag aus einem außergewöhnlichen Schadensfall resultiert.

— Bildung (oder Auflösung) versteuerter Bewertungsreserven

Die Unternehmen machen im Rahmen ihres erzielten Gewinns von ihren handelsrechtlich möglichen Wahlrechten Gebrauch und bilden durch Bewertungsmaßnahmen in der Handelsbilanz Bewertungsreserven. Dabei entstehen in dem Jahr bzw. in den Jahren, in welchen diese Bewertungsreserven gebildet werden, Aufwendungen — in aller Regel in Form von Abwertungen von Vermögensgegenständen und durch Rückstellungen —, die den Gewinn in der Handelsbilanz des jeweiligen Geschäftsjahres verkürzen. Das Steuerrecht erkennt, wie erläutert, die handelsrechtlichen Bilanzierungsgrundsätze an. Aber das Steuerrecht zieht den Bewertungsrahmen enger als das Handelsrecht und erkennt nur Teile der Bewertungsreserven der Handelsbilanz an.

Will man die Höhe der versteuerten Bewertungsreserven schätzen, die im Geschäftsjahr in der Handelsbilanz gebildet wurden, so kann man von dem in der Gewinn- und Verlustrechnung ausgewiesenen Aufwand an gewinnabhängigen Steuern („Steuern vom Einkommen und vom Ertrag", in unserem Fall: TDM 474) ausge-

hen, denn diesem Betrag liegt der steuerlich ermittelte Gewinn zugrunde.

Diesen TDM 474 muß man die Steuer gegenüberstellen, die sich aus dem ausgewiesenen Gewinn in der Handelsbilanz ergeben würde.

Dazu gehen wir von folgender Überlegung aus: Vom Jahresüberschuß in Höhe von TDM 569 schüttet das Unternehmen im Bilanzjahr TDM 410 aus und weist 159 TDM den Gewinnrücklagen zu (Thesaurierung). Das deutsche Körperschaftsteuerrecht besteuert den ausgeschütteten Gewinn mit 36 % und den im Unternehmen thesaurierten Gewinn mit 50 %.

Soweit Gewinne im Inland erzielt werden, unterliegen sie zusätzlich der Gewerbeertragssteuer. Sie wird mit einer ‚Meßzahl' von 5 % des Gewerbeertrags (dieser Gewerbeertrag entspricht in etwa dem körperschaftsteuerpflichtigen Gewinn) und als Kommunalsteuer mit von den Gemeinden unterschiedlich festgesetzten Hebesätzen besteuert. Die Besteuerung hängt in ihrer Höhe nicht davon ab, ob die Gewinne ausgeschüttet oder thesauriert werden.

Wollte man das deutsche System der Gewinnbesteuerung von Kapitalgesellschaften in vollem Umfang erläutern, müßte man ihre reichlich komplizierte Konstruktion vorführen. Beispielsweise kennt die Körperschaftsteuer abzugfähige und nicht abzugfähige Betriebsausgaben. Die Gewerbeertragssteuer ist eine Gewinnbesteuerung; bei der Ermittlung des körperschaftsteuerlichen Gewinns ist aber die Gewerbesteuer als abzugfähige Betriebsausgabe anerkannt.

Da es uns hier nur um grundsätzliche Überlegungen geht, genügt es, wenn wir ein vereinfachtes Verfahren anwenden. Dabei behandeln wir den ausgeschütteten Gewinn als mit dem Ausschüttungssatz der Körperschaftsteuer und — da nur Inlandgewinne augeschüttet werden — mit Gewerbeertragssteuer besteuert. Für beide Steuern zusammen setzen wir aus Gründen der Einfachheit einen glatten Satz von 40 % an. Die Ausschüttung ist daher als 60 % Restbetrag zu verstehen, nachdem vom Gewinn 40 % abgezogen wurden.

Rechnerisch ergibt sich folgendes:

Ausgeschütteter Gewinn   = 60 % = 410 TDM
Gewinn vor Steuer   = 100 % =   x TDM

$$x = \frac{410}{0{,}60} = 683\ \text{TDM Gewinn vor Steuer}$$

Nach der Handelsbilanz fällt eine Körperschaftsteuer für ausgeschütteten Gewinn in Höhe von 683 TDM ./. 410 TDM = 273 TDM an.

In bezug auf den thesaurierten Gewinn gilt vereinfacht ein Steuersatz einschließlich Gewerbeertragssteuer von rund 55 % (= 50 % Körperschaftsteuer + 5 % Gewerbeertragssteuer):

thesaurierter Gewinn   = 45 % = 159 TDM
Gewinn vor Steuer   = 100 % =   x TDM

$$x = \frac{159}{0{,}45} = 353\ \text{TDM}.$$

Nach der Handelsbilanz fällt Körperschaftssteuer und Gewerbeertragsteuer für thesaurierten Gewinn in Höhe von 353 TDM – 159 TDM = 194 TDM an.

Gesamte – vereinfacht errechnete – Körperschafts- und Gewerbeertragssteuer nach Handelsbilanz ist:

273 + 194 = 467 TDM.

Der Vergleich mit dem in der Bilanz ausgewiesenen Betrag für „Steuern vom Einkommen und vom Ertrag" in Höhe von 474 TDM läßt den Schluß zu, daß die Gesellschaft im Bilanzjahr keine nennenswerten versteuerten Bewertungsreserven gebildet hat, so daß wir keinen Wert im Korrekturposten anzusetzen brauchen.

– Unversteuerte – steueraufschiebende – Gewinnreserve im Zuwachs an unabgerechneten Bauten

Die regelmäßig bedeutendste Gewinnreserve des Bauunternehmens enthält der Bilanzbestand unabgerechneter Aufträge. In diesem Bestand ist seine Zusammensetzung aus Gewinn- und Verlustaufträgen von Bedeutung. Vom System her enthalten nur unabgerechnete Gewinnaufträge Gewinnreserven, da bei ihnen – wie dargestellt – die Gewinne erst bei Abnahme des Bauobjekts realisiert werden. Verlustaufträge enthalten in ihren Bilanzansätzen nur Gewinnreserven infolge zu hoher Verlusterwartung, also zu starker Abwertung.

Dem externen Bilanzleser ist die Zusammensetzung des Bestandes aus Gewinn- und Verlustaufträgen nicht bekannt, ebensowenig die Gewinnhaltigkeit der bilanzierten Gewinnaufträge. Seine Schätzung verlangt daher Berücksichtigung der allgemeinen baukonjunkturellen Lage und der aus der „offengelegten" Rechnungslegung bereits gewonnenen Beurteilung der Ertragslage des Unternehmens.

In unserem Beispiel handelt es sich um eine Bestandserhöhung von 23.713 TDM. Zum erzielten Jahresergebnis gehören die durch diese Leistung geschaffenen – unrealisierten – Gewinne. Wir schätzen einen Gewinn in Höhe von 9 % der ausgewiesenen Bestandmehrung.

Bestand unabgerechneter Bauten 1990:	46.943 TDM
Bestand unabgerechneter Bauten 1989:	23.230 TDM
Bestandsmehrung	23.713 TDM
davon 9 % = > 9 % von 23.713 TDM =	2.134 TDM

Dabei ist Gewinn der Überschuß der im Bilanzjahr erbrachten Bauleistungen an unabgerechneten Gewinnaufträgen über die in der Bilanz aktivierten Herstellungskosten. Da unsere Gesellschaft, wie sich aus ihrer Berichterstattung ergibt, die Bauten nur mit aktivierungspflichtigen, aber nicht mit aktivierungsfähigen Herstellungskosten angesetzt hat, ist der zu schätzende Gewinn die Summe aus den nicht aktivierungspflichtigen Auftragskosten und den eigentlichen Auftragsgewinnen (Auftragswerte ./. Selbstkosten der Aufträge). Dem Insider stehen selbstverständlich die Werte der unabgerechneten Gewinnbaustellen aus der KLR zur Verfügung.

Nachstehend sind diese Werte für unser Beispiel aufgeführt.

Diese Zahlen sind entnommen aus

– unabgerechnete Gewinnbaustellen Übersichtsblatt zum Jahresabschluß (vgl. Abschnitt D III 3.2.2),

– Ergebnisse der unabgerechneten Gewinnbaustellen seit Baubeginn (vgl. Abschnitt D III 3.1.2 Sp. 11):

		TDM
(15)	Wohnanlagen:	579
(19)	Verwaltungsgebäude:	298
(20)	Ausbildungsstätte:	97
(21)	Großmarkt:	780
(22)	Sparkasse:	291
(23)	Altenheim:	48
(25)	Anbau Heizkraftwerk:	420
Gewinnreserve in unabgerechneten Gewinnbaustellen		2.513

– Ergebnis nach DVFA

Mit der Formel „Ergebnisermittlung nach DVFA" wurde ein Ergebnis vor Steuern in Höhe von 1.896 TDM ermittelt. Das entsprechende „Ergebnis vor Steuern" laut Gewinn- und Verlustrechnung ist 1.043 TDM. (= Ergebnis der gewöhnlichen Geschäftätigkeit + außerordentliches Ergebnis = 992 TD + 51 TDM = 1.043 TDM).

Das Ergebnis nach DVFA zeigt im Sinne der Ertragsanalyse ein realistischeres Ergebnis als die Gewinn- und Verlustrechnung, da beim Ergebnis nach DVFA Ertragsbestandteile Berücksichtigung finden,

a) die zunächst von dem Ergebnis vor Gewinnverwendung ausgehen. Das heißt, es wird die steueraufschiebende Gewinnzuweisung dem Ertrag hinzugerechnet (vgl. Korrekturposten 1; in unserem Beispiel: + 238 TDM),

b) die betriebs- oder periodenfremd sind (vgl. Korrekturposten 2 bis 4): in unserem Beispiel – 1.519 TDM,

c) die durch Wahrnehmung der handelsrechtlichen Wahlrechte bedingt sind (vgl. Korrekturposten 5; versteuerte Bewertungsreserven – in unserem Beispiel: 0),

d) die durch die Einhaltung des Imparitätsprinzips bei der Ermittlung des Jahresüberschusses bedingt sind (vgl. Korrekturposten 6; Gewinnreserven bei unabgerechneten Bauten – in unserem Beispiel: + 2.134 TDM).

Für die Ertragsanalyse sind folgende Relationen von Bedeutung:

– unter Zugrundelegung des Ergebnisses vor Steuer:

$$\frac{\text{Ergebnis vor Steuern lt. DVFA}}{\text{betrieblichen Erträgen lt. G + V-Rechnung}} \times 100 = \frac{1.896 \text{ TDM}}{101.359 \text{ TDM}} \times 100 = 1,87 \%$$

Ergebnis vor Steuern lt. DVFA
gez. Kapital und Rücklagen

$$x \ 100 \ = \ \frac{1.896 \ TDM}{3.672 \ TDM} \ x \ 100 \ = \ 51,6 \ \%$$

— unter Zugrundelegung des Ergebnisses nach Steuer:

Die entsprechenden Zahlen werden in der Praxis in aller Regel mit den Ergebnissen nach Steuern gerechnet. Wir legen aus Vereinfachungsgründen einen durchschnittlichen Steuersatz von 45 % zugrunde, der sich unter Berücksichtigung des Verhältnisses zwischen ausgeschüttetem und thesauriertem Gewinn und den Steuersätzen wie folgt ergibt:

für thesaurierten Gewinn: 55 %
(50 % Körperschaftssteuer + 5 % Gewerbeertragssteuer)

ausgeschütteten Gewinn: 40 %
(36 % Körperschaftssteuer + 4 % Gewerbeertragssteuer aus Vereinfachungsgründen zusammen 40 % angenommen).

Ergebnis laut DVFA nach Steuer	= 1.896 TDM
Ergebnis laut DVFA ∕ 45 % x 1.896	= 853 TDM
Ergebnis nach Steuer:	1.043 TDM

Die entsprechenden Relationen lauten wie folgt:

Ergebnis vor Steuern lt. DVFA
betrieblichen Erträgen lt. G + V-Rechnung

$$x \ 100 \ = \ \frac{1.043 \ TDM}{101.359 \ TDM} \ x \ 100 \ = \ 1,03 \ \%$$

Ergebnis vor Steuern lt. DVFA
gez. Kapital und Rücklagen

$$x \ 100 \ = \ \frac{1.043 \ TDM}{3.672 \ TDM} \ x \ 100 \ = \ 28,4 \ \%$$

Der geschätzte erzielte Gewinn laut DVFA im Verhältnis zur erbrachten Bauleistung ist gering, nämlich nur ca. 1 %. Das Verhältnis „geschätzter erzielter Gewinn laut DVFA" zum bilanzierten Eigenkapital, nämlich 28,4 %, erscheint günstig. Dies ist auf ein Branchenmerkmal der Bauwirtschaft zurückzuführen, das sich in unserem Falle aus dem Zusammentreffen von zwei Umständen ergibt, nämlich einer sich gut entwickelnden Baukonjunktur und einem für die Bauindustrie typischen knappen Eigenkapital.

Wir haben die Ergebnisschätzung und die daraus gewonnenen Relationen an unserem Beispiel der GmbH dargestellt. Mit dem gezeigten Schema gelingt es aber vor allem auch, andere Unternehmen, z. B. ARGE-Partner oder die interessanten Wettbewerber, zu beurteilen. Diese Werte der anderen Unternehmen sind für unser Unternehmen geeignete Vergleichs- und Kontrollwerte.

Abschließend kann zu dem Themenkreis der Bilanzanalyse als Grundlage der Unternehmensführung gesagt werden, daß die getroffenen Feststellungen Grundlagen und Richtweiser für praktische Maßnahmen sein können. Die vorgestellten Analysen eignen sich besonders deshalb für die Steuerung des Unternehmens, weil ihre Aussagen mit exaktem Zahlenmaterial belegbar sind.

Dem scheint zu widersprechen, daß die Analysen eine Reihe von Schätzungen enthalten. Wer aber hierin einen Widerspruch sieht, der vergißt, daß alle Rechnungen, mit denen Unternehmen gesteuert werden, Schätzungen enthalten. Dies gilt von den Bereichen der KLR, nämlich

— der Planung der Bauleistung,

— der Angebotskalkulation,

— den Leistungsmeldungen,

— den Verlustannahmen per Bauende bei der Bewertung der unabgerechneten Verlustbaustellen etc.

genauso wie von den Bereichen des Jahresabschlusses, nämlich

— der Festlegung der voraussichtlichen Nutzungsdauer bei Anlageabschreibungen,

— der Festlegung der Höhe der Rückstellungen,

— der Bewertung von voraussichtlich mit Verlust abschließenden unabgerechneten Bauaufträgen,

— der Bewertung zweifelhafter Forderungen.

Dennoch muß man feststellen: Die KLR Bau und die Baubilanz als zentrale Rechenwerke eines Bauunternehmens sind — richtig angewandt — auf der Grundlage von Vergangenheitswerten und unter Zugrundelegung von Zukunftserwartungen die Kontroll- und Steuerungsinstrumente, welche ein Unternehmen braucht, um sich auch langfristig auf einem Markt behaupten zu können, der durch eine Vielzahl von Risiken in den Bereichen Akquisition, Baufertigung und Finanzierung charakterisiert ist.

Teil F Die Eignung der Baubilanz als Instrument der Unternehmensfinanzierung (obligatorische und freiwillige Innenfinanzierung)

I. Bedingungen und Entscheidungsrahmen der Innenfinanzierung

1. Der Jahresabschluß aus Sicht der Außen- und der Innenfinanzierung

Unternehmensfinanzierung kann allgemein als Aufbringung und Vorhaltung von Finanzierungsmitteln für den Aufbau und das Betreiben eines Unternehmens verstanden werden. Finanzmittel sind notwendig, um die Kapazität aufzubauen bzw. zu erhalten oder zu vergrößern. Dazu werden z. B. Grundstücke, Gebäude, Maschinen, maschinelle Anlagen oder Baugeräte benötigt. Auch die laufenden Aufwendungen für Löhne und Gehälter, Baustoffe und Nachunternehmerleistungen müssen finanziert werden.

Finanzierungsmittel können der Unternehmung von außen zugeführt oder selbst erwirtschaftet werden. Im ersten Fall spricht man von Außen-, im zweiten von Innenfinanzierung.

Die Außenfinanzierung kann in Form einer Eigen- bzw. Beteiligungsfinanzierung, bei der der Kapitalgeber mit der Überlassung von Kapital Eigentumsrechte erwirbt, und/oder einer Fremdfinanzierung erfolgen.

Die Möglichkeiten der Beschaffung von Eigenkapital bzw. von Beteiligungskapital hängen in starkem Maße von der Rechtsform des Unternehmens ab. So ist bei der Einzelunternehmung und bei der Offene Handelsgesellschaft (OHG) auch das Privatvermögen des Unternehmers bzw. der Gesellschafter dem zugeführten Eigenkapital zuzurechnen, während bei den Kapitalgesellschaften nur die tatsächliche Einlage (Beteiligung in Form eines GmbH-Anteils oder eines Aktienbestandes) zur Eigen- bzw. Beteiligungsfinanzierung zu zählen ist.

Bei der Fremdfinanzierung werden dem Unternehmen Finanzmittel als Kredite für eine vereinbarte Zeit zur Verfügung gestellt. Im Gegensatz zur Eigenfinanzierung entstehen für das Unternehmen bei der Fremdfinanzierung Aufwendungen, vor allem in Form von Zinsen, die unabhängig vom Erfolg des Unternehmens anfallen. Außerdem hat sie noch den entscheidenden Nachteil, daß sie Sicherheiten (z. B. in Form von Grundschulden) erfordert. Fremdfinanzierungsmittel sind z. B. Bankkredite, Lieferantenkredite, Kundenanzahlungen, Schuldscheindarlehen oder Schuldverschreibungen.

Bei der Innenfinanzierung werden im Gegensatz zur Außenfinanzierung die Finanzierungsmittel nicht vom Finanzmarkt aufgenommen, sondern aus den Umsatzerlösen des Unternehmens gewonnen.

Der Jahresabschluß ist Instrument der Außen- und der Innenfinanzierung des Unternehmens:

— Der Jahresabschluß ist, wie wir sahen, Gegenstand der Unternehmensanalyse und -beurteilung und dadurch Informationsinstrument für die Außenfinanzierung durch Gesellschafter und Kreditgeber.

— Der Jahresabschluß ist ein bedeutendes — für viele am Markt erfolgreiche Unternehmen das bedeutendste — Instrument der Unternehmensfinanzierung. Dieser Zweck erweist sich, wo er mit den anderen Aufgaben des Jahresabschlusses kollidiert, als die stärkste, die Bilanzierung bestimmende Kraft, der sich alle übrigen nachzuordnen haben.

2. Der Cash-flow als Spielraum der Innenfinanzierung

Die Umsatzerlöse finden wie folgt Verwendung für die Unternehmensfinanzierung:

— Ablösung der meist mit laufenden Krediten finanzierten Baraufwendungen, das heißt der kurzfristig zu Zahlungen führenden Aufwendungen des Unternehmens (Löhne, Baustoffe). Die Abdeckung der Baraufwendungen hat unbedingten Vorrang, da das Unternehmen nur existieren kann, wenn es ständig zahlungsfähig ist.

— Erhaltung und Verstärkung der Kapazität des Unternehmens durch Mittel, die dem Unternehmen zinslos und ohne Stellung von Sicherheiten vorübergehend und/oder dauernd zur Verfügung stehen. Dadurch verbessert sich die Wettbewerbs- und langfristig die Ertragslage des Unternehmens.

Der Spielraum der Innenfinanzierung ist der Cash-flow, der sich aus unbaren Aufwendungen und thesauriertem Gewinn zusammensetzt. Da die unbaren Aufwendungen nicht in einem engen zeitlichen Zusammenhang mit Ausgaben stehen, sind sie ein wichtiges Finanzierungsmittel für Investitionen und dienen der Kapazitätserhaltung des Unternehmens. Es ist ein Zeichen des Markterfolges des Unternehmens, wenn es mit seinen Umsatzerlösen einen hohen cash flow erzielt, der dann als Finanzierungsmittel für Investitionen und damit für die Erhaltung und Vergrößerung der Unternehmenskapazität zur Verfügung steht.

Der Gewinn als weitere Quelle der Innenfinanzierung steht dem Unternehmen nicht ungeschmälert zur Verfügung; er unterliegt der Besteuerung und der Ausschüttung an die Unternehmenseigner. Der Gewinn als Möglichkeit der Innenfinanzierung kann also nur dann genutzt werden, wenn es gelingt — und hier setzt die Kunst ein, die Bilanz als Instrument der Unternehmensfinanzierung einzusetzen —, im Rahmen der rechtlichen Vorschriften die Gewinnsteuerzahlungen zu minimieren und/oder Steuerzahlungen um ein Jahr oder mehrere Jahre hinauszuschieben (Bilanzierungs- und Bewertungsfinanzierung).

Zum anderen kann der bilanzierte Gewinn der Innenfinanzierung nur dann dienen, wenn er nicht ausgeschüttet, sondern im Unternehmen zurückbehalten wird (Thesaurierungsfinanzierung). Die Zurückhaltung von ausgewiesenen Gewinnen kann auf freiwilliger Basis erfolgen, wobei je nach Rechtslage der Unternehmung eine Erhöhung der Kapitalkontos oder die Bildung einer freien Rücklage in Frage kommt. Die Thesaurierung erfolgt allerdings bei Aktiengesellschaften auch zwangsweise, da § 150 Abs. 2 AktG vorsieht, daß 5 % des — evtl. um einen Verlustvortrag aus dem Vorjahr geminderten Jahresüberschusses in eine gesetzliche Rücklage einzustellen sind, bis die Rücklage 10 % des Fremdkapitals erreicht. Die Satzung der AG kann auch einen höheren Prozentsatz vorsehen.

3. Die Gestaltung der Bilanz für die Zwecke der Innenfinanzierung

Inwieweit die Bilanz unbeschadet der Funktion der pflichtgemäßen Rechnungslegung gegenüber den Inhabern und der Steuerbehörde — bei Kapitalgesellschaften und Großunternehmen aller Rechtsformen auch gegenüber der Öffentlichkeit — vor allem ein Instrument der Unternehmensfinanzierung frei von Zinskosten und ohne Sicherheitsstellung ist, soll im folgenden gezeigt werden.

Der Jahresabschluß ist die Grundlage der Feststellung und des Ausweises des Bilanzgewinns. Dieser Gewinn unterliegt erstens der Besteuerung und zweitens der Ausschüttung an die Unternehmenseigner. Außerdem sind auch in der Regel die Bezüge von Aufsichtsräten, Vorständen und leitenden Angestellten vertraglich an den ausgewiesenen oder den ausgeschütteten Gewinn gebunden.

All diesen Zahlungsverpflichtungen ist aus der Sicht des Unternehmens gemeinsam, daß sie dem Unternehmen Vermögen in Form von Finanzmitteln entziehen, die ansonsten anderweitig, z. B. für Investitionen oder Entschuldungen, verwendet werden könnten.

Es entspricht dem freien Unternehmertum in einer Marktwirtschaft, wenn das einzelne Unternehmen bemüht ist, aus der Bilanz ein Instrument zu machen, das zwar den gesetzlich vorgeschriebenen Anforderungen entspricht, das aber alle Gestaltungsrechte ausnützt, um einen möglichst niedrigen Gewinn auszuweisen, und dadurch die gewinnabhängigen Auszahlungen

zu verringern. Somit wird der Spielraum der Innenfinanzierung vergrößert.

Der Jahresabschluß ist als Grundlage des Gewinnausweises und der Gewinnausschüttung auch Grundlage der Besteuerung des Gewinns:

- Besteuerung des aus dem Gewerbebetrieb erzielten Einkommens durch die Einkommen- bzw. Körperschaftssteuer,

- zusätzliche Besteuerung des Gewerbeertrages durch die Gewerbeertragssteuer.

Für die Innenfinanzierung ist von beachtlicher praktischer Bedeutung, daß diese Steuern die Unternehmensgewinne differenziert belasten:

- Die Einkommens- und die Körperschaftssteuer erfassen im Prinzip das Welteinkommen, die Gewerbesteuer nur in Deutschland erzielte Erträge.

- Die Einkommensteuer ist eine progressiv ansteigende Gewinnbesteuerung. Die Gewerbesteuer als Kommunalsteuer ist bei einheitlichem „Meßbetrag" differenziert durch die von Stadt zu Stadt unterschiedlichen Hebesätze.

- Im Ausland erzielte Einkommen, die der dortigen Besteuerung unterliegen, werden der deutschen Besteuerung gar nicht oder mit verringerten Sätzen unterworfen.

Zum Wirkungsbereich der Innenfinanzierung gehört auch die Besteuerung des Betriebsvermögens durch die Vermögenssteuer und des Gewerbekapitals durch die kommunale Gewerbekapitalsteuer. Grundlage der Besteuerung ist zwar eine Vermögensaufstellung in Bilanzform, die jedoch andere Wertansätze als die Steuerbilanz verwendet, nämlich Einheitswerte für Immobilien des Unternehmens und Teilwerte für die übrigen Güter. Aber die Wertansätze der Steuerbilanz wirken sich auf diese Teilwerte aus:

- Unabgerechnete Bauaufträge werden mit den Wertansätzen in der Steuerbilanz bewertet.

- Forderungen aus abgerechneten Aufträgen werden zu den Nennwerten aufgeführt.

Von vermögenssteuerlicher Wirkung sind auch die bereits genannten langfristigen Sozialverpflichtungen des Unternehmens. Die Zusagen für Altersruhegeld und Jubiläumsgelder stehen in der freien Entscheidung des Unternehmens. Diese Zusagen sind dann Verbindlichkeiten, die das steuerpflichtige Vermögen mindern.

Die Ausnahme: Innenfinanzierung bei Steuererhöhung

Wie dargestellt, besteht die Innenfinanzierung überwiegend darin, daß man Steuerzahlungen und Gewinnausschüttungen für mindestens ein Jahr hinausschieben kann. Dies kann sich aber auch über sehr lange Zeiträume erstrecken. Im geringerem Umfang trägt eine endgültige Minderung der Gewinn- und Vermögenssteuer durch Bewertungsmaßnahmen in der Bilanz zur Innenfinanzierung bei. Der Vorteil der Innenfinanzierung liegt darin, daß für das gewonnene Kapital weder Kreditzinsen anfallen, noch die banküblichen Kreditsicherheiten erforderlich sind. In seinem Umfang hängt daher der Vorteil der Innenfinanzierung von der Höhe des gewonnenen Kapitals und den jeweiligen Zinssätzen am Geld- und Kapitalmarkt ab.

Es sollte für jedes Unternehmen selbstverständlich sein, die Möglichkeiten der Innenfinanzierung zu nutzen, soweit nichts anderes dagegenspricht, wie z. B. prestigewahrende Gewinnausschüttungen. Voraussetzung ist jedoch, daß die Steuertarife unverändert sind oder sogar sinken. Steuererhöhungen können für einen begrenzten Zeitraum die Interessenlage des Unternehmens für seine Bilanzwertung grundlegend ändern. Dies gilt für vom Gesetzgeber beschlossene Steuererhöhungen, aber auch bei parlamentarischen Diskussionen über mögliche Steuererhöhungen. Das Risiko besteht darin, daß bei niedrigen Steuersätzen steuerpflichtige Gewinne hinausgeschoben werden, die dann nach der Steuererhöhung mit höheren Tarifen belastet werden. Werden Steuererhöhungen erwartet, ist die Innenfinanzierung durch Ausschöpfung der Bilanzierungs- und Bewertungswahlrechte eine schwierige Entscheidung, denn sie beruht auf einer Reihe von Annahmen etwa über die Ertragssituation des Unternehmens oder die Zinsen am Geld- und Kapitalmarkt. Nach der Steuererhöhung wird das Unternehmen wieder alle Wahlrechte der Innenfinanzierung nutzen, zumal Steueränderungen nicht in kurzen Abständen erfolgen.

4. Unternehmenspolitik und Bilanzpolitik

Zusammenfassend kann festgestellt werden, daß die Innenfinanzierung zwei Wurzeln kennt:

1. Das Unternehmen trifft Entscheidungen, denen die Bilanz lediglich Rechnung zu tragen hat, mit dem Ziel oder der zwangsläufigen Folge der Kapitalbindung aus den Cash-flow:

   – Das Unternehmen entscheidet, einen erzielten und bilanzierten Gewinn nicht auszuschütten, sondern im Unternehmen zu behalten („Thesaurierungsfinanzierung").

   – Das Unternehmen gibt seinen Mitarbeitern Versorgungszusagen und/oder Zusagen für Jubiläumsgelder. Hieraus entstehen Verpflichtungen künftiger Zahlungen, für die das Unternehmen aus dem Cash-flow jährlich Mittel ansammelt, die bis zur Auszahlung dem Unternehmen als kurz- und langfristiges Fremdkapital zur Verfügung stehen.

2. Das Unternehmen trifft im Zuge der Erstellung seines Jahresabschlusses Entscheidungen zu Bilanzierungsmaßnahmen und Bewertungsansätze, die der Innenfinanzierung dienen:

   – Obligatorische Innenfinanzierung
   Das Unternehmen bilanziert gemäß den ausführlich dargestellten Grundsätzen und Gesetzesvorschriften, das heißt Begrenzung des Gewinnausweises auf die am Markt realisierten Gewinne und Bilanzierung realisierter und unrealisierter Verluste. Beides bewirkt Vermögensbildung in dem und Vermögensbindung an das Unternehmen.

   – Freiwillige Innenfinanzierung
   Das Unternehmen macht von den aus zwei Gruppen bestehenden Wahlrechten Gebrauch. Die von der kaufmännischen Praxis entwickelten Vereinfachungsregeln werden vom Staat als Wahlrechte anerkannt, z. B. die Sofortabschreibung geringwertiger Wirtschaftsgüter. Auch die Wahlrechte der Bilanzierung und Bewertung und der Hortung bilanzierter Gewinne werden ausgenutzt.

Die obligatorische Innenfinanzierung leitet sich von den den Jahresabschluß beherrschenden Grundsätzen her, die heute Gesetzeskraft haben. Die freiwillige Innenfinanzierung, deren Raum gleichfalls von Gesetzen bestimmt wird, hat demgegenüber – im Zeichen unterschiedlicher und wechselnder wirtschaftspolitischer Ziele – mehr punktuellen Charakter.

Die – obligatorische und freiwillige – Innenfinanzierung wird praktiziert:

a) mit den im Gesetz genannten und uns schon bekannt gewordenen Bewertungsmaßstäben,

b) in den Sachbereichen der Bilanz, von denen wir die fünf für die Sparten der Bauwirtschaft bedeutenden ausführlich behandeln wollen.

II. Die Sachbereiche der Innenfinanzierung

Die Innenfinanzierung mittels Bilanzbewertung kennt heute fünf große Sachbereiche:

- Erstellung, Erhaltung und Vergrößerung des Sachanlagevermögens,
- Forschung und Entwicklung,
- langfristige Verpflichtungen des Unternehmens aus sozialen Maßnahmen,
- Bauakquisation, -planung, -ausführung und -abrechnung
- Innenfinanzierung aus realisierten Gewinnen.

1. Erstellung, Erhaltung und Vergrößerung des Sachanlagevermögens

Bauarbeiten an bestehenden Gebäuden kennen die für die Innenfinanzierung wichtige Grenzscheide zwischen dem nicht aktivierungsfähigen Erhaltungsaufwand und dem aktivierungspflichtigen Herstellungsaufwand. Erhaltungsaufwand kann auch Aufwand des Bilanzjahres sein, soweit die Erhaltungsarbeiten erst nach dem Bilanzstichtag stattfinden, aber als notwendige Instandhaltung im Bilanzjahr verursacht wurden.

Aktivierungspflichtige Anlagezugänge bieten der Innenfinanzierung bereits bei ihrer ersten Bilanzierung Spielraum. Die Aktivierung mit Anschaffungs- oder Herstellungskosten unterliegt den geschilderten Aktivierungsverboten bzw. den gleichfalls bereits dargestellten Bewertungs- (Kürzungs-)wahlrechten.

Innenfinanzierung bei Sachanlagevermögen ist vor allem Kapitalbeschaffung durch zeitliche Steuerung der Anlagen-Abschreibung, steuerlich der Afa, der Absetzung für Abnutzung. Die Finanzierungswirkung ihrer zeitlichen Steuerung besteht in der Kapitalfreisetzung bei unveränderter Kapazität und/oder den Kapazitätsvergrößerung bei unverändertem Kapital.

Dabei gilt für das deutsche Bilanzrecht, daß es keine Wahl der Abschreibungssumme gibt. Gegenstand der Abschreibung sind die bilanzierten Anschaffungs- oder Herstellungskosten. Obligatorisch ist ihre verbrauchsbedingte Abschreibung. Die freiwillige Innenfinanzierung besteht in

- der möglichen Verkürzung der Abschreibungsdauer
- der möglichst starken Verlagerung der Abschreibung „nach vorn".

Die Wirtschaft hat schon seit langem für die Anlageabschreibung Regelungen durchgesetzt, die den Erfordernissen der Unternehmensfinanzierung besser Rechnung tragen als die lineare Abschreibung. Zusätzlich schafft die staatliche Wirtschaftspolitik mit den Mitteln des Steuerrechts Wahlrechte, die der Steuerpflichtige in seinem Sinne nutzen kann.

Bereits im Zugangsjahr greifen für bewegliche Anlagegegenstände Vereinfachungen Platz, die Gewinnverlagerungen bewirken. Anlagezugänge des ersten Halbjahres können bereits mit der vollen, die des zweiten Halbjahres mit der halben Jahresrate, geringwertige Wirtschaftsgüter können im Jahr der Anschaffung oder Herstellung voll abgeschrieben werden.

Bedeutender ist, daß für alle der Abnutzung unterliegende Sachanlagen an Stelle der linearen Abschreibung auch eine degressive Abschreibung anerkannt wird, und zwar für Gebäude nach § 7 Abs. 5 EStG die arithmetisch degressive, für bewegliche Anlagegegenstände nach § 7 Abs. 2 EStG die geometrisch degressive Abschreibung. Zwei Zahlenbeispiele für die Finanzierungswirkung der linearen und der geometrisch degressiven Abschreibung sollen dies verdeutlichen. Im ersten Beispiel wird die Kapitalfreisetzung bei unveränderter Kapazität, im zweiten die Kapazitätsvergrößerung bei unverändertem Kapital gezeigt, jeweils an beiden Abschreibungsverfahren.

Den Beispielen liegen folgende Annahmen zugrunde:

- Das Unternehmen erwirbt 100 Geräte zu je 10.000,– DM.
- Die Geräte haben eine betriebsgewöhnliche Nutzungsdauer von 10 Jahren. Dann beträgt die steuerliche Afa bei linearer Afa 10 % der Anschaffungskosten, bei degressiver Afa 30 % der Anschaffungskosten oder vom letzten Bilanzwert.
- Ab dem dritten Jahr werden jährlich ein Zehntel der Geräte unbrauchbar und müssen verschrottet werden.
- Die verschrotteten Geräte werden jährlich ersetzt. Die Geräte haben die gleiche Qualität und die gleichen Preise.
- Die Afa-Beträge werden jährlich vom Markt vergütet. Die entsprechenden Werte können also als kalkulatorische Afa in die Preiskalkulation eingerechnet werden.

Kapitalfreisetzung bei unveränderter Kapazität (konstant 100 Geräte)

a) Lineare Afa

1. Jahr: Afa = 100 Geräte x Afa pro Gerät = 100 x 10 % von 10.000,- DM = 100 x 1.000,- DM
= 100.000,- DM

2. Jahr: Afa = 100 Geräte x Afa pro Gerät = 100 x 10 % von 10.000,- DM = 100 x 1.000,- DM
= 100.000,- DM

Gesamt-Afa nach 2 Jahren = 200.000,- DM

3. Jahr: 1/10 der Geräte ist unbrauchbar = 1/10 x 100 Geräte = 10 Geräte.
Die Neuanschaffung dieser 10 Geräte kostet:
10 x 10.000,– DM = 100.000,- DM
Die jährliche Abschreibung beträgt ebenfalls 100.000,- DM

Ergebnis: Ab dem dritten Jahr sind die jährlichen Geräteabgänge und die jährlichen Afa-Beträge gleich.

Dadurch ist ab dem 3. Jahr für 100 Geräte nunmehr eine Kapitalbindung von 800.000,– DM (= Anschaffungswert aller Geräte ./. Afa nach dem 2. Jahr = 1.000.000,– DM ./. 200.000,– DM) nötig. Das bedeutet: Es stehen aus Kapitalfreisetzung 200.000,– DM für die Innenfinanzierung zur Verfügung.

b) Degressive Afa

1. Jahr: Afa = 100 Geräte x Afa pro Gerät = 100 x 30 % von 10.000,- DM = 100 x 3.000,- DM
= 300.000,- DM

2. Jahr: Afa = 100 Geräte x Afa pro Gerät = 100 x 30 % von 7.000,- DM = 100 x 2.100,- DM
= 210.000,- DM

Gesamt-Afa nach 2 Jahren = 510.000,- DM

Ergebnis: Dadurch ist im 3. Jahr für 100 Geräte nunmehr eine Kapitalbindung von 490.000,– DM (= Anschaffungswert aller Geräte ./. Afa nach dem 2. Jahr = 1.000.000,– DM ./. 510.000,– DM) nötig. Das bedeutet: Es stehen aus Kapitalfreisetzung 510.000,– DM für die Innenfinanzierung zur Verfügung.

Kapazitätsvergrößerung bei unverändertem Kapital (Konstante Kapitalbindung: 1.000.000,– DM)

a) Lineare Afa

1. Jahr: Afa = 100 Geräte x Afa pro Gerät
= 100 x 10 % von 10.000,- DM
= 100 x 1.000,- DM = 100.000,- DM
Neuanschaffung in Höhe der Afa ergibt Neuanschaffung von 10 Geräten
(10 Geräte x 10.000,– DM)

2. Jahr: Afa = 110 Geräte x Afa pro Gerät
= 110 x 10 % von 10.000,- DM
= 110 x 1.000,- DM = 110.000,- DM
Neuanschaffung von 11 Geräten
(11 x 10.000,– DM)

3. Jahr: Afa = 121 Geräte x Afa pro Geräte
= 121 x 10 % von 10.000,– DM
= 121 x 1.000,– DM = 121.000,– DM
Neuanschaffung von 12 Geräten
(12 x 10.000,– DM),
Verschrottung von 10 Geräten

Damit ergibt sich folgender Gerätebestand nach dem 3. Jahr:

Ursprüngliche Kapazität:		100 Geräte
Neuanschaffungen =		
	1. Jahr aus Afa-Beträgen	10 Geräte
	2. Jahr aus Afa-Beträgen	11 Geräte
	3. Jahr aus Afa-Beträgen	12 Geräte
Verschrottung (lt. Annahme)	./.	10 Geräte
am Ende des 3. Jahres:		123 Geräte

Diese 123 Geräte stehen dem Unternehmen am Ende des 3. Jahres zur Verfügung, ohne daß zusätzliches Kapital nötig war.

b) Degressive Afa

1. Jahr: Afa = 100 Geräte x Afa pro Geräte
= 100 x 30 % von 10.000,- DM
= 100 x 3.000,- DM = 300.000,- DM
Neuanschaffung von 30 Geräten
(30 Geräte x 10.000,– DM)

2. Jahr: Afa = 130 Geräte:
1. Afa = 100 Geräte x Afa pro Geräte
= 100 x 30 % von 7.000,- DM
= 100 x 2.100,- DM = 210.000,- DM
2. = 30 Geräte x Afa pro Geräte
= 30 x 30 % von 10.000,- DM
= 30 x 3.000,- DM = 90.000,- DM
Neuanschaffung weiterer 30 Geräte
(30 Geräte x DM 10.000,–)

3. Jahr: Afa = 160 Geräte
1. Afa = 100 Geräte x Afa pro Geräte
= 100 x 30 % von 4.900,- DM
= 100 x 1.470,- DM = 147.000,- DM
2. Afa 30 Geräte x Afa pro Geräte
= 30 x 30 % von 7.000,- DM
= 30 x 2.100,- DM = 63.000,- DM
3. Afa 30 Geräte x Afa pro Geräte
= 30 x 30 % von 10.000,– DM
= 30 x 3.000,– DM = 90.000,– DM
Neuanschaffung von 30 Geräten

Damit ergibt sich folgender Gerätebestand nach dem 3. Jahr:

Ursprüngliche Kapazität:		100 Geräte
Neuanschaffungen =		
	1. Jahr aus Afa-Beträgen	30 Geräte
	2. Jahr aus Afa-Beträgen	30 Geräte
	3. Jahr aus Afa-Beträgen	30 Geräte
Verschrottung (lt. Annahme)	./.	10 Geräte
am Ende des 3. Jahres:		180 Geräte

Diese 180 Geräte stehen dem Unternehmen am Ende des 3. Jahres zur Verfügung, ohne daß zusätzliches Kapital nötig war.

Umfangreich ist der Katalog der Sonderabschreibungen, die der Staat zur Förderung struktur- und konjunkturpolitischer Ziele anbietet. Die Wahlmöglichkeit besteht in der Verkürzung der Abschreibungsdauer und/oder einer starken Konzentration der Abschreibung auf die ersten Nutzungsjahre mit anschließender gleichmäßiger Verteilung des verbleibenden Betrages auf die Restjahre.
Handels- und Steuerrecht erkennen außerdem Instandhaltungsarbeiten im Folgejahr als Kosten des Bilanzjah-

res an (§ 249 HGB, BFH-Urteil vom 15. 2. 55). Das Handelsrecht erlaubt außerdem, Mittel für größere Vorhaben, z. B. Großinstandhaltung von Gebäuden, durch mehrjährige Rückstellungen anzusammeln.

2. Forschung und Entwicklung

Nach § 289 HGB sollen Kapitalgesellschaften innerhalb des von ihnen aufzustellenden und zu veröffentlichenden Lageberichts die von der Gesellschaft betriebene Forschung und Entwicklung darlegen. Diese Vorschrift war dem bisherigen Recht nicht bekannt und zeigt, welche Bedeutung der Gesetzgeber der Forschungs- und Entwicklungsarbeit für die Lage eines heutigen Unternehmens beimißt.

Neu ist auch, daß gemäß § 266 HGB innerhalb des Anlagevermögens die immateriellen Vermögensgegenstände das Bilanzschema eröffnen. Das Gesetz nennt „Konzessionen, gewerbliche Schutzrechte und ähnliche Rechte und Werte sowie Lizenzen an solchen Rechten und Werten".

Entgegen dieser Herausstellung ist die Forschung und Entwicklung in der Bilanz der als Finanzierungsaufgabe und als Finanzierungsinstrument am wenigsten sichtbare, aber darum nicht etwa ein unbedeutender Sachbereich des Unternehmens.

Entgegen den Sachanlagen dürfen immaterielle Anlagegegenstände in der Bilanz nur aktiviert werden, soweit sie „entgeltlich erworben wurden." Nach dem Grundsatz der Maßgeblichkeit handelsrechtlicher Vorschriften für die Steuerbilanz ist auch sie an diese Begrenzung gebunden.

Erworbene und darum aktivierungspflichtige immaterielle Anlagengegenstände rechnen zu den zeitlich begrenzt nutzungsfähigen Anlagengegenständen. Ihre Nutzungs- und darum Abschreibungsdauer ist nach dem Gebot der Vorsicht zu schätzen. Ihre Anschaffungskosten sind planmäßig abzuschreiben. Dabei sind alle Abschreibungsformen und Abschreibungsvereinfachungen zugelassen, die für die zeitlich begrenzt nutzbaren Sachanlagen anerkannt sind.

Unternehmen mit eigener Forschungs- und Entwicklungstätigkeit haben dadurch zum Teil hohe Kosten. Sie müssen aber diese Tätigkeiten ausüben, um konkurrenzfähig zu bleiben. Diese Kosten können entgegen denen der erworbenen immateriellen Vermögensgegenstände nicht aktiviert werden. Sie belasten das jeweilige Jahr mit dem entsprechenden Kostenanfall. Auch wenn das Unternehmen auf der Grundlage eigener Forschung Lizenzen entgeltlich vergibt, sind die hierfür angefallenen Herstellungskosten nicht aktivierbar.

Bauunternehmen betreiben ihre Entwicklungsarbeit nicht zuletzt im Rahmen ihrer Auftragsfertigung. Die Spanne reicht von der Erprobung einer neuen Schaltechnik bis hin zu neuartigen Konzeptionen, die z. B. zu einem Sondervorschlag eines Angebots führen. Auch diese im Rahmen der Auftragsfertigung anfallenden Entwicklungskosten sind gewinnmindernder Aufwand.

Die Bewertungsvorschriften und Wahlrechte bewirken, daß bei der Mehrzahl der Unternehmen die in ihrer Bilanz ausgewiesenen Patente, Lizenzen und dergleichen kaum ein Bild von dem Umfang und der Bedeutung der Forschung und Entwicklung vermitteln, die das Unternehmen betreibt.

Forschung und Entwicklung, von der Grundlagenforschung bis zur bloßen Weiterentwicklung bereits angewandter Verfahren, sind Investitionen, die ebenso wie die Anschaffungen von Baugeräten Finanzmittel erfordern, die erst durch Umsatzerlöse mehrerer Jahre wieder zurückfließen. Durch diese zukunftsgerichteten Arbeiten wird aber ein Ertragspotential geschaffen, das sich erst Jahre später entfaltet, und zwar im wesentlichen in der Form nachhaltiger Kostenersparnisse und in Verbesserungen der Marktchancen.

Der Innenfinanzierungseffekt dieser Forschungs- und Entwicklungsmaßnahmen besteht darin, daß deren Kosten jährlich als Aufwand gewinnmindernd wirksam sind. Aber auch die Umsatzerlöse können unmittelbar erhöht werden, wenn es gelingt, Patente und Lizenzen zu veräußern, die als Ergebnisse der Entwicklungs- und Forschungsarbeit entstehen. Auch dieses hat eine positive Auswirkung auf die Innenfinanzierung.

3. Langfristige Verpflichtungen des Unternehmens aus sozialen Maßnahmen

Verpflichtungen des Unternehmens aus sozialen Maßnahmen sind vor allem Pensionsverpflichtungen und Jubiläumsgeld-Verpflichtungen. Diese Verpflichtungen entstehen aus Verträgen, die das Unternehmen mit seinen Mitarbeitern zu deren Gunsten abschließt, und zwar durch Betriebsvereinbarung oder Einzelvereinbarung. Die Verträge liegen in der freien Entscheidung des Unternehmens. Die einmal geschlossenen Verträge sind dann aber — wie alle Verträge — verbindlich.

Gemeinsam ist beiden Verpflichtungen, daß sie zu Zahlungen des Unternehmens — regelmäßigen oder einmaligen — an den einzelnen Mitarbeiter führen, sobald er bestimmte Voraussetzungen (z. B. Altersgrenze, Firmenjubiläum) erfüllt.

Aus der Sicht des Unternehmens sind Firmenpension und Jubiläumsgeld Entgelte für Arbeitsleistungen des Mitarbeiters. Die Besonderheit dieser Entgelte ist, daß sie dem Arbeitnehmer nicht in direktem zeitlichen Zusammenhang mit seinen Arbeitsleistungen gezahlt werden, sondern Jahre oder Jahrzehnte danach.

Als Zahlungen für Arbeitsleistungen müssen sie in den Jahren der Arbeitsleistung des Mitarbeiters — in den Jahren, in denen der Mitarbeiter zum Umsatz des Unternehmens beiträgt — als Aufwendungen in jedem Jahresabschluß des Unternehmens angesetzt werden. Sie mindern — wie alle Aufwendungen — den Gewinn des Unternehmens und damit die Zahlungen von Gewinnsteuern und Gewinnzahlungen. Da sie aber entgegen den Löhnen und Gehältern nicht heute, sondern erst in 20 oder 30 Jahren gezahlt werden, sammeln sich in Höhe der Verpflichtungen Vermögenswerte an, die dem Unternehmen während dieser 20 oder 30 Jahre zur Verfügung stehen.

Handelsrechtlich ist die Bilanzierung der Verpflichtungen aus Ruhegeldzusagen durch das Bilanzrichtliniengesetz obligatorisch geworden, nachdem sie bis dahin nur anerkannt war. Die zwingende Vorschrift des Handelsrechts bindet auch die Steuerbilanz.

Die Verpflichtungen aus Ruhegeldzusagen werden nach den Regeln der versicherungsmathematischen Wahrscheinlichkeitsrechnung bilanziert, wobei steuerrechtlich der Mindestsatz der Diskontierung der Nominalwerte der errechneten Verbindlichkeiten auf den Barwert festgelegt wurde. Für die Verpflichtungen aus Zusagen von Jubiläumszahlungen gilt das gleiche Prinzip.

Die Verbreitung der Ruhegeldzusagen in den letzten Jahrzehnten hat die Pensionsrückstellungen zu einer der tragenden Säulen der Innenfinanzierung gemacht. Zusammen mit den Mitteln aus den Abschreibungsgegenwerten erhält das Unternehmen langfristiges Kapital, kann also in dem für die meisten Bauunternehmen problematischen Finanzierungsbereich seinen Bedarf zumindest mit beachtlichen Teilen decken.

Auch Verpflichtungen aus Zusagen für Jubiläumszahlungen sind ungewisse Verbindlichkeiten und daher nach § 249 Abs. 1 HGB zu bilanzieren. Das Steuerrecht hat nach langem Zögern seine Anerkennung erteilt (§ 5 Abs. 4 EStG).

4. Bauakquisition, -planung, -ausführung und -abrechnung

Aus der Sicht der Innenfinanzierung verdienen Bauaufträge besondere Beachtung. Mehr als 90 % aller Bauaufträge im Inland werden nach der Verdingungsordnung für Bauleistungen (VOB) abgeschlossen und ausgeführt, meistens Leistungsverträge, also als Einheitspreis- oder Pauschalpreisverträge. Die VOB kennt keine Vorauszahlungen als festen Bestandteil des Zahlungssystems.

Das System von monatlichen Abschlagzahlungen — die gegenüber den erbrachten Bauleistungen um regelmäßig 10 % gekürzt sind — hat für Bauunternehmen die problematische Folge, daß der Bauauftrag mit allen seinen Kosten vorfinanziert werden muß. Das System der Schlußzahlung, bei der der Gesamtbetrag nur bei Gestellung einer Bürgschaft ausbezahlt wird, verstärkt diese Wirkung.

Bedenkt man, daß Bauunternehmen ständig etwa einen halben bis einen vollen Jahresumsatz als Bauleistung in Bearbeitung haben und dementsprechend Vorfinanzierungen leisten müssen, wird klar, daß diese Auftragsfinanzierung zum einen der natürliche Schwerpunkt der Unternehmensfinanzierung wird und zum anderen außerordentlich konjunkturempfindlich ist.

Der Gewinnauftrag wird je nach Ausnützung des Wahlrechtes bis zur Abnahme des Bauwerkes mit aktivie-

rungspflichtigen oder aktivierungspflichtigen plus den übrigen aktivierungsfähigen Kosten bewertet. Da erst die Abnahme die Gewinnrealisierung auslöst, steht der Betrag aus monatlichen Abschlagzahlungen der Unternehmung solange als Innenfinanzierungsmittel zur Verfügung. Beim Verlustauftrag, der nach dem Niederstwertprinzip bewertet werden muß, sind auch künftig zu erwartende Verluste im Bilanzjahr zu berücksichtigen. Dadurch ist für die folgenden Jahre aus diesem Auftrag kein Bilanzverlust mehr zu erwarten. Auch dieser Effekt verbessert die Möglichkeiten der Finanzierung in den Folgejahren.

Nach Bauabnahme wird der Auftragsgewinn dadurch bilanziert, daß an Stelle des mit seinen Herstellungskosten aktivierten Auftrags die Forderung an den Bauherrn tritt. Sind Forderungen erkennbar zweifelhaft, so ist eine Abwertung obligatorisch. Ihr Ausmaß unterliegt aber der Schätzung, wobei dem Vorsichtsprinzip der Bilanz Rechnung zu tragen ist. Außerdem kann noch eine pauschale Wertberichtigung zur Abdeckung des allgemeinen Kreditrisikos gebildet werden. Hiermit ist eine Risikoabdeckung gegeben, deren notwendiger Umfang geschätzt werden muß. Das nach Bauabnahme noch verbleibende Risiko aus Gewährleistung muß — als ungewisse Verbindlichkeit — durch eine Rückstellung gewinnmindernd abgefangen werden.

5. Innenfinanzierung aus realisierten Gewinnen

Erzielung von Bilanzgewinn setzt voraus, daß am Markt Überschüsse von Umsatzerlösen und anderen Erträgen über die entsprechenden Aufwendungen erreicht werden konnten. Soweit die Erlöse aus Bauleistungen der Vorjahre stammen, entstehen die Auftragsgewinne durch die Auflösung in Vorjahren gebildeter, der Innenfinanzierung in den Vorjahren zugute gekommener Reserven.

Die Auflösung dieser Bewertungsreserven — in der Wirkung Erhöhung des bilanzierten Vermögens und/oder Minderung der bilanzierten Verbindlichkeiten — führt im Prinzip zur Gewinn- und höheren Vermögensbesteuerung.

Aber die bilanzielle Gewinnrealisierung beendet nicht zwangsläufig die Innenfinanzierung. Vielmehr gibt es noch zwei Wege:

— steuerfreier bzw. steuerhinausschiebender Austausch von Gegenständen des Anlagevermögens am Markt,

— steuersparende bzw. steuerhinausschiebende Thesaurierung ausgewiesener Bilanzgewinne.

Austausch von Gegenständen des Anlagevermögens am Markt

Dabei handelt es sich um die Begünstigung der Gewinne aus der Veräußerung bestimmter Anlagegüter. Unternehmen, die Grundstücke, Baulichkeiten, Finanzbeteiligungen abgeben und gegen geeignetere tauschen wollen, sehen sich vor ein entscheidendes wirtschaftliches Hindernis gestellt: die zur Abgabe vorgesehenen Anlagegegenstände stehen vielfach, da vor vielen Jahren angeschafft, mit weit unter ihren Verkehrswerten liegenden Buchwerten in der Bilanz. Die Veräußerung bringt daher einen hohen Gewinn. Nach seiner Besteuerung reicht der verbliebene Erlös für eine Ersatzanschaffung nicht aus.

Volkswirtschaftlich sinnvoller Austausch von Grund und Boden und von Finanzanlagen wurde dadurch verhindert. Der Gesetzgeber schuf deshalb eine Ausnahme. Der durch Verkauf von Anlagegegenständen der bezeichneten Gruppen erzielte Gewinn kann zur Sonderabschreibung von Nachfolgeanlagen verwendet und damit gewinnunwirksam gemacht werden. Die Sonderabschreibung beträgt nach § 6 b EStG für die einzelnen Gruppen von Nachfolgeanlagen bis 100 % der Veräußerungsgewinne.

Häufig wird die Ersatzanlage nicht im Jahr der Veräußerung, sondern erst im nächsten bzw. übernächsten Jahr angeschafft. In diesem Fall kann der Veräußerungsgewinn als „Sonderposten mit Rücklageanteil" passiviert werden.

Wird nunmehr die Ersatzanlage im nächsten bzw. übernächsten Jahr angeschafft, dann wird der Sonderposten mit Rücklageanteil aufgelöst und der Betrag zu einer Sonderabschreibung auf die Anschaffungskosten der Ersatzanlage verwendet.

Sind veräußerte und angeschaffte Anlagen zeitlich unbegrenzt nutzbar (z. B. Grund und Boden), ist damit eine bleibende Bewertungsreserve in Höhe des Veräußerungsgewinnes geschaffen.

Wenn veräußerte und angeschaffte Anlagen zeitlich begrenzt nutzbar sind (z. B. Gebäude), unterliegt die neu angeschaffte Anlage nicht nur der Sonderabschreibung nach § 6b EStG, sondern auch in allen weiteren Nutzungsjahren der normalen Abschreibung.

Durch diese Sonderabschreibung werden allerdings alle folgenden normalen Abschreibungen gekürzt und dadurch das ausgewiesene Bilanzergebnis der Folgejahre erhöht.

Ein Beispiel soll dies erläutern:

Veräußerungsgewinn aus alter Anlage:	1 Mio.
Anschaffungskosten der neuen Anlage:	3 Mio.

Von diesen Anschaffungskosten wurden im Jahr der Anschaffung 1 Mio. (Veräußerungsgewinn) als Sonderabschreibung abgesetzt. Damit verbleibt für die restlichen Nutzungsjahre nur mehr eine Abschreibungssumme in Höhe von 3 Mio. ./. 1 Mio. = 2 Mio. DM. Dadurch verringern sich — wie oben beschrieben — die jährlichen Abschreibungsbeträge der Folgejahre und im gleichen Maße steigt das jährlich ausgewiesene Bilanzergebnis.

Durch das beschriebene Verfahren wird zunächst eine Versteuerung des Veräußerungsgewinnes vermieden. Da jedoch durch die höheren Gewinne in den Folgejahren — bedingt durch die Kürzungen der Normalabschreibungen — höhere Steuerabgaben verursacht werden, besteht der Vorteil der Wahrnehmung der Sonderabschreibungen nicht in endgültig ersparten, sondern nur in hinausgeschobenen Steuerzahlungen. Dieses Hinausschieben bringt zeitlich begrenzt verfügbare Finanzierungsmittel und die dementsprechenden Zinsvorteile.

Der Anschaffung oder Herstellung von Gebäuden steht ihre Erweiterung, ihr Ausbau oder ihr Umbau gleich. Der Veräußerungsgewinn wird hier gegen die Aufwendungen gesetzt.

Die gleichen Möglichkeiten und das gleiche Verfahren der Innenfinanzierung geben:

Zuschüsse für Anlagegüter — auch vor Anschaffung gewährte Zuschüsse (gem. Abschn. 34 EStR).

Ersatzanschaffungen für Wirtschaftsgüter, die infolge höherer Gewalt oder zur Vermeidung eines behördlichen Eingriffs gegen Entschädigung aus dem Betriebsvermögen ausscheiden (gem. Abschn. 35 EStR).

Thesaurierung ausgewiesener Bilanzgewinne

Die Besteuerung der Gewinne bei Personengesellschaften findet nicht bei den Unternehmen, sondern bei den Inhabern des Unternehmens statt. Dabei wird bei den Inhabern der Gewinnanteil im Rahmen des gesamten Einkommens besteuert, das sich aus den verschiedenen Einkunftsarten der Inhaber ergibt. Diese Besteuerung ist unabhängig davon, ob der Gewinn ausgeschüttet wird oder im Unternehmen verbleibt.

Die deutsche Körperschaftssteuer belastet ausgeschüttete Gewinne bei Kapitalgesellschaften mit 36 %, thesaurierte Gewinne dagegen mit 50 %. Gewinne werden auch dann mit 36 % besteuert, wenn sie ausgeschüttet, dem Unternehmen aber dann im Wege und zum Zweck einer Erhöhung des Eigenkapitals wieder zugeführt werden.

Erzielt eine Kapitalgesellschaft im Ausland Gewinne, z. B. durch eine Baustelle mit einer Bauausführung von mehr als sechs Monaten, kann die Thesaurierung dieses Gewinns steuerlich vorteilhafter sein als seine Ausschüttung. Gewinnausschüttungen sind auch dann (mit 36 %) steuerpflichtig, wenn der im Ausland erzielte Gewinn schon ausländischer Besteuerung unterlag. Dieser doppelten Besteuerung ohne Aufrechnungsmöglichkeit steht die Steuerermäßigung bei ausländischen Einkünften nach § 34c EStG gegenüber. Sie begünstigt generell Gewinne von Personenunternehmen und nicht ausgeschüttete Gewinne von Kapitalgesellschaften.

Die Ermäßigung kennt folgende Formen:

1. Anrechnung der im Ausland gezahlten Steuer für die in dem einzelnen Land erzielten Gewinne.

2. Abzug der im Ausland gezahlten Steuer bei der Ermittlung der in dem Land erzielten Gewinne.

3. Erlaß — ganz oder teilweise — oder, der häufigere Fall, Pauschalierung (z. B. mit 25 %) der deutschen Steuer für im Ausland erzielte und dort bereits besteuerte Gewinne. Diese Begünstigung kann auf

Antrag durch die obersten Finanzbehörden der Bundesländer gewährt werden.

4. Abkommen, die die Bundesrepublik Deutschland mit anderen Staaten zur Vermeidung der Doppelbesteuerung geschlossen hat, können eine völlige, in anderen Fällen weitgehende Befreiung im Ausland erzielter und dort besteuerter Gewinne von deutscher Besteuerung gewährleisten.

6. Nutzung des Verlustrück- und -vortrags

Das Bilanzergebnis des Bauunternehmens wird, wie wir sahen, nicht von der im Bilanzjahr erbrachten, sondern der in diesem Zeitraum abgerechneten Bauleistung bestimmt. Die Bauabrechnung ändert sich von Jahr zu Jahr stärker als die Bauleistung, in deren jährlicher Änderung sich nur die unterschiedliche Kapazitätsauslastung niederschlägt. Noch stärker wirken sich baukonjunkturelle Wechsellagen auf das Bilanzergebnis aus. In der Zeit knapper Beschäftigung schrumpfen die Abrechnungsgewinne, dagegen sind vermehrt nicht nur entstandene, sondern auch drohende Auftragsverluste zu bilanzieren.

Auch ein gut geführtes Bauunternehmen kann wiederholt Wechsel von Gewinn- mit Verlustjahren erleben. Bei einer Ergebnisbesteuerung, die sich nur an dem einzelnen Jahresgewinn orientiert, ergeben sich steuerliche Benachteiligungen gegenüber Unternehmen anderer Wirtschaftszweige mit etwa ausgeglichenen Jahresgewinnen.

Das deutsche Steuerrecht verschafft den Unternehmen einen solchen Ausgleich. Sie können gem. § 10 d EStG Gewinne bis zu 10 Mio. DM mit Verlusten anderer Jahre aufrechnen. Der Verlustrücktrag öffnet die letzten beiden Vorjahre, der Verlustvortrag danach die fünf ersten Folgejahre dem Ergebnis- und damit dem Steuerausgleich.

III. Wertung der Innenfinanzierung

1. Entlastung an neuralgischen Punkten des Bauunternehmens

Innenfinanzierung ist, wie dargelegt, Unternehmensfinanzierung mit ersparten Steuerzahlungen oder hinausgeschobenen Gewinn- und Steuerzahlungen. In ihrem Umfang hängt sie daher von der Ertrags- und der Vermögenslage des Unternehmens ab. Innenfinanzierung ist ergebnisabhängige Kapitalaufbringung. Finanzierung aus Gewinnen ist demnach die Finanzierungsform der am Markt erfolgreichen Unternehmen. Markterfolg verschafft Finanzierungsvorteile.

Hiermit wird eine der Grenzen der Innenfinanzierung sichtbar gemacht. Mit Verlust arbeitenden Unternehmen – genauer, ohne Cash-flow arbeitenden Unternehmen – steht nur die Außenfinanzierung zur Verfügung; deren Ertragslage muß aber Skepsis hinsichtlich der Ergiebigkeit dieser Quellen auslösen.

Die erfolgreichsten und vermögendsten Unternehmen zahlen zwar die meisten Steuern, haben aber auch den größten Spielraum der Innenfinanzierung.

Für alle am Markt erfolgreichen Unternehmen gilt, daß der Beitrag der Bilanz zu ihrer Finanzierung wichtig, ja unverzichtbar ist, weil sie zwei entscheidende Vorteile gegenüber der Außenfinanzierung, der Finanzierung am Geld- und Kapitalmarkt, besitzt:

a) Sie ist für das Unternehmen frei von Zinsen und damit kostenlso;

b) Sie erfordert keine Sicherheiten, beläßt daher dem Unternehmen Sicherheiten für Bankkredite.

Beide Vorteile haben für Bauunternehmen Gewicht. Die Zinsfreiheit der Innenfinanzierung ist für viele Bauunternehmen ein existenzwichtiges Gegengewicht gegen die regelmäßig unvermeidbare Belastung durch Fremdzinsen für Bankkredite. Die Freiheit von Sicherheitsgestellung entlastet die Bauunternehmen an einem neuralgischen Punkt: ihnen verbleibt ein größerer Spielraum für die gleichfalls unvermeidbare Gestellung von Bank- oder Versicherungsbürgschaften zu Gunsten von Bauherren.

2. Bilanzverkürzende und -verlängernde, unsichtbare und sichtbare Kapitalgewinnung

Unsichtbares Kapital wird durch Innenfinanzierung geschaffen, wo Bewertungs- oder Thesaurierungsmaßnahmen zu Abwertungen der in der Bilanz als Aktiva verbuchten Vermögenswerte führen. Hierzu rechnen beispielsweise Sonderabschreibungen von Sachanlagen, auch in der Form der Übertragung einer Rücklage gemäß § 6b auf einen Anlagezugang, ferner die Abwertung unabgerechneter Aufträge und Forderungen aus abgerechneten Aufträgen.

Sichtbares Kapital entsteht durch alle Bewertungs- und Thesaurierungsmaßnahmen, die das in der Bilanz als Passiva verbuchte Kapital zu Lasten des Aufwandes des Jahres oder zu Lasten des Gewinns erhöhen. Es sind dies die Erhöhungen der Rückstellungen, der Sonderposten mit Rücklagenanteil und der Konten des Eigenkapitals.

Die unsichtbare Innenfinanzierung ergibt sich bilanztechnisch also durch Bilanzverkürzung, die sichtbare durch Bilanzverlängerung. In ihrer Wirkung auf das Bilanzergebnis unterscheiden sich die Verfahren nicht voneinander: Gewinn ist immer das stärkere Anwachsen oder der geringere Rückgang des Vermögens gegenüber dem Fremdkapital des Unternehmens im

Geschäftsjahr. Diesen Gewinn kann ich durch Abwertung des Bilanzvermögens oder Erhöhung der Rückstellungen oder der Verbindlichkeiten verringern.

Soweit dem Unternehmen die Entscheidung zwischen unsichtbarer und sichtbarer Kapitalgewinnung offen steht, kann sein Interesse unterschiedlich sein. Unternehmen mit einer sehr reichhaltigen Ausstattung an ausgewiesenem Eigenkapital und langfristigem Fremdkapital sind meist daran interessiert, das durch Innenfinanzierung gewonnene Kapital unsichtbar zu halten, also es durch Abwertungsmaßnahmen zu bilden. Das erklärt sich aus der Neigung erfolgreicher deutscher Unternehmen, bei der Offenlegung ihres Jahresabschlußes gem. § 325 HGB tiefzustapeln. Man will nicht nur Gewinne durch Nutzung von Bewertungsspielräumen für die Unternehmensfinanzierung reservieren, man will außerdem die Gewinne nicht voll erkennbar werden lassen, sei es, um Kritik an der Gewinnausschüttung auszuschalten oder um die ausgewiesenen Gewinne der einzelnen Geschäftsjahre auf etwa gleicher Höhe zu halten.

3. Revolvierende Kapitalgewinnung als Voraussetzung einer stetigen Innenfinanzierung

Durch Hinausschieben von Gewinnausweis gewonnenes Kapital steht dem Unternehmen nur zeitlich begrenzt zur Verfügung. Die Mindestdauer der Verfügbarkeit beträgt — da durch Jahresabschluß gebildet und aufgelöst — ein Jahr. Die Höchstdauer dürfte bei den Gebäuden zu suchen sein, kann also bis zu 50 Jahre betragen.

Die pflichtmäßige Bewertung des unabgerechneten Auftrags mit seinen Herstellungskosten drückt den steuerpflichtigen Gewinn des Geschäftsjahres. Diese Liquiditätsreserve wird im Jahr der Auftragsabrechnung wieder aufgelöst.

Wie bei Bauaufträgen möglich ist auch das Hinausschieben von Zahlungen um ein bis zwei Jahre (selten 3 Jahre) bereits ein lohnendes Ziel. Die Innenfinanzierung kennt aber andere Möglichkeiten langfristig und auch zeitlich unbegrenzt verfügbares Kapital zu schaffen, nämlich mit der „revolvierenden Kapitalgewinnung". Darunter versteht man, daß Kapitalfreisetzungen, die im Jahr der Auflösung gewinnerhöhend wirken, durch Neubildungen in mindestens gleicher Höhe wieder auszugleichen sind.

Solche gewinnerhöhenden Kapitalfreisetzungen sind:

— Auflösung von Rückstellungen,

— Realisierung von Gewinnen bei der Abnahme von unabgerechneten Bauten,

— Auslaufen von Sonderabschreibungen.

Gelingen Neubildungen wegen verschlechterter Ertragslage nur unzureichend, und müssen die Unternehmen die Kapitalfreisetzungen gewinnerhöhend bilanzieren, dann können sie Gewinnsteuerzahlungen und andere vom Bilanzgewinn abhängige Zahlungen nur aus den laufenden Umsätzen zu Lasten einer ohnedies verknappten Liquidität leisten. Die Unternehmen müssen sich also der Problematik der revolvierenden Innenfinanzierung für ihre Liquidität und damit für ihre Zahlungsfähigkeit bewußt sein.

Es ist daher — auch bei guter Ertragssituation und daher guten Voraussetzungen der Innenfinanzierung — ständige Aufgabe der Unternehmensführung, die Liquiditätslage des Unternehmens zu kontrollieren und den festgestellten Erfordernissen anzupassen. Diese Kontrolle besteht in der Anwendung der uns bekannt gewordenen Instrumente, nämlich:

— der Auswertung des Jahresabschlusses als Informationsinstrument und
— einer sorgfältigen Finanzplanung.

Die Optimierung der Liquiditätslage ist unter folgenden Gesichtspunkten zu erreichen:

— Bei der Festlegung der Finanzstruktur gilt das Prinzip „Sicherheit vor Wirtschaftlichkeit". Dies läßt sich durch gute Planung der Deckungsverhältnisse und des Cash-flow erreichen.

— Die Sicherung der Liquidität erscheint zunächst als Ertragsverzicht, da Geld als das liquideste, aber auch ertragsärmste Gut gilt. Dies ist aber eine veraltete Sichtweise. Eine moderne unternehmerische Finanzdisposition ist selbständiger Unternehmensbereich mit eigener Ergebnisverantwortung für Anlagen und Kreditaufnahmen an den Finanzmärkten.

Die Sicherung der Liquidität ist unabdingbar und damit richtungsweisend für eine zielbewußte Nutzung aller Instrumente der Außen- und Innenfinanzierung.

Literaturverzeichnis

Adler, H./Düring, W./Schmalz, K.: Rechnungslegung und Prüfung der Unternehmen. Kommentar zum HGB, AK + G, GmbH G, Publ G nach den Vorschriften des Bilanzrichtlinien-Gesetzes, Loseblattausgabe, Stuttgart, Poeschel

Die Baubilanz nach neuem Recht; der Jahresabschluß nach dem Bilanzrichtliniengesetz, hrsg. v. Hauptverband der Deutschen Bauindustrie und v. Zentralverband des Deutschen Baugewerbes, Darmstadt, Otto Elsner Verlagsgesellschaft, 1987

Bauer, H.: Baubetrieb, Band 1 u. 2, Berlin, Springer-Verlag, 1992

Baugeräteliste (BGL) 1991, hrsg. v. Hauptverband der Deutschen Bauindustrie, Wiesbaden/Berlin, Bauverlag GmbH, 1991

Baukontenrahmen (BKR), hrsg. v. Hauptverband der Deutschen Bauindustrie und v. Zentralverband des Deutschen Baugewerbes, Wiesbaden/Berlin, Bauverlag GmbH und Köln, Verlagsgesellschaft R. Müller, 1987

Biener, H./Berneke, W.: Bilanzrichtlinien-Gesetz, Düsseldorf, IDW 1986

Budde, W., Beck'scher Bilanz-Kommentar. Der Jahresabschluß nach Handels- und Steuerrecht, München, Beck, 1986

Deutsches Institut für Normung e. V.: Verdingungsordnung für Bauleistungen, Ausgabe 1988, Berlin/Köln, Beuth, 1988

Diederichs, C. J.: Sonderprobleme der Kalkulation, in: Die Bauwirtschaft, Heft 13, S. 475 ff., 1986 und Heft 5, S. 23 ff., 1987

Drees, G./Hirsch, D.: Die Kalkulationsmethoden in der Bauindustrie, Schriftenreihe des Hauptverbandes der Deutschen Bauindustrie Bd. 14, Wiesbaden/Berlin, Bauverlag GmbH, 1986

Drees, G./Bahner, A.: Kalkulation von Baupreisen, Wiesbaden/Berlin, Bauverlag GmbH, 1988

Hauptverband der Deutschen Bauindustrie und Zentralverband des Deutschen Baugewerbes; Betriebswirtschaftliche Ausschüsse:

Bundesarbeitskreis Bilanzrichtlinien-Gesetz, Die wichtigsten Neuerungen der Bilanz nach neuem Recht, 1986

Bundesarbeitskreis Bilanzrichtlinien-Gesetz, Der Jahresabschluß nach dem Bilanzrichtlinien-Gesetz, Darmstadt, 1987

Heiermann, W./Riedl, R./Rusam M./Schwaab F.: Handkommentar zur VOB, 5. Auflage, Wiesbaden/Berlin, Bauverlag GmbH, 1989

Kapellmann K. D./Schiffers, K. H.: Nachträge und Behinderungsfolgen beim Bauvertrag, Düsseldorf, Werner-Verlag, 1990

Kosten- und Leistungsrechnung der Bauunternehmen – KLR Bau, hrsg. v. Hauptverband der Deutschen Bauindustrie und v. Zentralverband des Deutschen Baugewerbes, 5. Aufl., Wiesbaden/Berlin, Bauverlag GmbH, Köln, Verlagsgesellschaft R. Müller, Düsseldorf, Werner-Verlag, 1990

Naumann, K. P.: Die Bewertung der Rückstellungen in der Einzelbilanz nach Handels- und Ertragssteuerrecht, Düsseldorf, JDW, 1989

Ogiermann, L.: Die Bilanzierung unfertiger Aufträge im Bauunternehmen, Köln, Verlagsgesellschaft R. Müller, 1981

Prange, H.: Nachkalkulation und Ergebnisrechnung, in: Schub, A. G./Meyran, G.: Praxis-Kompendium Baubetrieb, Bd. 1, Wiesbaden/Berlin, Bauverlag GmbH, 1982

Prange, H./Leimböck, E./Klaus, U. R.: Baukalkulation unter Berücksichtigung der KLR Bau und der VOB, 8. Aufl., Wiesbaden/Berlin, Bauverlag, 1991

Schindelbeck, K.: Bilanzierung und Prüfung bei langfristiger Fertigung, Frankfurt a. M., 1988

Schönnenbeck, H.: Bilanz und Bilanzpolitik der Bauunternehmung in Einzeldarstellungen, Wiesbaden/Berlin, Bauverlag 1966

Schönnenbeck, H.: Finanzierungspraxis der Bauunternehmen, Schriftenreihe der Rationalisierungsgemeinschaft Bauwesen, Frankfurt, 1977

Schönnenbeck, H.: Beitrag der Finanzplanung zur finanziellen Steuerung des Bauunternehmens, in: Jahrbuch für Betriebswirte, Stuttgart, 1980

Schönnenbeck, H.: Beiträge zur Baubetriebswirtschaft, hrsg. vom Hauptverband der Deutschen Bauindustrie, Bonn und Wiesbaden, 1983

Schönnenbeck, H.: Der Konzernabschluß nach neuem Recht, Weltabschluß mit eigenständiger Bewertung, in: Die Bauwirtschaft 1987, S. 1.413

Schönnenbeck, H.: Die Bundesbank und das unzureichende Eigenkapital der Bauunternehmen, in: Die Bauwirtschaft, 1987, S. 277

Wagner, A.: Risiken im Jahresabschluß von Bauunternehmen, Düsseldorf, IDW 1989

Wiemers, B.: Kosten und Kostenkontrolle durch Soll-Ist-Vergleich im bauindustriellen Großbetrieb, in: Praktische Kosten- und Leistungskontrolle im Baubetrieb, Düsseldorf, Wibau 1980

Wöhe, G.: Bilanzierung und Bilanzpolitik, München, Beck, 1987

Zentralverband des Deutschen Baugewerbes, Fernlehrgang Kalkulation des Baugewerbes, Bonn, 1989